元基石

# EXTREME ULTRAVIOLET LITHOGRAPHY

Harry J. Levinson

[美] 哈利 · 杰 · 莱文森 著
高伟民 译

# 极紫外光刻

上海科学技术出版社

**图书在版编目（CIP）数据**

极紫外光刻 / (美) 哈利·杰·莱文森
(Harry J. Levinson) 著 ; 高伟民译. -- 上海 : 上海
科学技术出版社, 2022.9
书名原文: Extreme Ultraviolet Lithography
ISBN 978-7-5478-5721-2

Ⅰ. ①极… Ⅱ. ①哈… ②高… Ⅲ. ①紫外线—光刻
系统—研究 Ⅳ. ①TN305.7

中国版本图书馆CIP数据核字(2022)第109049号

---



**极紫外光刻**

[美] 哈利·杰·莱文森(Harry J. Levinson)　著
高伟民　译

上海世纪出版(集团)有限公司
上 海 科 学 技 术 出 版 社　出版、发行
(上海市闵行区号景路 159 弄 A 座 9F－10F)
邮政编码 201101　www.sstp.cn
上海盛通时代印刷有限公司印刷
开本 700×1000　1/16　印张 13.75　插页 2
字数 250 千字
2022 年 9 月第 1 版　2022 年 9 月第 1 次印刷
ISBN 978－7－5478－5721－2/TN·33
定价: 128.00 元

---

## 内容提要

本书是一本论述极紫外光刻(extreme ultraviolet lithography,EUV)技术的最新专著。该书全面而又精炼地介绍了极紫外光刻技术的各个方面及其发展历程,不仅涵盖极紫外光源、极紫外光刻曝光系统、极紫外掩模板、极紫外光刻胶、极紫外计算光刻等方面,还介绍了极紫外光刻生态系统的其他方面,如极紫外光刻工艺特点和工艺控制、极紫外光刻量测的特殊要求,以及对技术发展路径有着重要影响的极紫外光刻的成本分析等内容。最后,本书还对满足未来芯片工艺节点要求的极紫外光刻技术的发展方向进行了探讨。

本书可作为芯片制造、半导体设备、光刻技术等相关方面的技术和管理人员的参考书,或作为集成电路、微纳电子、光电工程等专业本科生的参考教材,也可供短波光学、激光与物质相互作用、激光等离子体、极紫外光辐射等领域的研究生和专业研究人员参考。

# 序

很高兴能为我的同行及朋友哈利·杰·莱文森博士的新书中文版写几句话。莱文森博士是一位有着几十年经验的光刻权威专家、国际光学工程学会(the international society for optics and photonics,SPIE)会士。他一直工作在光刻技术的前沿,也极善于讲授。SPIE 出版社已经出版过几本他在光刻方面的专著。

极紫外光刻的研究始于 20 世纪 80 年代。第一位研究者是日本 NTT 电气通信研究所的木下博雄。他和同事们希望用投影成像来取代当时已经在积极研究中的软 X 射线光刻(接触或接近式曝光)。他们的第一个实验采用的光源是同步辐射产生的 11 nm 的极紫外光。80 年代后期,美国的两所实验室也开始了极紫外光刻的研究。到了 90 年代中期,英特尔牵头成立了一个由若干家集成电路公司出资的研发单位 EUV LLC 来系统地研发用于集成电路制造的极紫外光刻技术。具体的实验由三家美国国家实验室执行,本公司(ASML)也参与了这个计划。2006 年标志着极紫外光刻实验室研发阶段的结束。那年,ASML 公司交出了两台极紫外光刻机样机,叫作 ADT(alpha demo tool)。2010 年,型号为 NXE:3100(数值孔径为 0.25)的光刻机开始交付使用。那款机型是继 ADT 后的研发机型,一共制作了六台,分别运往了三星、微电子研究中心(IMEC)、英特尔、东芝、海力士和台积电。3100 的光源非常弱,最佳状态时只能输出 10 W 的功率,不到现在 250 W 量产机台的 4%,但它的高分辨率给了我们极大鼓舞。2013 年,ASML 开始出货数值孔径为 0.33 的研发机台 NXE:3300。2017 年,第一代的量产机台 NXE:3400B 问世。2019 年,极紫外光刻技术投入集成电路的批量生产。

除了光刻机外还需要开发一个极紫外光刻专门的生态系统,这个系统包括光刻胶和光掩模。值得一提的是金属氧化物光刻胶的研发,它的成功保证了极紫外光刻的实际解析度今后可以继续提升。光掩模的研发中最艰难的是基板的研发。早期的基板充满了缺陷,但到了 2016 年,每片基板的缺陷已降到 10~20 个。基板生产商在这期间和集成电路公司特别是台积电的合作起到了关键的作用。总之,极紫外光刻技术的开发是光刻机加上生态系统再加上工艺的研发,缺一不可。这归功于 ASML 同事们顽强的拼搏,和集成电路公司相关研发人员(当然也包括哈利)的不懈努力,以及所有开发极紫外光刻相关技术的供应商及研究单位同行们的辛勤付出。极紫外光刻量产的成功是我们共同努力的结果! 正因如此,这个技术才有今天的成功。2015 年春,SPIE 先进光刻技术年会上有人问我:“你们的 B 计划是什么?”我回答:“我们没有 B 计划。”因为我那时已经觉得我们的 A 计划会成功。

高伟民(左)、哈利 · 杰 · 莱文森(中)、严涛南(右);
拍摄时间:2022 年 4 月 26 日,地点:美国加州圣何塞,拍摄者:Bernd Geh

不算二十多年的前期研发,仅量产用的极紫外光刻技术的开发就进行了足足十二年,并且还在完善中。ASML 更是直接投入了大量的人力、物力,这还不包括我们在光刻机方面多年的技术积累和产业界的通力合作。因此,大事业的成功是长年累月不懈的努力,而不是一步登天、一蹴而就的。极紫外光刻最终成功了,摩尔定律的生命被延续了。否则,集成电路的进步会在 2018 年量产的 7 nm 那一代就戛然而止了。而现在,极紫外光刻技术已经使得 6 nm 及 5 nm 的集成电路能够批量生产,3 nm 将于 2022 年下半年投入量产。本公司下一代的极紫外光刻机(数值孔径为 0.55)也将在 2023 年问世。正如 193 nm 水浸没式光刻让摩尔定律延续了十年(五个世代的集成电路),极紫外光刻也将会让摩尔定律至少再延续一个十年。届时,集成电路制造已经进入埃米时代了。

正因为如此,这本极紫外光刻是一本非常及时的书,在短短的两百多页里,哈利简单扼要地介绍了这个最先进的光刻技术的各个方面。读者如要更深入地了解这个技术的某一方面,也一定可以从每一章后面详尽的参考文献中找到。这些文献的绝大部分都可以在网上的 SPIE 数字图书馆里找到。

本书应该说是一本每一位光刻工程师必读的书,也是一本各微电子学院可以采用的很好的教材。其实,每一位从事集成电路工作的人都会从这本书中的内容受益。

在此也一并感谢上海科学技术出版社的远见以及本公司光刻专家高伟民博士精湛的翻译,他们的努力使得本书能及时地以中文呈现给读者。

ASML 公司副总裁暨技术开发中心主任,SPIE 会士<br>严涛南

# 译者序

在第一次阅读本书时,我就萌生了要翻译它的想法,因为书中的很多内容都是我过去十几年从事极紫外光刻所熟悉和经历过的。恰巧上海科学技术出版社向我约稿,我便推荐了这本书。本以为他们会觉得光刻属于比较窄的学科,极紫外光刻就更加小众,没想到他们慧眼识珠,很快就决定出版。虽然由于疫情的影响,相关事宜有所拖延,但也给了我一些缓冲的时间。尽管翻译的念头始于偶然,但出版该书的中文翻译本,确有其必然的理由和意义。

光刻是芯片制造中最关键的工艺,光刻技术的进步是摩尔定律延续的保证。光学光刻技术在不断创新、发展了 20 年后,在 7 nm 工艺节点遇到了分辨率极限的挑战。如果仍然勉强采用光学光刻生产 7 nm 以下的芯片,工艺控制的难度会大大增加,良率不高就会产生难以接受的成本。业界对此早有预测,对具有更高分辨率的极紫外光刻的产业技术研发在十几年前就已开始投入,极紫外光刻的基础研究更是在 20 世纪 80 年代就开始了。极紫外光刻终于在 2019 年用于 7 nm 芯片的量产,全球第一款用极紫外光刻制造的芯片是台积电生产的华为麒麟 990 全集成 5G 芯片。严涛南博士曾经在这家全球最大的芯片制造商(台积电)负责整个先进光刻生态系统的开发,他在推动极紫外光刻产业化的过程中发挥了至关重要的作用。极紫外光刻让芯片在 7 nm 节点以后还能再延续 20 年,对芯片产业乃至整个智能时代的贡献是无可估量的。人们常把光刻机称为"半导体技术皇冠上的明珠",那么极紫外光刻机就是"明珠上最耀眼的光芒"。这种形容虽然有些文学夸张,但极紫外光刻对产业的重要性是毋庸置疑的,它已然成为芯片先进制程中最为关键的技术。所以对于从事芯片领域的技术和管理人员,一本介绍极紫外光刻技术的书是非常及时和有意义的。

极紫外光刻与传统的光学光刻相比，虽然基本原理是相同的，但是在阅读完本书后，读者就会理解，极紫外光刻其实是一个全面创新的技术。极紫外光刻机和光学光刻机除了外壳相似，里面装的内容却大相径庭。与光学光刻机采用激光光源不同，产生极紫外光的过程要复杂得多，它是通过每秒五万次喷射的液态锡滴被同样频率的高能脉冲激光轰击，从而激发等离子体而产生的。虽然这是目前产业化的最佳方法，但这种方法得到的光能仍然很有限，转换效率不到 5%，可以说每一个光子都非常珍贵，同时还要采用特殊的技术防止锡的残渣对镜面造成污染。因为极紫外光刻的波长是 13.5 nm，处于软 X 射线波段，传统的光学透镜无法实现其传播和投影，只能采用多层膜反射镜组成的反射式光学结构。没有缺陷的多层膜反射镜不但制作困难且造价昂贵，而且其反射率也只有 60%~70%。如果这种光学系统有 11 面反射镜，入射的光每经过一次反射就要损失 30%以上的光能，最后到达晶圆能被利用的光不足初始光能的 2%。由此可见，实现稳定且具有足够高能量的极紫外光源极其困难。此外，空气对极紫外光有很强的吸收，所以极紫外光刻机只能在真空中实现曝光，这又是一个与传统光学光刻完全不同之处，它导致很多传统光刻机上的量测和控制技术，例如气动组件等，都需要重新研发能适用于真空的替代技术。因为极紫外光子数量少，每个光子的能量高，加上极紫外光刻作用对象的尺寸也很小，所以随机效应会数十倍的增加，给晶圆带来缺陷的风险也远大于光学光刻。极紫外光刻胶的反应机理和光学光刻胶也不同，对其开发也进行了 20 多年。极紫外掩模板的制作及其光学校正模型也与传统的掩模不同，复杂度和成本都大大增加。诸如此类，让极紫外光刻技术的开发面临无数的技术挑战。此外，一个全新的技术要被产业界接受，其稳定性、可靠性以及运行成本和供应链等，都需要整个生态系统的协调考量和通力合作才能实现。有人把极紫外光刻机说成是人类目前制造的最精密的机器，它的成功也是全球科技界和产业界合作的典范。读完这本书，读者也会同意这些评论并不为过。

翻译的另一个动力是这本书写得非常好。作者莱文森先生是光刻界的泰斗级科学家，他不但学识渊博，还长期担任大公司技术研发的主管，视野俯瞰整个产业生态链。他对芯片各个工艺节点中光刻的技术要求、关键挑战、方案选项、演进历程以及未来的改进方向都有着高屋建瓴的理解。莱文森先生曾经向我介绍，此书是从一个芯片制造厂的光刻工程师的视角来阐述，这个独特的视角令人欣赏。我也是工程师出身，深知对某个技术挑战可能有多个解决方案，但在芯片行业，只有能够满足产业要求的解决方案才会胜出。工程师的视角不仅包括技术的先进性，还包括技术的可靠性、可重复性、操作和维护的方便性、经济性、上下游的兼容性以及解决方案的时机性等诸多方面的考量。因此，在本书中莱文森先生不仅全面而又精炼地解读了极紫外光刻各个方面的技术挑战及其解决历程，还介绍了极紫外光刻生态系统的其他方面。例如，极紫外光刻工艺特点和工艺控制、极紫外光刻量测的特殊要求，以及对技术发展路径有着重要影响的极紫外光刻的成本分析等内容。

本书的特点之一是"新"，关于极紫外光刻技术许多最新的研发内容都在书中有所介绍和讨论，所列的文献也大多是最新的。另一个特点是"专"，作者没有展开去介绍共性的光刻技术，而是聚焦在极紫外光刻特有的技术内容、要求和应用。当然这也提高了对读者的要求，需要读者懂得光刻技术的基本知识。另外，本书的每个章节后面都列有很多的参考文献，对需要进一步了解相关技术细节的读者提供了方便的途径。每章结尾还有几道思考题，引导读者复习和思考，有些习题的答案还需要综合多章的内容，这也是一个有趣的做法。

本书是目前第一本用中文介绍极紫外光刻技术的专著。我翻译该书的目的是想通过中文让更多的读者了解极紫外光刻技术，并帮助和引导有兴趣的专业人士进一步方便地阅读相关的原著。

在今年 4 月举行的 SPIE 先进光刻技术年会上，莱文森先生因其对光刻领域的卓越贡献被 SPIE 授予弗里茨 · 泽尼克奖（Frits Zernike Award）。会议期间，还专门为他组织了新书推介会和现场签名仪式。本人有幸也在现场，并当面表达将以本书的中文版向他表示祝贺和敬意。

最后，感谢同事和朋友们的支持和帮助，感谢严涛南博士的鼓励和为本书友情撰写序言，另外还要感谢我夫人的理解和耐心，容忍我将许多休息时间、周末和节假日都花在案桌前。限于本人水平，书中难免存在不足和错误之处，盼请读者不吝赐教。

高伟民

2022 年 7 月

# 前 言

我在撰写《光刻原理》一书中有关 EUV 光刻的章节时曾面临这样的挑战：一方面想保留较多 EUV 光刻的关键内容，另一方面又必须控制章节的长度，以保证该书能全面地涵盖光刻技术的所有主要方面。因此如果能有一本专门论述 EUV 光刻的著作会十分有用。尽管已经有几本论述 EUV 光刻技术诸多方面的书籍，但它们通常是多个专家分别对各个主题撰写章节，然后汇编成书。如果一本书里每一章节的论述都来自同一个视角，一个晶圆厂光刻工程师的视角，我认为那会非常有益。

使 EUV 光刻机达到量产化要求，需要在光刻技术有关的几乎各个方面进行大量的技术开发（也包括大量的基础研究），其中包括设备、光刻胶、掩模板、量测和计算方法等方面。本书对这些主题都有所讨论，但会着重论述 EUV 光刻技术在这些方面的独特之处。我们假设读者是熟悉光学光刻技术的，因为许多与 EUV 光刻相关的概念是从光学光刻技术演化而来并逐渐成熟的。

多年来，我很荣幸也很高兴在 EUV 光刻技术方面曾与众多杰出并充满激情的工程师和科学家合作，其中许多来自 AMD、AMTC 和 GF 等公司，还有其他合作伙伴来自 Sematech、EUV LLC、INVENT 和 IMEC 等。此外，与光刻设备或材料供应商的工程师、经理和管理层的互动也让我受益匪浅。本书中的大部分内容来源于所列参考文献中出现的同事和合作伙伴。我希望这本书是对他们辛苦工作的回馈。

许多人为这本书提供了宝贵资料，有的通过他们发表的文章和书籍，有的专门为本书友情提供图表，特此感谢以下诸位提供并允许我使用他们的图表：

Dr. Bruno La Fontaine of ASML（图 1－1、图 1－3）；Mr. Kevin Nguyen and

Ms. Shannon Austin of SEMI（图 1－7）；Mr. Athanassios Kaliudis and Mr. Florian Heinig of Trumpf GmbH（图 2－4）；Dr. Torsten Feigl of optiX fab GmbH（图 2－6）；Dr. Hakaru Mizoguchi of Gigaphoton，Inc.（图 2－8）；Dr. Igor Fomenkov of ASML（图 2－12）；Dr. Anthony Yen of ASML（图 2－13、图 4－25 和图 4－26）；Dr. Patrick Naulleau of Lawrence Berkeley National Laboratory（图 2－14、图 4－18）；Mr. Toru Fujinami and Mr. Sam Gunnell of Energetiq（图 2－18）；Dr. Erik Hosler（图 2－25、图 2－28）；Dr. Winfried Kaiser of Carl Zeiss（图 3－4、图 3－5）；Dr. Yulu Chen of Synopsys，Inc.（图 3－7）；Dr. Sudhar Raghunathan（图 3－9）；Dr. Carlos A. Duran of Corning，Inc.（图 3－11、图 3－12）；Dr. David Trumper of MIT and Dr. Won-Jon Kim of Texas A&M University（图 3－17）；Dr. Obert Wood（图 4－6）；Dr. Uzodinma Okoroanyanwu of Univ. of Massachusetts（图 4－22）；Mr. Preston Williamson of Entegris（图 4－31）；Prof. Takahiro Kozawa of Osaka University（图 5－1）；Prof. Takeo Watanabe of Hyogo University（图 5－11）；Dr. Timothy Weidman of Lam Research，Inc.（图 5－23）；Dr. Lieve Van Look of Imec（图 6－13）；Dr. Peter De Bisschop of Imec（图 6－18）；Dr. Jan Van Schoot of ASML（图 7－5）；Dr. Yuya Kamei of Tokyo Electron Ltd.（图 7－7）；Mr. Masashi Sunako of Lasertec USA，Inc.（图 8－4）；Ms. Anna Tchikoulaeva of Lasertec USA，Inc.（图 8－5）；Dr. Klaus Zahlten of Carl Zeiss SMT GmbH（图 10－7）；and Dr. Vadim Vanine of ASML（图 10－12）.

最后，我想感谢我的夫人劳瑞（Laurie），感谢她持久不变的耐心。

哈利·杰·莱文森<br>2020 年 8 月

# 目　录

## 第 4 章 EUV 掩模



## 第 5 章 EUV 光刻胶



## 第 6 章 EUV 计算光刻



## 第 7 章 EUV 光刻工艺控制

# 第 1 章　绪论

## 1.1　光刻技术的历史背景

在过去的几十年里,光学光刻的分辨能力一直是通过不断缩短成像波长而得以扩展。第一款商用的晶圆步进光刻机的工作波长是 436 nm 的可见光,后来陆续推出的曝光系统,成像波长采用更短的中紫外和深紫外波段(表 1-1)。延续这个理念,$F_2$ 准分子激光器曾被尝试作为光源使波长缩短到 157 nm,以期进一步提高分辨率,但却遇到了一系列的技术挑战,最终对光学光刻技术的拓展放弃了 157 nm 波长,转而采用浸没式氟化氩(ArF)(193 nm)光刻系统,数值孔径(numerical aperture,NA)增加到 1.35。为了进一步增加 ArF 浸没式光刻的数值孔径,研发人员付出了许多努力,最终由于进展缓慢而被迫中止[1],光学光刻中采用的最短波长至今仍为 193 nm。

尽管开发 157 nm 或更短波长并具有大规模量产(high volume manufacture,HVM)能力的光刻技术未获成功,但光刻人并没有停止拓展光刻的技术能力。大量资金和工程努力曾投入到开发波长极短(约为 1 nm)的 X 射线光刻技术上。然而,工作于这个波长的投影光学元件难以实现加工制造,其主要原因是没有材料对波长约为 1 nm 的 X 射线有足够透射,所以无法实现折射式光学系统;也没有材料在接近正入射时有足够高的反射率,故而也排除了实现反射式光学系统的可能性。这意味着 X 射线光刻只能采用接近式光刻的方式,但却导致了两个重要的问题:一是接近式光刻的晶圆上图案是从掩模 1∶1 复制而来的,因此掩模质量、掩模对准、尺寸及缺陷控制等方面必须具有超高的质量;二是从根本上讲,最终必须面对的是尺寸小于 100 nm 的特征图形,其衍射效应是无法规避的。

表 1-1 光刻中采用的波长

| 波 长 | 光 源 | 量产中被采用的年份 |
| --- | --- | --- |
| 436 nm | 汞弧灯(g-线) | 1982 年 |
| 365 nm | 汞弧灯(i-线) | 1990 年 |
| 248 nm | 氟化氪(KrF)准分子激光器 | 1994 年 |
| 193 nm | 氟化氩(ArF)准分子激光器 | 2001 年 |
| 13.5 nm | 激光等离子体(LPP) | 2019 年 |

阻碍实现波长短于 193 nm 光学光刻的问题,主要是缺乏合适的透射或反射光学材料用于镜片、掩模及其保护膜的制备以满足微缩投影光刻的要求。然而,在 20 世纪 80 年代,多层膜技术得到了开发,可以提供波长在 4~25 nm 波段实用的反射率[2,3]。正是由于这一进步,全反射式光学系统的构想得以在投影光刻技术中实现[4-6]。最初,其被称为软 X 射线光刻,而后来采用了“极紫外(EUV)”这一名称,以区分这种新型投影光刻与接近式 1×的 X 射线光刻。EUV 光刻技术的两位先驱人物 Obert Wood 博士和 Hiroo Kinoshita 博士,对 EUV 光刻的早期历史撰写了一篇很好的回顾[7]。另一组重要的早期研发活动涉及一个联盟,即 EUV 有限责任公司(LLC),该联盟研制了第一台全视场 EUV 曝光系统[8]。

还有一个组织是半导体制造技术联盟(smeiconductor manufacturing technology, SEMATECH),它在 EUV 光刻技术发展的第二阶段发挥了关键作用。除了共同赞助每年的 EUV 光刻技术研讨会外,SEMATECH 协会还直接参与研发,建立了一条用于制备低缺陷率 EUV 掩模基板的小型试验线[9-12],相关的量测能力也用于支持供应商的掩模基板制造。SEMATECH 协会还资助建立了一台 EUV 微视场曝光装置(MET),该装置放置在劳伦斯伯克利国家实验室(Lawrence Bekeley National Laboratory, LBNL)的同步加速器光源上[13,14],EUV MET 为 EUV 光刻胶的研发和改良提供了至关重要的贡献[15,16]。

EUV 光刻研发中的另一关键点是 ASML 决定并建造了两台全视场曝光装置——Alpha 样机(ADT)。这两台分别安装在纽约州 Albany 的 INVENT、比利时鲁汶的 IMEC,进一步拓展了人们对 EUV 曝光能力的认识。AMD(Advanced Micro Devices)公司在一颗正常运行的测试芯片的静态存储器(static random-access memory,SRAM)中,其互连层采用了EUV光刻技术[17],这是具有全视场曝光能力的EUV光刻技术从实验室向产业转化的一个重要里程碑。

## 1.2 光刻技术的组成部分

如前所述,新的曝光波长不断地被引入半导体光刻中。要让每一个工作波长的光刻技术都能满足大规模生产(high volume manufacturing,HVM)的要求,就必须解决一系列工程问题。例如,在从i-line光刻到深紫外(DUV)光刻的过渡中,为了达到足够的曝光吞吐量,引入了化学放大型光刻胶,光源也由汞弧灯替换为KrF准分子激光器。这类重大的技术升级需要大量的研发投入,但同时,也有很多其他方面几乎保持不变。例如,DUV光刻中的光学掩模技术与i-line光刻基本一致(除掩模保护膜需要采用新材料外);另外,描述光刻工艺的仿真模型,除了更换更短的波长进行计算外,也几乎不用太大的改变。

但是,对于EUV光刻而言,几乎每个技术方面都发生了重大变化(表1-2)。光学系统是全反射式的,这与常见的光学系统大相径庭;掩模也是反射式的,这对掩模基板制造、掩模量测、工艺控制以及EUV光刻的仿真计算等方面均有深刻影响。EUV光刻胶已经发展了二十多年,在多数情况下,EUV光刻胶仍是基于KrF或ArF的化学放大光刻胶平台。化学放大胶一直是前沿光刻技术的主流光刻胶,时间长达近四分之一世纪,但现在人们也开始积极探索不同类型的EUV光刻胶。

表1-2 光学光刻和EUV光刻中光刻技术的组成部分(EUV光刻中新的光刻技术方面将是本书后续章节的主题)

| 光刻技术的组成部分 | 光学光刻 | EUV光刻 |
|---|---|---|
| 光源 | 汞弧灯和准分子激光 | 激光产生的等离子体 |
| 照明系统 | 高度灵活,像素数量多,偏振控制 | 中等弹性,较少像素,只有非偏振光 |
| 投影系统 | 透镜或折反镜 | 全反射镜 |
| 光刻胶 | 能够支持接近光学衍射极限的图案成形 | 图案成形能力离衍射极限较远 |
| 掩模 | 投射式,量测技术成熟 | 反射式,需要新的量测技术 |
| 保护膜(Pellicles) | 成熟技术,已经常规使用 | 正在开发中 |

续 表

| 光刻技术的组成部分 | 光学光刻 | EUV 光刻 |
| --- | --- | --- |
| 工艺控制 | 许多年里,大多数工艺误差来源都有解决对策 | 许多个新的误差来源有待解决 |
| 计算光刻 | 基于已知的物理模型 | 需要新的物理模型 |

本书的目的是阐述 EUV 光刻与已知的光学光刻不同的诸多技术方面。例如,EUV 反射曝光系统与光学光刻的透镜系统有很大不同,但其他关键部件,如用于工件台控制(stage control)的干涉仪和编码器则非常相似。本书假设读者已了解光学光刻的基本概念,因为很多光学光刻的术语将在本书中被频繁引用。

## 1.3 材料考量和多层膜反射镜

所有材料对波长小于 40 nm 的光吸收都很强,这个性质对 EUV 光刻技术的各个方面都有影响(图 1-1)。这种吸收主要发生在原子水平,因此,它主要取决于材料的元素成分,而与化学构成等其他方面关联不大。劳伦斯伯克利国家实验室提供了一个非常方便的 EUV 以及 X 射线光学性质数据库(参见 X 射线

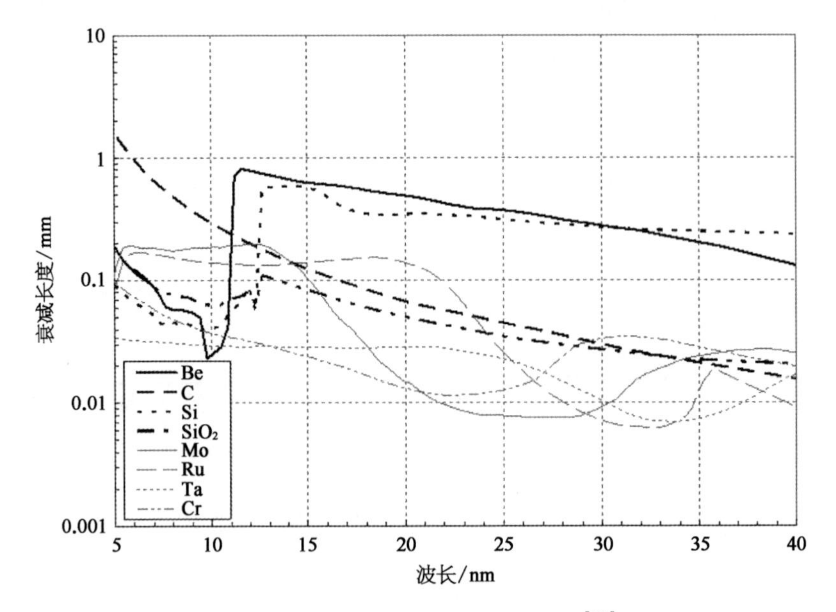


图 1-1 个别材料在短波波段的衰减长度[18]

衰减长度的定义是光在材料里传播到其强度减弱到初始值 1/e 的距离

数据库 http://cxro.lbl.gov)。

图 1-2 所示为 100 nm 厚 Si 膜在 EUV 波段的透过率,表明了 Si 对 EUV 波段光的高吸收率。可以看出,在图 1-2 所示波段,Si 的透过率均小于 90%。而事实上,Si 在 λ=13.5 nm 处是薄膜吸收率几乎最低的元素(图 1-3)。对于折射透镜中透镜元件的典型厚度(mm)的固体,EUV 光的透射率实际上为零。这不仅排除了 EUV 光刻曝光系统采用折射式或折反射式光学设计的可能性,也对许多其他光刻系统中的常见光学元件(如滤光片、起偏器、照明系统组件等)的研发都有重要影响。

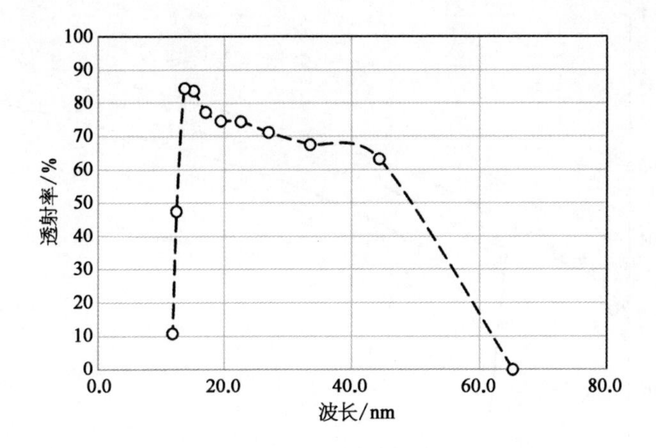


图 1-2 100 nm 厚的硅薄膜的透射率

该计算采用了劳伦斯伯克利国家实验室 X 射线光学中心(CXRO)提供的透射率计算方法

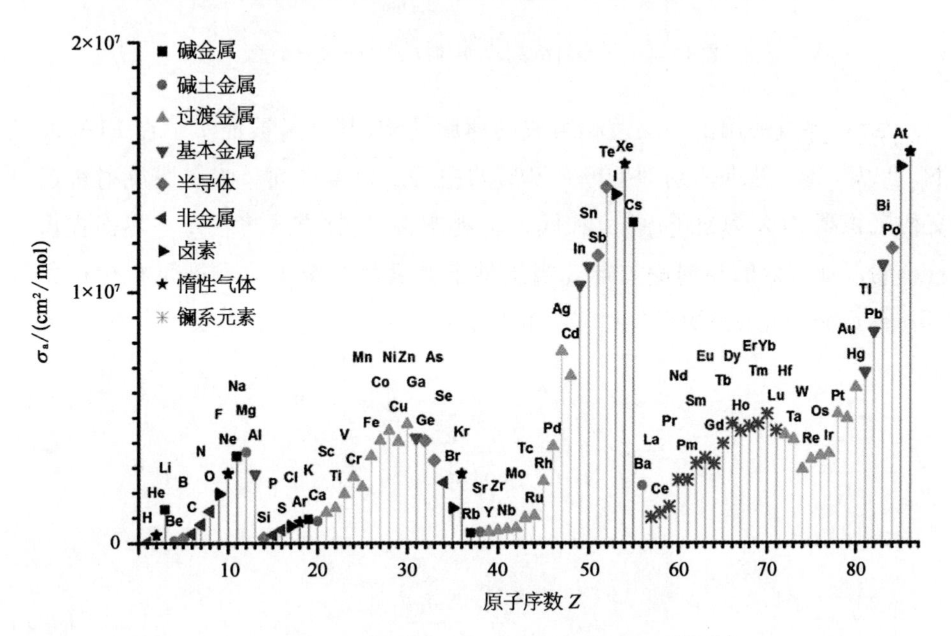


图 1-3 原子序数 1 和 86 之间元素原子吸收截面 $\sigma_a$ [19,20]

所有均匀材料在 EUV 波长下的反射率都非常低,至少在用近法向入射式光学设计的高分辨率成像系统中是这样的(图 1-4),这使得 EUV 成像光学系统的结构更加复杂。反射通常发生在具有不同折射率的材料之间的界面处。材料的折射率差异越大,反射率越大。在波长小于 50 nm 时,所有材料的折射率都接近 1。因此,除非采用掠入射,否则采用单一界面实现高反射率是非常困难的。

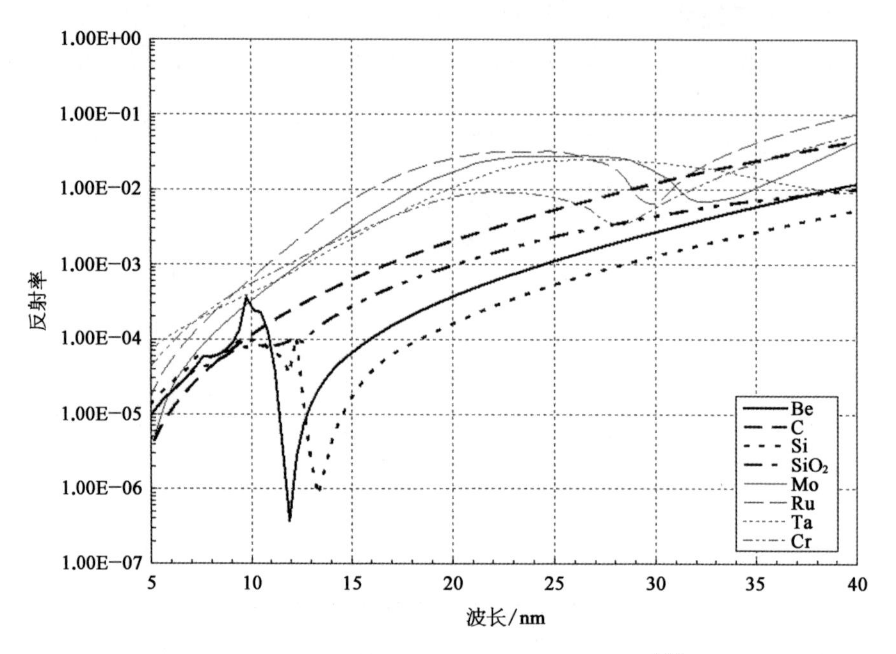


图 1-4 个别材料在法向入射的短波长下的反射率[18]

然而,通过使用由多层镀膜组成的薄膜结构,其已经被证实了在 EUV 波长下,可以获得近法向入射时 60%~70% 的中等反射率镜面。多层膜反射镜通过交替沉积高 $Z$($Z$ 为原子序数)和低 $Z$ 材料制备,这种方式将在每一界面提供一较小的但却有效的折射率差异。当这种堆叠满足或至少大致满足布拉格条件(Bragg condition),其所有反射光线相位相同[3]:

$$d = \frac{m\lambda}{2\cos\theta\sqrt{1 - \dfrac{2\bar{\delta} - \bar{\delta}^2}{\cos^2\theta}}},\ m = 1,\ 2,\ \cdots \tag{1-1}$$

其中,

$$\bar{\delta} = \frac{\delta_A d_A + \delta_B d_B}{d_A + d_B} \tag{1-2}$$

每一膜层的折射率表示为 $n = 1 - \delta + i\beta$，$d_A$、$d_B$ 和 $\theta$ 如图 1-5 中定义，且 $d = d_A + d_B$。

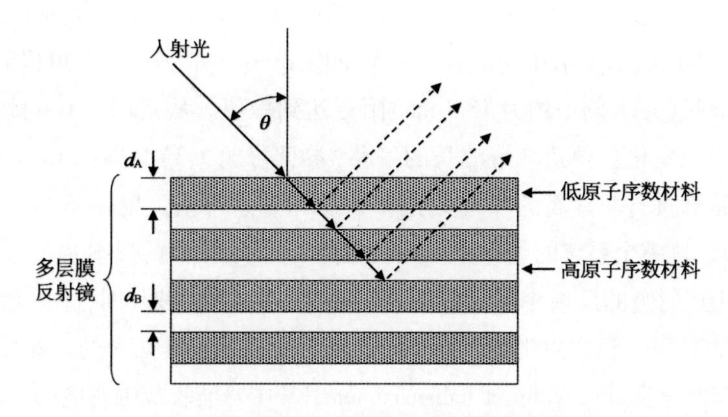


图 1-5　通过多层膜界面反射实现总反射率提高的示意图

尽管所有材料在 EUV 波长下都具有高吸收率，但也有一些材料的吸收率较低。要保证光能够透射到更深层的膜层以获得更高的反射率，用于多层膜制备的材料在 EUV 波段就必须是相对低吸收率的材料。表 1-3 列举了几种已被确定的 EUV 反射镜的膜层堆叠。

表 1-3　EUV 多层膜反射器[22-25]

| 多层膜堆叠材料 | 近正入射的峰值波长/nm | 实现的反射率 |
|---|---|---|
| Mo/Si | 13.4 | 68.2% |
| $Mo/B_4C/Si$ | 13.5 | 70.0% |
| $Mo_2C/Si$ | 13.0 | 61.8% |
| Ru/Si | 13.5 | 58.2% |
| Mo/Si | 11.3 | 70.1% |
| MoRu/Be | 11.3 | 69.3% |

在 EUV 光刻发展的早期，到底应该选择哪种波长用于光刻其实并不清楚。理论上，波长越短，则分辨率越高，因此 EUV 光刻应该采用如 Mo/Be 这种多层膜。然而，由于 Be 粒子具有毒性，人们不愿意将这种金属用于 EUV 光刻，以致目前几乎所有 EUV 光刻的研发都是基于 Mo/Si 材料组成的多层膜反射镜。设计用于接近法线反射率的 Mo/Si 多层膜，钼(Mo)层的厚度约为 3 nm，而硅(Si)层的厚度约

为 4 nm[21]。由于反射率与入射角相关,当光以不同角度入射在同一镜面时,光学元件需要进行多层膜梯度沉积(graded deposition),以便在工作波长下保持反射率恒定。这种对角度的依赖将影响掩模图案的成像,后续章节中将做进一步讨论。

Mo/Si 多层膜的反射率与波长的关系如图 1-6 所示。从该图可以看出,反射率在给定波长(在本例中约为 13.4 nm)附近达到峰值。从式(1-1)可以推知,薄膜厚度的微小变化会导致峰值波长的偏移(参见习题 1.3)。即使 EUV 系统中的每个反射镜都具有非常高的峰值反射率,但如果这些峰值反射率不在几乎相同的波长下出现,则整个系统的透射率可能会很低。同理,掩模的反射率特性也需要与投影物镜中反射镜的反射率特性匹配[26]。在定义"工作"波长时,注重此类细节非常重要。从图 1-6 可以发现,反射率随波长的变化曲线是非对称的。标准的工作波长定义为半高全宽(full-width at half-maximum,FWHM)波长范围对应的中心波长[27](图 1-7),正是因为这一非对称性,这个中值波长通常与峰值波长不完全一致。

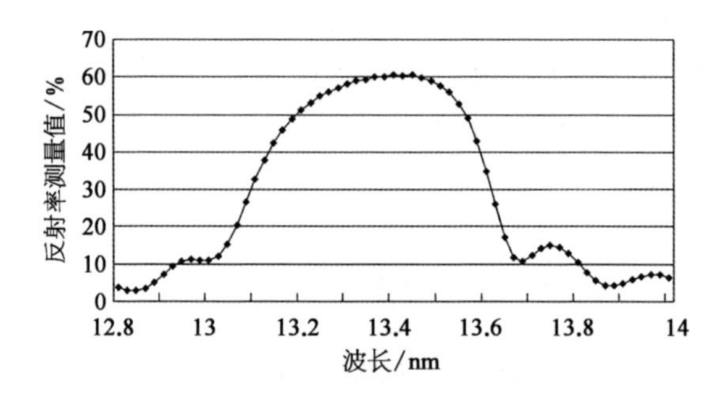


图 1-6 多层膜在近正入射的反射率对波长的曲线

测量是在劳伦斯伯克利国家实验室(LBNL)的先进同步辐射光源上完成,采用的 EUV 掩模板是 AMD 公司制造的

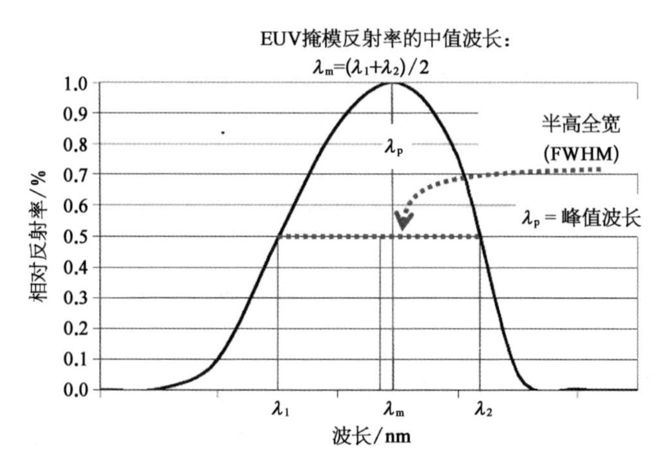


图 1-7 反射率的中值波长($\lambda_m$)的定义以及它与峰值波长($\lambda_p$)的差异[27]

如图1-6所示,反射率与波长有相关性,多层膜反射镜多次反射后导致带宽变窄(参见习题1.4)。只有经过全光程多次反射的带宽中的EUV光才会达到晶圆表面,并对光刻胶进行曝光。反射镜峰值反射率小于100%,且经多次反射使带宽变窄,照明和光学系统中的每一面反射镜都会减少可供光刻机曝光的光量。由于具有Mo/Si多层膜反射器的峰值反射率低于70%,因此曝光路径中每增加一对光学元件就会导致近一半的光强损失。出于产能考量,尽量减少照明和投影光学系统中的反射镜数量极为重要。

光学光刻技术要求其光源满足某些关键需求指标,特别是窄带宽和高强度的光源波长。对于每一代光学光刻技术,光学元件和掩模的工程实现,都是围绕此类光源的波长展开的。对于EUV光刻,掩模和光学元件的选择性十分有限。EUV光刻必须在具有高反射率的多层膜反射镜的波长下工作。而光源需要针对根据多层膜的反射特性优选出的波长进行设计,而不是反过来。由于EUV光刻并未基于既有的高强度光源的波长而设计,因此,晶圆一侧光能量较低导致的产能瓶颈一直是EUV光刻技术关注的焦点,提高多层膜反射率以及光源输出功率也因此备受重视。第2章将对EUV光源进行详细讨论。

对于EUV光刻,半导体行业已确定的工作波长为13.5 nm。这种选择部分是由于Mo/Si多层膜的选择,其决定了可行的工作波长范围。通过与候选光源输出峰值和所选波长之间的进一步细化匹配,从而确定最终的工作波长[28]。

波长为13.5 nm的光对应的光子能量为91.8 eV,这种能量高于所有分子的电离势能,并且大于固体的逸出功函数(work functions)。正如后续章节将要讨论的那样,与EUV光刻相关的大部分辐射化学现象是通过吸收光子产生的光电子调节,而不是通过直接的光化学反应。高能的EUV光子还会对EUV光学元件的污染有一定影响。

反射镜面的高反射率对于EUV曝光系统的产能至关重要。设想一个EUV投影光学系统中有6个反射镜,照明系统中有5个近法线反射镜,再加1个反射掩模,EUV光将会在这样的系统中反射12次后到达晶圆。与具有68%反射率的系统相比,如果每个多层膜反射镜达到70%的峰值反射率,那在晶圆平面上的光能就会多出40%以上。可见,即使很小的反射率改变对系统产能也是极其关键的。实际量测得到的多层膜反射率通常会比理论极值低几个百分点,这在很大程度上是因为各层材料非理想的密度和均匀性,以及界面的粗糙度和层间的扩散[2]。因此,提高多层膜反射率的努力通常也集中于这些方面。

图1-5描绘的是多层膜的理想情况。对于实际沉积的多层膜,通过透射电

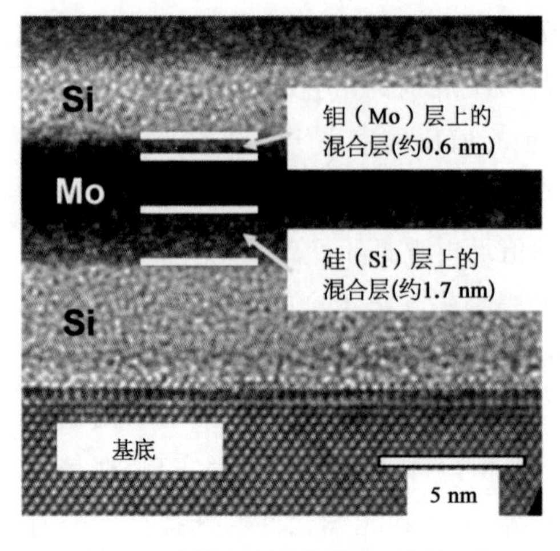


图 1－8　沉积在硅(001)表面上的 Mo/Si 多层膜的高清透射电子图片[29]

子显微镜(TEM)可以发现 Mo 层和 Si 层的边界并不清晰锐利，在纯 Mo 层和纯 Si 层间还存在包含由两种材料的混合物构成的中间层(图 1－8、图 1－9)。混合程度取决于具体的沉积条件，并且在 Mo 上沉积 Si 和在 Si 上沉积 Mo 产生的中间层是有所不同的。

通过计算多层膜反射率可以进一步提高对中间混合层衍生效应的认知。例如，峰值反射波长的偏移以及峰值反射率的降低均可归因于这种层间混合效应。为实现投影物镜中反射镜反射率的最大化，对多层膜进行的优化方案有助于提高 EUV 系统的产能和降低系统热效应(因为绝大多数没有被反射的光均被吸收了)。不过在第 6 章中将会讨论到，最大化 EUV 掩模的反射率未必能提供最优化的整体性能。

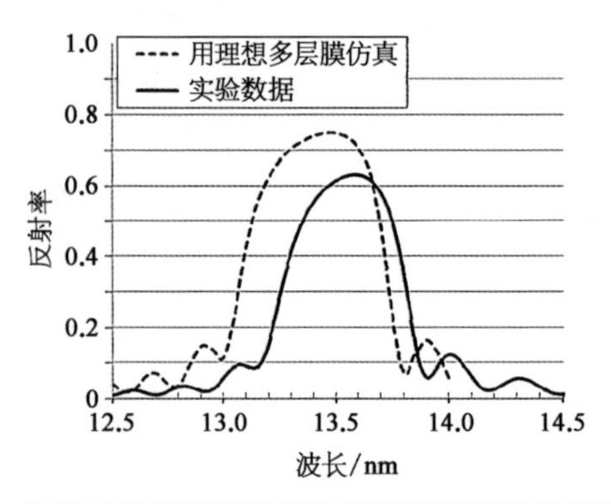


| | 厚度/nm | *n* | *k* |
|---|---|---|---|
| Si | 4.16 | 0.999 32 | 0.001 83 |
| Mo | 2.78 | 0.921 08 | 0.006 44 |
| 周期 | 6.94 | — | — |

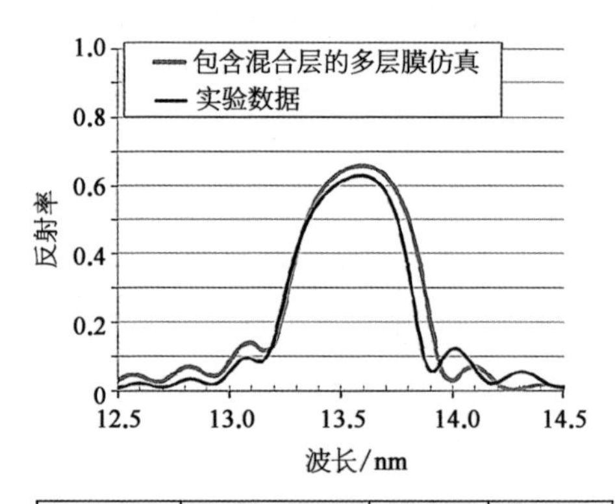


| | 厚度/nm | *n* | *k* |
|---|---|---|---|
| Si | 2.506 | 0.999 32 | 0.001 83 |
| $MoSi_X$ | 0.802 | 0.969 3 | 0.004 333 |
| Mo | 1.904 | 0.921 08 | 0.006 44 |
| $MoSi_Y$ | 1.844 | 0.969 3 | 0.004 33 |
| 周期 | 7.056 | — | — |

图 1－9　在 6°入射角条件下仿真的 Mo/Si 多层膜的反射率与实测值的比较
图中计算所用的参数引自参考文献[30]，并显示在下方的表中

当多层膜被加热时，这种层间混合会进一步增加，但借助界面工程可以得到一定程度的缓解。在 Mo/Si 多层膜中，钼和硅膜在 150℃时开始相互扩散，而

$Mo_2C/Si$ 膜在接近 600℃ 的温度时仍然保持稳定,但其峰值反射率(66.8%)仅比高质量的 Mo/Si 多层膜(68.6%)略低[31]。在 Mo/Si 层之间插入 $B_4C$ 材料时,Mo/C/Si 多层膜在 13.5 nm 的波长处可实现 70%的反射率[32,33],当加热时,即使可以维持峰值反射率,但对应的峰值反射率波长可能会发生偏移。预计会在高温环境下使用的多层膜,可以在使用前对其进行退火处理,从而将出现峰值反射的波长预先偏移至期望值[18,34]。高温下层膜的不稳定性会限制 EUV 掩模上吸收体的沉积与刻蚀的制备工艺,因此不采取一定的界面工程,制造掩模只能采用低温兼容工艺,包括掩模的清洗。

## 1.4　一般性问题

要建立一套新的光刻技术体系,所有相关因素都必须满足大规模量产的需求,这意味着没有任何因素可以与体系分隔开来单独考量。类似这本书一样,内容的论述必须循序渐进,才便于理解,所以与专题相关的内容放在后续章节进行论述。本节仅扼要地提及一些对 EUV 光刻总体系统最重要的考虑因素,详细讨论将在后续章节中进行。

成本是影响 EUV 光刻技术所有方面中一个最重要的问题。EUV 光刻技术的开发投入巨大,这些投资需要回报。此外,极端苛刻的工艺要求使设备成本不断攀升,这便使得由设备可靠性和吞吐量驱动的生产率因素尤为重要。

为了实现高吞吐量,光源功率是 EUV 光刻的关键挑战之一。正如刚才讨论的,EUV 光刻的工作波长选择取决于多层膜的高反射率带宽,而非光源能量最高的光谱段。这与光学光刻形成鲜明的对比,后者工作于带宽窄、能量强的波段,比如 i 线和 g 线光刻机工作于汞灯的光谱线,而 KrF 和 ArF 工作于准分子激光器的发射波长处。对于 EUV 光刻技术,光子的数量(即光能量)似乎总是不够。

还有一点值得注意的是,EUV 光刻技术在逻辑电路 7 nm 节点首次被用于大规模量产,其最小金属线间距约为 40 nm,未来这一尺寸会进一步缩小。小特征尺寸的图形曝光对设备要求更高,同时也推动了 EUV 光刻性能的提升。套刻(overlay)和关键尺寸(critical dimension,CD)的控制以及线边粗糙度(line-edge roughness,LER)的要求非常严格,所有方面都必须满足这些苛刻的要求。在 EUV 光刻领域,哪怕是 0.1 nm,即 1 Å(埃),都是极为重要的。

EUV 光刻技术仅适用于非常前沿的集成电路工艺。因此,所有设备都是为 300 mm 晶圆设计的,本书中所有讨论都始终假定晶圆的直径为 300 mm。

## 习题

1.1 证明 NA = 0.25 的 EUV($\lambda = 13.5$ nm)光刻系统的瑞利分辨率为 33 nm,瑞利焦深为 216 nm。证明 NA = 0.4 的 EUV 镜头,其分辨率和焦深分别为 20.5 nm 和 84 nm。

1.2 当多层薄膜叠层中材料的折射率→1.0 时,证明方程(1-1)简化为常规布拉格条件是:

$$d = \frac{m\lambda}{2\cos\theta}$$

1.3 使用上述常规布拉格条件的公式,证明当入射光为 6°(相对于垂直入射),并且多层膜反射镜中的每一对薄层厚度为 6.8 nm 时,其峰值反射率发生在 13.5 nm 波长处。(假设 $m = 1$)证明薄层厚度变化 1 Å 会使峰值波长改变 0.2 nm。

1.4 假设单个多层膜反射镜产生的反射光作为波长的函数(图 1-7)与高斯函数近似:

$$R(\lambda) = R_0 e^{\frac{-(\lambda-\lambda_0)^2}{2\sigma^2}}$$

其半高全宽 $FWHM \approx 2.355\sigma$。证明 $N$ 次反射后半高全宽 $FWHM$ 变为 $FWHM/\sqrt{N}$。

1.5 碳对波长为 13.5 nm 的光的衰减长度为 155 nm。假设每个镜子都镀有 1 nm 的碳涂层,请证明当光通过六面这样的反射镜,输出的光强是通过相同数目但没有碳涂层反射镜的 92.6%。注意:光线将穿过每个镜子上的碳涂层两次。

## 参考文献*

[1] Details of the problems that led to the suspensions of $F_2$ lithography and high NA immersion

* 注:原英文版参考文献各条目著录格式不符合 GB/T 7714—2015 要求或有缺项,但为方便有需要的读者,本书仍按英文版保留此内容,以下各章同此。

lithography R&D are discussed in Chapter 10 of *Principles of Lithography*, 4th Edition, SPIE Press, 2019.

[2] T. W. Barbee, S. Mrowka, and M. C. Hettrick, "Molybdenum-silicon multilayers for the extreme ultraviolet," *Appl. Optic.* **24**, p. 883 (1985).

[3] S. Yulin, "Multilayer interference coatings for EUVL," in *Extreme Ultraviolet Lithography*, B. Wu and A. Kumar, Eds., McGraw Hill, New York (2009).

[4] A. M. Hawryluk and L. G. Seppala, "Soft x-ray projection lithography using an x-ray reduction camera," *J. Vac. Sci. Technol. B* **6**, pp. 2161 - 2166 (1988).

[5] H. Kinoshita, T. Kaneko, H. Takei, N. Takeuchi, and S. Ishihara, "Study on x-ray reduction projection lithography," presented at the 47th Autumn Meeting of the Japan Society of Applied Physics, Paper No. 28 - ZF - 15 (1986).

[6] W. T. Silfast and O. R. Wood II, "Tenth micron lithography with a 10 Hz 37.2 nm sodium laser," *Microelectron. Eng.* Vol. **8**, pp 1711 - 1726 (1988).

[7] H. Kinoshita and O. Wood, "EUV lithography: an historical perspective," in *EUV Lithography*, Chapter 1 in *EUV Lithography*, 2nd edition, Ed. V. Bakshi, SPIE Press (2018).

[8] S. Wurm, "The EUV LLC: An Historical Perspective," Chapter 2 in *EUV Lithography*, 2nd edition, Ed. V. Bakshi, SPIE Press (2018).

[9] A. O. Antohe, D. Balachandran, L. He, P. Kearney, A. Karumuri, F. Goodwin, and K. Cummings. "SEMATECH produces defect-free EUV mask blanks: defect yield and immediate challenges," *Proc. SPIE* Vol. **9422**, p. 94221B, 2015.

[10] V. Jindal, P. Kearney, J. Sohn, J. Harris-Jones, A. John, M. Godwin, A. Antohe, et al. "Ion beam deposition system for depositing low defect density extreme ultraviolet mask blanks," *Proc. SPIE* Vol. **8322**, p. 83221W, 2012.

[11] F. Goodwin, P. Kearney, A. J. Kadaksham, and S. Wurm. "Recent advances in SEMATECH's mask blank development program, the remaining technical challenges, and future outlook," *SPIE* Vol. **8886**, p. 88860C, 2013.

[12] V. Jindal, P. Kearney, A. Antohe, M. Godwin, A. John, R. Teki, J. Harris-Jones, E. Stinzianni, and F. Goodwin, "Challenges in EUV mask blank deposition for high volume manufacturing," *Proc. SPIE* Vol. **8679**, p. 86791D, 2013.

[13] P. P. Naulleau, C. N. Anderson, L. Baclea-an, P. Denham, S. George, and K. A. Goldberg M. Goldstein et al. "The SEMATECH Berkeley microfield exposure tool: learning at the 22-nm node and beyond," *SPIE* Vol. **7271**, p. 72710W, 2009.

[14] P. P. Naulleau, C. N. Anderson, J. Chiu, K. Dean, P. Denham, S. George, K. A. Goldberg, et al. "Latest results from the SEMATECH Berkeley extreme ultraviolet microfield exposure tool," *Journal of Vacuum Science & Technology B: Microelectronics and Nanometer Structures Processing, Measurement, and Phenomena* **27**, no. 1 (2009): 66 - 70.

[15] P. P. Naulleau, C. N. Anderson, J. Chiu, K. Dean, P. Denham, K. A. Goldberg, B. Hoef, et al., "Advanced extreme ultraviolet resist testing using the SEMATECH Berkeley 0.3-NA microfield exposure tool," *SPIE* Vol. **6921**, p. 69213N, 2008.

[16] T. Wallow, C. Higgins, R. Brainard, K. Petrillo, W. Montgomery, C. Koay, G. Denbeaux, O. Wood, and Y. Wei, "Evaluation of EUV resist materials for use at the 32 nm half-pitch node," *SPIE* Vol. **6921**, p. 69211F, 2008.

[17] B. La Fontaine, Y. Deng, R. Kim, H. J. Levinson, S. McGowan, U. Okoroanyanwu, R. Seltmann, C. Tabery, A. Tchikoulaeva, T. Wallow, O. Wood, J. Arnold, D. Canaperi, M. Colburn, K. Kimmel, C. Koay, E. McLellan, D. Medeiros, S. P. Rao, K. Petrillo, Y. Yin, H. Mizuno, S. Bouten, M. Crouse, A van Dijk, Y. van Dommelen, J. Galloway, S. Han, B. Kessels, B. Lee, S. Lok, B. Niekrewicz, B. Pierson, R. Routh, E. Schmitt-Weaver, K. Cummings, and J. Word, "The use of EUV lithography to produce demonstration devices," *Proc. SPIE* **6921**, 69210P (2008).

[18] B. La Fontaine, "EUV optics," in *Extreme Ultraviolet Lithography*, B. Wu and A. Kumar,

Eds., McGraw Hill, New York (2009).

[19] R. Fallica, J. Haitjema, L. Wu, S. C. Ortega, A. M. Brouwer, and Y. Ekinci. "Absorption coefficient of metal-containing photoresists in the extreme ultraviolet." *Journal of Micro/Nanolithography, MEMS, and MOEMS* **17**, no. 2 (2018): 023505.

[20] This graph was generated using values tabulated in B. L. Henke, E. M. Gullikson, and J. C. Davis. "X-ray interactions: photoabsorption, scattering, transmission, and reflection at E = 50 - 30,000 eV, Z = 1 - 92." *Atomic data and nuclear data tables* **54**, no. 2 (1993): 181 - 342.

[21] E. Spiller, S. L. Baker, P. B. Mirkarimi, V. Sperry, E. M. Gullikson, and D. G. Stearns, "High-performance Mo-Si multilayer coatings for extreme-ultraviolet lithography by ion-beam deposition," *Appl. Opt.* **42**(19), pp. 4049 - 4058 (2003).

[22] A. A. Krasnoperova, R. Rippstein, A. Flamholz, E. Kratchmer, S. Wind, C. Brooks, and M. Lercel, "Imaging capabilities of proximity x-ray lithography at 70 nm ground rules," *Proc. SPIE* **3676**, pp. 24 - 39 (1999).

[23] J. A. Folta, S. Bajt, T. W. Barbee, R. F. Grabner, P. B. Mirkarimi, T. Nguyen, M. A. Schmidt, E. Spiller, C. C. Walton, M. Wedowski, and C. Montcalm, "Advances in multilayer reflective coatings for extreme- ultraviolet lithography," *Proc. SPIE* **3676**, pp. 702 - 709 (1999).

[24] S. Bajt, "Molybdenum-ruthenium/beryllium multilayer coatings," *J. Vac. Sci. Technol. A* **18**(2), pp. 557 - 559 (2000).

[25] O. R. Wood, K. Wong, V. Parks, P. A. Kearney, J. Meyer-Ilse, V. Luong, V. Philipsen, et al. "Improved Ru/Si multilayer reflective coatings for advanced extreme-ultraviolet lithography photomasks." *Proc. SPIE* **9776**, pp. 977619-1 - 97761-10, (2016).

[26] S. D. Hector, E. M. Gullikson, P. Mirkarimi, E. Spiller, P. Kearney, and J. Folta, "Multilayer coating requirements for extreme ultraviolet lithography masks," *Proc. SPIE* **4562**, pp. 863 - 881 (2001).

[27] SEMI Standard P37-0613, "Specification for extreme ultraviolet lithography substrates and blanks," *Semiconductor Equipment and Materials International*, 3081 Zanker Road, San Jose, California (2013). Republished with permission from SEMI © 2020.

[28] M. Richardson, "EUV sources," from *Chapter 3 in Extreme Ultraviolet Lithography*, B. Wu and A. Kumar, Eds., McGraw-Hill, New York (2009).

[29] H. Seo, J. Park, S. Lee, J. Park, H. Kim, S. Kim, and H. Cho. "Properties of EUVL masks as a function of capping layer and absorber stack structures," *SPIE* Vol. **6517**, p. 65171G, 2007.

[30] V. Philipsen, E. Hendrickx, R. Jonckheere, N. Davydova, T. Fliervoet, and J. Timo Neumann, "Actinic characterization and modeling of the EUV mask stack," *Proc. SPIE* Vol. **8886**, p. 88860B, 2013.

[31] S. Yulin, T. Kuhlmann, T. Feigl, and N. Kaiser, "Damage-resistant and low-stress EUV multilayer mirrors," *Proc. SPIE* **4343**, pp. 607 - 614 (2001).

[32] S. Bajt, J. AlmedaT. BarbeeJr, W. M. Clift, J. A. Folta, B. Kaufmann, and E. Spiller, "Improved reflectance and stability of Mo-Si multilayers," *Opt. Eng.* **41**(8), pp. 1797 - 1804 (2002).

[33] S. Braun, H. Mai, M. Moss, R. Scholz, and A. Leson, "Mo/Si multilayers with different barrier layers for applications and extreme ultraviolet mirrors," *Jpn. J. Appl. Phys.* **41**, pp. 4074 - 4081 (2002).

[34] S. Yulin, N. Benoit, T. Feigl, and N. Kaiser, "Interface-engineered EUV multilayer mirrors," *Microelectron. Eng.* **83**, pp. 692 - 694 (2006).

# 第 2 章　EUV 光源

如前所述,EUV 光刻的波长在很大程度上取决于具有高反射率的多层膜,这与可以一直在具有窄带、高功率的波长下工作的光学光刻不同,其结果是极紫外光刻光源的功率相对较低。为了开发出高功率的 EUV 光源,需要巨大的研发投入。

极紫外光的产生有几种方法。早期的研究人员使用的是同步辐射光源,但是随着极紫外光刻由研究转向应用,需要体积更小的光源。和曝光装置一样,EUV 的量测也有同样的需求,独立的光源系统为试验线的开发提供了极大的灵活性。此外,即便是使用波荡器(undulators or wigglers),尺寸可接受的同步辐射光源也不可能提供功率高且成本合理的极紫外光[1]。本章将讨论目前用于芯片制造的极紫外光源,即激光等离子体光源(laser-produced plasma,LPP),以及另外一种将来有可能用于晶圆曝光的光源,即自由电子激光器(free electron laser,FEL),也会讨论用于个别极紫外量测设备的其他基于等离子体的光源。

## 2.1　激光等离子体光源

等离子体产生极紫外光的原理是当电子与高价的正离子结合时会放射出高能光子。在激光等离子体(LPP)光源中,离子是由高强度相干激光脉冲的强电场产生的。这些快速振荡的电场导致电子和离子反复碰撞,产生高价的正离子(参见习题 2.1),电子与这些高价离子结合时便会产生高能量的光子。虽然原子辐射通常发生在量子化的波长,但等离子体产生的光辐射可以在一定的波长范围内发生,因为电子和离子重新结合产生的动能也会转化成为光子的能量,最终的结果是放射出较宽光谱的光。要同时准确地匹配多层膜的高反射率和窄带辐射光谱是相当困难的,如果光源具有较宽的光谱对此就比较有利,一方面是幸运的,但另一方面也意味着光源有相当一部分光并不能用于曝光,从而限制了光源的效率。此外,等离子体也会产生较长的深紫外光,这些深紫外光如果到达晶圆的话,会导致光刻胶发生曝光反应。

通常被称为燃料的靶材是通过几个因素来选择的。从激光到带内 EUV 光的转换效率(conversion efficiency, CE)是最重要的因素之一。研究发现,氙、锡和锂等离子体在极紫外波段具有很强的辐射。极紫外产业联盟(EUV LLC)的第一个全视场极紫外曝光设备(engineering test stand,ETS)的光源便采用了氙气射流作为燃料。氙气是一种惰性气体,因此在保护光学元件污染方面具有优势。因为光源和光学部件之间不能有任何的玻璃窗口将其分隔,所以必须要防止光学元件受到化学污染。实践中,即便是使用了惰性的氙气作为靶材,在光源中还是发现了集光镜被侵蚀的现象。实验发现这种侵蚀主要是由高动能氙离子的溅射造成的[2]。

即便是使用化学惰性材料,反射器件仍然需要保护,需要采取减少等离子残渣(debris,通常被称为"碎屑")到达集光镜的技术措施,或采用其他非惰性材料作为燃料。锡材料被作为重点考虑对象,因为锡能产生比氙更强的极紫外光,并且有多种价态的锡离子都可以放射出极紫外光,而氙离子只有一种价态能在 13.5 nm 波长附近发光(图 2-1、图 2-2)。最终,锡成为 ASML 公司 0.33NA 曝光设备中所有光源使用的靶材。不过氙仍然在其他的 EUV 光源中使用,尤其是用于量测装置的光源(参见 2.2 节)。

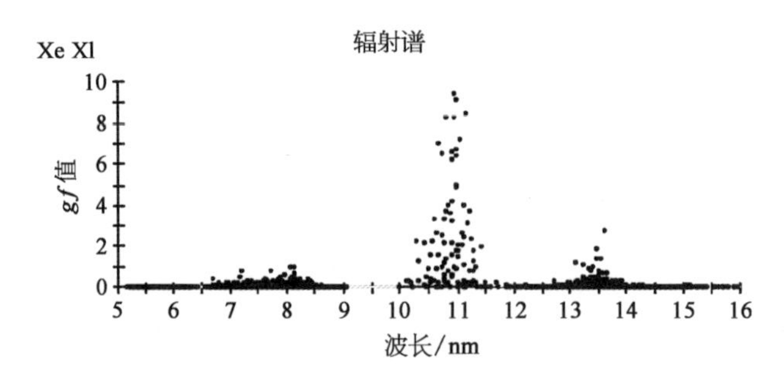


图 2-1 $Xe^{10+}$(Xe XI)的计算振子强度(*gf*值)与波长的关系[3]

$Xe^{10+}$是 Xe 在 13.5 nm 波长附近产生足够光强的唯一的离子,每个点对应一条谱线

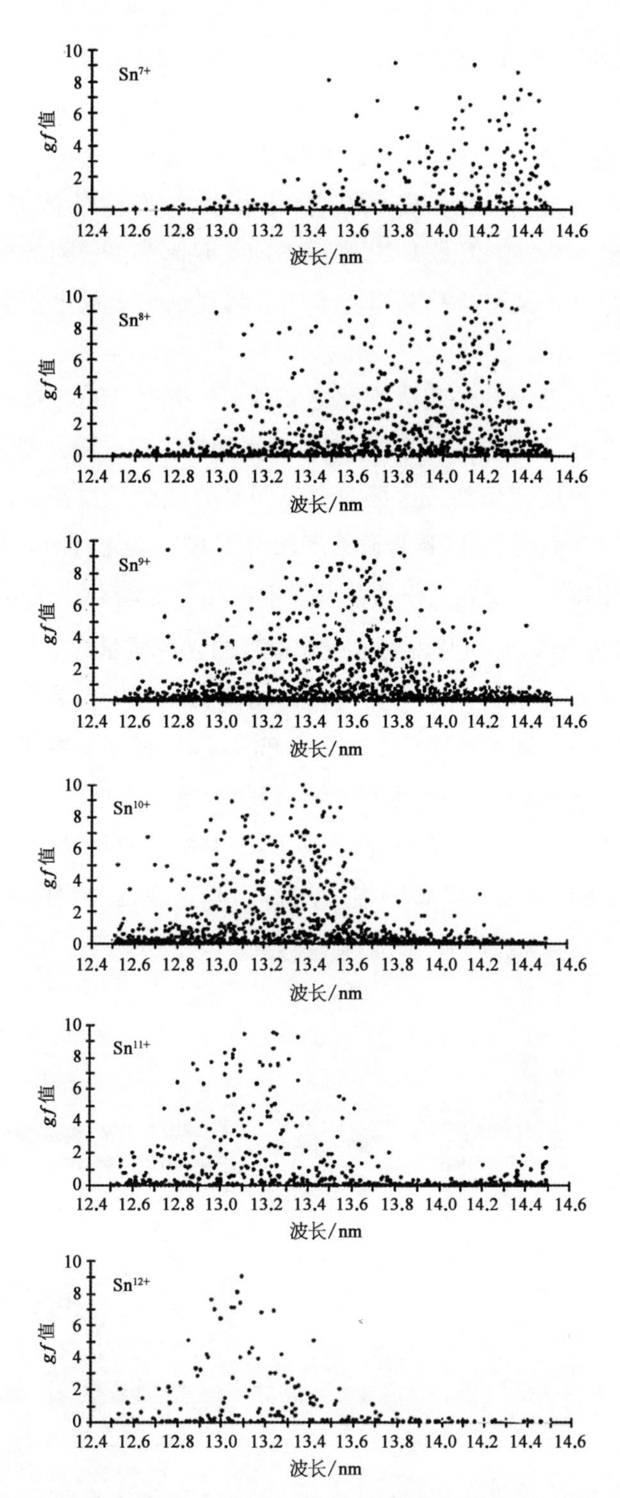


图 2-2　从 $Sn^{7+}$(Sn Ⅷ) 到 $Sn^{12+}$(Sn ⅩⅢ) 的各种锡离子的计算振子强度 ($gf$ 值) 与波长的关系[3]
(每个点对应一条谱线。可以看出,λ = 13.5 nm 附近的光是从几个离子发出的)

EUV LLC 的工程测试平台 ETS 采用了 LPP 光源,并使用了一个脉冲式的 Nd:YAG(波长 1 064 nm)来产生等离子体。对于这样的激光器是否可以实现功率放大还存有疑虑,另外运行和维护的费用也很高。这些都导致了对 LPP 光源产生怀疑,也使得很多资源用于开发放电等离子体光源(discharge produced plasma,DPP)。但是 DPP 光源不能满足曝光系统对光能输出和可靠性的要求,因此 LPP 又重新被采用。下一节将讨论一个放电等离子体光源的例子。

重新开发的 LPP 光源的重大变化之一便是采用了 10.6 μm 的高功率二氧化碳($CO_2$)激光器,其波长远大于 Nd:YAG 激光器。$CO_2$ 激光器技术非常成熟并且被广泛用于焊接和切割。这样的激光器具有适于大规模量产的可靠性和运行成本。值得注意的是,LPP 光源的应用对于 $CO_2$ 激光器的要求比对切割和焊接的要求严格得多。研发工作的重点集中在如何提高 $CO_2$ 激光输出功率,以满足 LPP 光源的需求,并同时得到近衍射极限的光束质量[4]。现今适用于 LPP 光源的 $CO_2$ 激光器可以达到非常高的输出功率(>25 kW),并实现非常高的重复频率(≥50 kHz)。墙插效率(wall plug efficiency),即激光输出功率和耗电量的比例,是考虑运营成本的一个重要因素,目前大概在 2%[5]。

为了实现激光的高输出功率,激光采用了主振荡器加功率放大器(master-oscillator power-amplifier,MOPA)的构架(图 2-3)。在这样的构架中,主振荡器

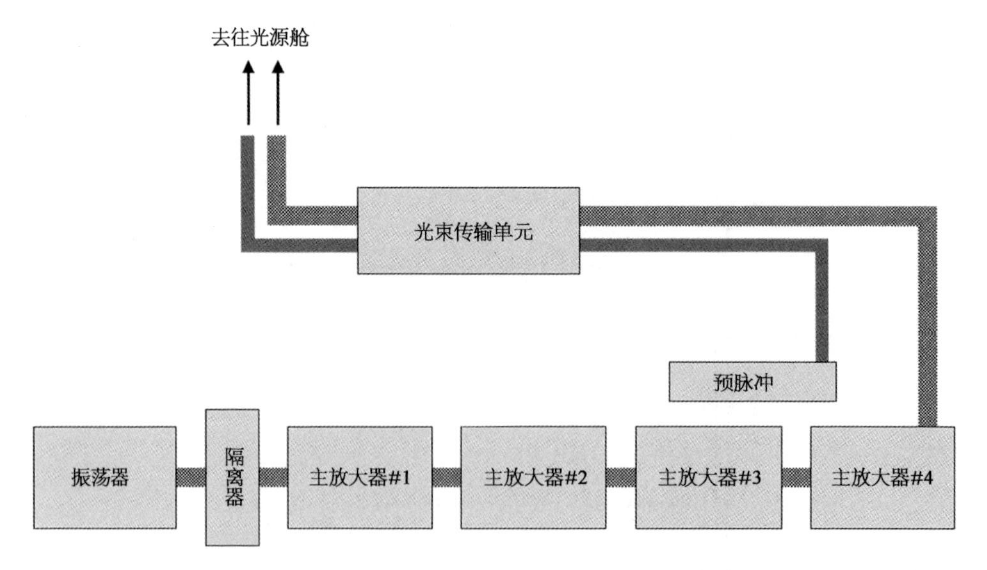


图 2-3 用于 LPP 光源的高功率 $CO_2$ 激光器布局图

在某些配置中,预脉冲可以在光束传输单元中与主脉冲的路径相同

产生一个激光脉冲，再经过一系列的功率放大器来实现能量放大。这种主振荡器加功率放大器（MOPA）的配置，可以将产生高质量的种子脉冲和产生高功率的脉冲的功能分开实施。如图 2－4 所示，用于 LPP 光源的 $CO_2$ 激光器要比用于深紫外光刻的准分子激光大很多。光源的优化涉及诸多主脉冲参数的优化，例如，峰值功率主要与脉冲宽度（或脉冲持续时间）有关（一般是 10～20 ns）[6]。这一节后面会讨论光源优化的其他方面。

图 2－4　用于 LPP EUV 光源的 Trumpf 公司 $CO_2$ 激光器[7]

在目前极紫外光刻机的光源中，极紫外光是从液态锡滴产生的等离子体放射产生的。锡材料的好处是它在 13.5 nm 波段附近有相对较强的 EUV 辐射谱线，并且锡的熔点很低，只有 232 ℃。早期的 LPP 光源使用了固态的锡靶[8]，这样的光源可以产生极紫外光，但同时也产生大量的碎屑，这些碎屑不但不产出 EUV 波长的光，而且会对光源中的集光镜造成污染。通过使用较小的液滴，可以最大限度地减少锡的消耗，也是保持集光镜免受污染的重要的一步。锡的低熔点简化了利用液态锡滴的光源的设计难度。

在基于等离子体的光源中，需要能够聚集极紫外光并将其导向到曝光设备中的照明光学系统。按照常规，极紫外光源的输出功率指的是在集光镜焦点处的带内（2%带宽）功率。集光镜的焦点也常被称为中间焦点[9]（图 2－5）。如图 2－6 所示，极紫外光的收集效率本身就不高，产生的光不能 100%被收集和聚焦。文献报道的集光镜立体角是 5 sr[10]。椭球形的集光镜是一种便利的设计，等离子体在一个焦点产生，然后光被汇聚到另一个焦点。

锡残渣一旦沉积在集光镜上就会导致其对 EUV 光的反射率降低，对此必须采

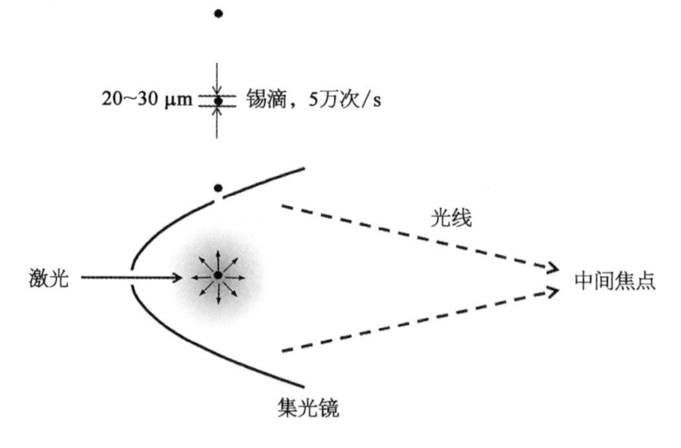


图 2-5 激光激发的 EUV 光源示意

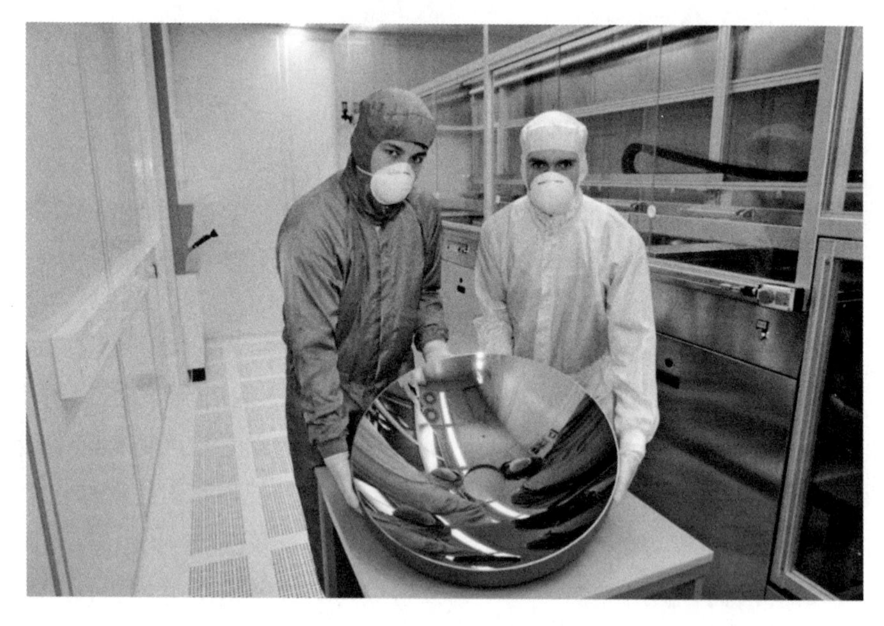

图 2-6 具有渐变多层的集光镜(直径 650 mm、聚光角 5 sr、反射率约为 40%)

取积极的应对措施,如使用氢气流(图 2-7)。氢气通过两个过程来降低锡对集光镜的污染:一是通过气流本身,氢分子与锡原子或团簇发生碰撞,使它们转向并远离集光镜;二是氢自由基也会与锡发生化学反应,产生锡烷(氢化锡),如 $SnH_4$,而其在室温易挥发。在微压条件下的氢气对极紫外光造成的损失与氙气相比要小得多,因为在 13.5 nm 波段附近,氢气的吸收截面要小于氙气。例如,13.5 nm 的光在气压为 10 Torr(1 Torr = 133.322 Pa)时通过 1 cm 距离的氢气中的穿透率大于 98%,而通过一样压强的氙气,穿透率不到 1%。尽管 10 Torr 比大气压强小得多,但微压下的氢气流在极紫外光源和曝光系统中仍然非常有用(表 2-1)。

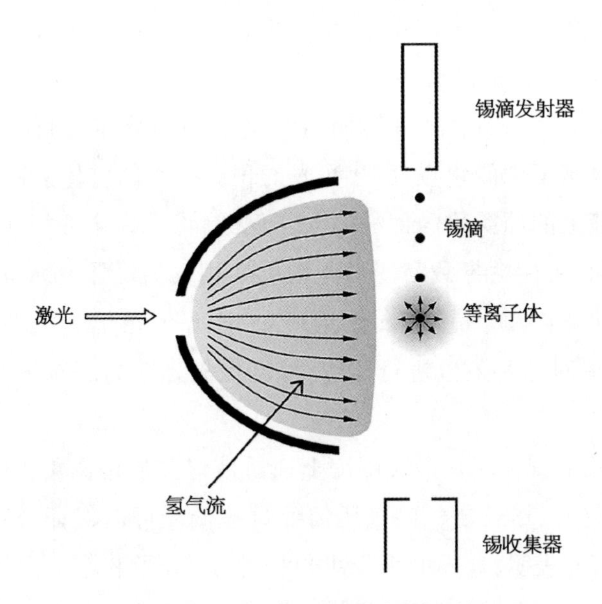


图 2-7　使用氢气减少集光镜的污染

表 2-1　所选材料对 13.5 nm 的光在气压为 10 Torr 时通过 1 cm 距离的穿透率

| 气　体 | 10 Torr 气压通过 1 cm 距离的穿透率 |
|---|---|
| $H_2$ | 98% |
| He | 85% |
| $N_2$ | 46% |
| $O_2$ | 26% |
| $CO_2$ | 22% |
| Ar | 64% |

反射镜面的性能退化是 EUV 光刻的一个不可忽视的问题。由于光源模块中环境恶劣，集光镜上的 Mo/Si 多层膜需要有专门的保护镀层，但这会导致集光镜的反射率降低至 45%左右[12]。虽然使用中保护镀层变薄会导致反射率轻微增加，但集光镜的总反射率一般也会随着使用而降低，主要原因是锡的沉积。反射率衰减通常以每千兆（10 亿）脉冲（Giga pulses，Gp）反射率的百分比变化来衡量（%/Gp），衰减率的基准是 0.1%/GP，这等同于经过 100 Gp 后，反射率和初始值相比会有 10%的反射率变化。假设光源 25%的时间都在产出极紫外光，那么 100 Gp 就是 13 周的使用时间。是否更换集光镜，部分取决于运行的成本，即

需要权衡更换集光镜的成本和由于集光镜反射率降低所导致的生产力损失。第 9 章会更加详细地讨论极紫外光刻的成本。

由于激光镜反射率的衰减在镜面通常呈不均匀分布,因此是否更换集光镜还可能不仅是基于中间焦点处 EUV 光的积分强度的整体衰减,甚至也不仅是基于整个狭缝上的照明均匀性的降低。例如,考虑一个四极照明,如果各极中的光强不相同,可能会导致与图形间距周期相关的尺寸变化,同时照明中心的偏移也会导致图形放置误差,像这样的情况在光学光刻中也曾被观察到[13]。因此需要对这种效应进行监测,以确保集光镜的衰减没有达到不可接受的地步。

图 2-7 所示氢气流场在很大程度上通过使锡碎屑偏离集光镜方向来达到保护集光镜的目的。尽管氢气的气压需要足够低才可以保证极紫外光的透射(表 2-1),但研究表明,这样的流场可以使原子、分子和小的团簇在流场中改变方向[14,15],其中大部分变向的锡最终会凝结在光源腔室的侧墙上。氢气保护光学元件不受锡污染的另一种机制是通过氢气和锡之间发生化学反应形成锡烷。虽然锡烷是易挥发的,但它很容易在接触金属表面时重新分解,进而增加了锡在光源腔室侧壁上的凝聚[16]。现实中,集光镜位于光源腔体的底部(图 2-8),所以凝聚的锡有可能会滴落到集光镜上。用来保护集光镜的低压氢气流场可以阻挡原子、离子和小锡簇,却不能阻挡大的液态锡滴,为了防止这样的情况发生,还需要额外的工程来对锡进行处理。

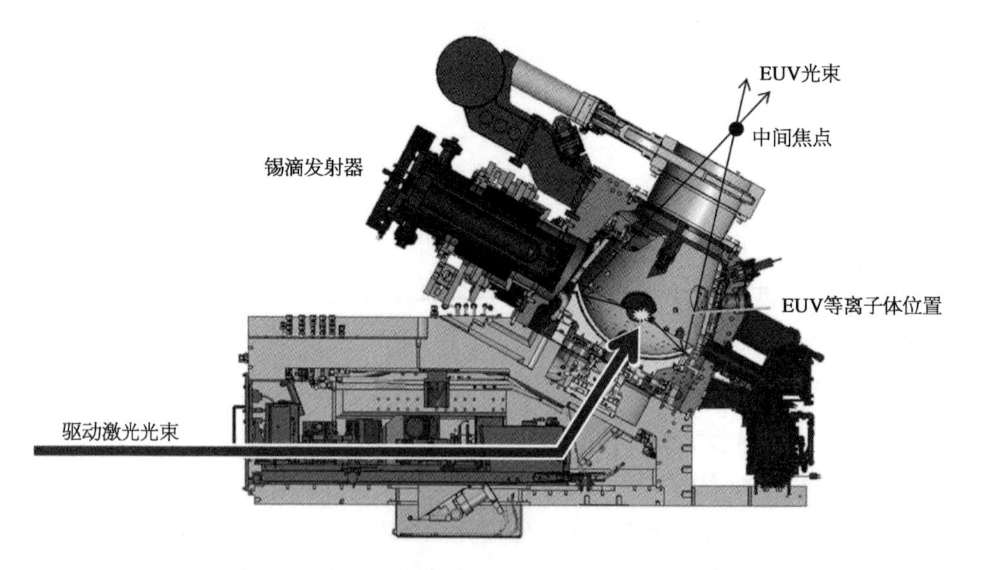


图 2-8　日本 Gigaphoton 公司 LPP 光源的横截面[17]

LPP 光源最重要的特性之一是红外光和 EUV 光之间的转换效率。由于运行成本并不随转换效率的高低而增减，因此更高的转换效率就会显著提升生产率。提高效率的一项重要创新是引入了预脉冲（pre-pulse）[18,19]。通过这种方式，锡液滴首先被一个红外光预脉冲击中，预脉冲的能量比产生等离子体发射出极紫外光的主脉冲能量低很多，但该能量仍足以将锡液滴变成碟状或部分电离的雾状。当这个碟状靶被随后的高能 $CO_2$ 激光主脉冲击中时[20]，就能实现接近 6%的转换效率[19]。与引入预脉冲之前相比，这样的设计为光源性能带来了很大的提升。值得注意的是，转换效率的定义是指产生可以在 $2\pi$ 立体角内收集的带内极紫外光，而在实际曝光装置中的集光立体角通常远小于 $2\pi$。

除了功率低于主脉冲之外，预脉冲的持续时间通常也比主脉冲（10～20 ns）[17]短得多（约 10 ps）[21]。已经发现预脉冲持续时间短是有利于产生更高的转换效率。这种预脉冲可以使用波长为 1 064 nm 的 Nd：YAG 激光器来实现，它与来自 $CO_2$ 激光器的主脉冲的波长不同。

采用碟式锡靶带来的一个问题是主脉冲红外光可能从碟靶反射并返回到 $CO_2$ 激光器中，导致在不期望的时间出光[22,23]，从而影响输出功率的性能，也会导致光学元件的损坏。例如，理想的脉冲其功率是瞬间提升的，否则，击打锡靶会使其发生非理想的变形[24]。$CO_2$ 激光光脉冲波形示例如图 2－9 所示，其中一些脉冲的功率提升过早，称为功率“台阶”。为了防止反射光影响激光脉冲，在光束光学器件中添加某些组件，可以隔离主振荡器和前置放大器模块。实现前置放大器与主脉冲功率放大器隔离的一种方法是加入一个光开关。然而，典型的光开关，例如基于声光调制的开关，开关时间长达数百纳秒，因此在正向脉冲通过开关后，反射光回程时间如果比这个开关时间更长，就能避免回射到此开关上。一种延迟返回光的方法是增加前置放大器和主功率放大器之间的距离，依靠有限的光速实现延时。在紧凑的模组中增加光程的方法如图 2－10 所示，光线在镜子之间反射很多次[25]

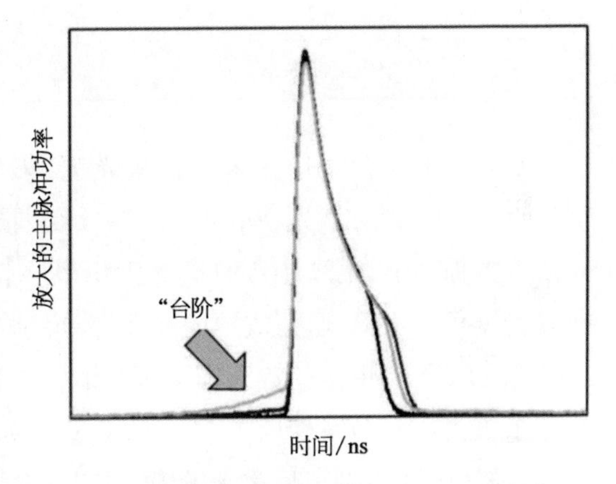

图 2－9 具有不同高度“台阶”的三个主脉冲[24]

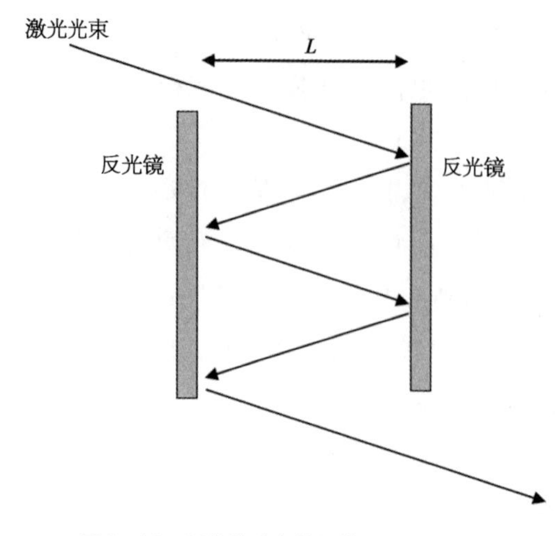


图 2-10　延长脉冲在前置放大器和主功率放大器之间传播时间的方法

(参见习题 2.3)。其他隔离的方法还包括了利用光的偏振和延时[26]。

表 2-2 列出了各种光源参数的典型值。采用这组参数的话，中间焦点处的功率约为 400 W。继续提升输出功率需要提高其中一个或者多个参数。要将集光镜的立体角增加到 2π 以上，需要在光学设计和制造方面进行重大创新，Mo/Si 多层膜的最大理论反射率约为 75%[27]，增加 $CO_2$ 激光功率是长期以来在努力实现的。

表 2-2　用于估算 LPP 光源输出功率的各种参数的典型值

| 参　　数 | 数　　值 |
|---|---|
| $CO_2$ 激光功率 | 25 kW |
| 转换效率 | 5% |
| 集光镜的立体角 | 5 sr |
| 集光镜反射率 | 40% |

尽管采取了很多措施来保护集光镜，集光镜还是会随着时间而退化，需要定期更换。尽管对集光镜的要求不像 EUV 投影光学物镜那么严格，但在面形和光洁度方面，仍然需要精细打磨并沉积多层膜。所以，集光镜成本昂贵，定期更换集光镜仍是 EUV 运营成本的重要部分。降低该成本的一种方法是翻新使用过的镜子。需要更换的集光镜上沉积的锡可以用氢自由基进行清除，氢自由基比分子氢更容易与锡反应[28-30]。对于多层膜或外保护层被损坏的集光射镜，理论上，损坏的薄膜剥离后重新镀膜，可以避免重新研磨和抛光新的镜子。

如图 2-11 所示，锡液滴由液滴发生器生成的。加压气体将液态锡推向过滤器，随后从喷嘴中喷出，调制器可以调制锡滴以 50 kHz 或更高频率喷发。由于喷嘴孔径必须与液滴(几十微米)相当，防止液态锡中的小颗粒堵塞喷嘴非常重要，否则更换堵塞的喷嘴会造成停机。因此，在光源中使用高纯度的锡极为重要。考虑到锡会发生化学反应(尤其是与氧气和水)形成颗粒，所以挤压液态锡所用的气体必须是惰性的，并且在熔化锡之前必须小心去除液滴发生器内的氧气和水。重新加注锡也是一个复杂的过程，不仅因为需要避免污染、防止颗粒形成，还因为液态锡的温度较高。如果能实现在不停机状态下向光源中加注锡材料，那将是非常有益的一步，这也让重新加注过程变得更加复杂。

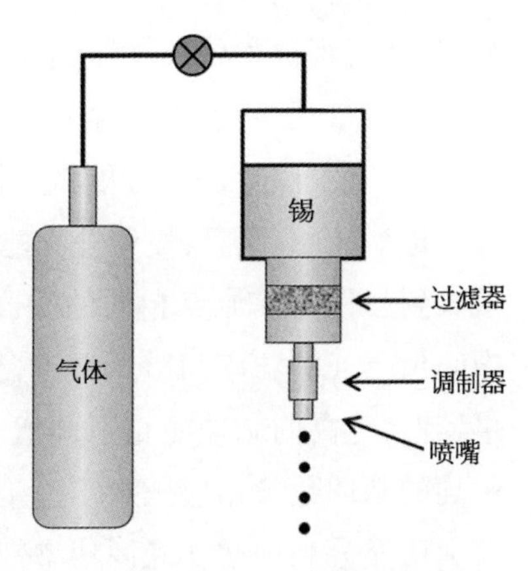


图 2－11　锡滴发射器示意图

施加的压力会决定液滴的喷射速度，进而影响液滴之间的间距。液滴之间保持足够的间距非常重要，因为只有这样前一个液滴的等离子体才不会干扰到下一个液滴的等离子体的形成。从这个角度讲，压力越高越有利（图 2－12），但较高的喷射速度增加了用激光轰击液滴的难度。事实上，用 50+kHz（即 5 万次/s）的脉冲激光轰击以速度约 100 m/s 移动的小液滴（直径 20～25 μm）是非常具有挑战性的。预脉冲和主脉冲的激光光束必须与液滴流的路径对齐，并且激光脉冲必须在椭圆集光镜焦点附近同步击中液滴。初始的设置是非常耗时的，在运行的过程中也必须保持对准和同步。此外，在任何大的维护操作（例如液滴发生器或集光镜的更换）之后，都需要重新设置，这会增加平均维修时间。

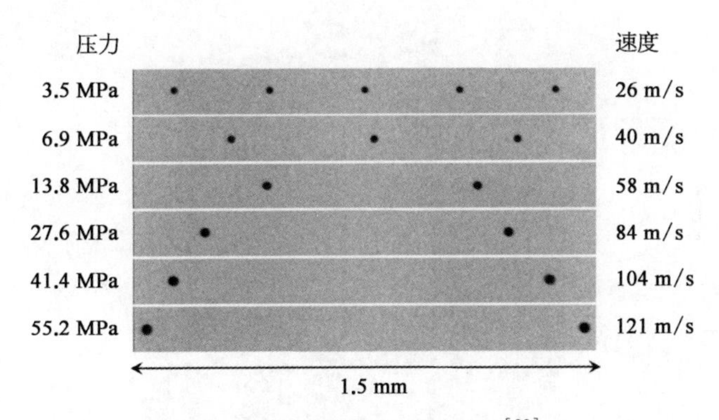


图 2－12　锡滴速度与气压的关系[32]

图中显示生成的锡滴照片，说明随着速度的加快，锡滴间隔距离增加（此实验液滴生成的频率为 80 kHz）

液滴尺寸可以进一步优化，较小的液滴具有一定的优势，因为这样大部分锡都可以被电离，很少会形成锡团簇。需要避免形成锡团簇，因为它们不但不产生 EUV 光，还会污染集光镜。整体来说，更小的液滴会减少锡沉积在集光镜上。但是锡液滴如果太小，产生的极紫外光也会太少。目前，锡液滴直径为 20～25 μm。发射出 EUV 光的横截面积要比原始锡滴大，因为锡滴被预脉冲击中而膨胀,然后再被主脉冲击中后进一步变大。因此,实际发光区域横截面积的直径为 90 μm 或更大[33]。对于 EUV 曝光系统来说,这样的光源很合适,但对于量测应用来说可能太大了,量测一般需要尺寸小且亮度高的光源。

每个脉冲产生的极紫外光能量都可能有所不同。为了确保晶圆上的每个点接收到与任何其他点相同的曝光剂量,可以使用少于 100%的脉冲。增加光源中间焦点处的功率和减少脉冲之间的能量变化,都可以实现曝光时间的缩短。事实上,更高的脉冲能量意味着对于给定的曝光剂量需要更少的脉冲数,因而平均的脉冲数量相应减少[34]。但是如果不能相应地改善脉冲之间能量的变化,就无法充分利用增加光源功率带来的好处。

图 2-13 所示为一个 LPP 的光源[35],可以看到极紫外光源的结构非常复杂。造成这种高复杂度的很大一部分原因是极紫外光刻设备需要在多层膜镜拥有最高反射率的波长上运行,而不是在传统的、简单的窄带强光源的波长上。工程的一个基本的原则是复杂性影响可靠性。保证 LPP 极紫外光源的可靠性确实是一大挑战。

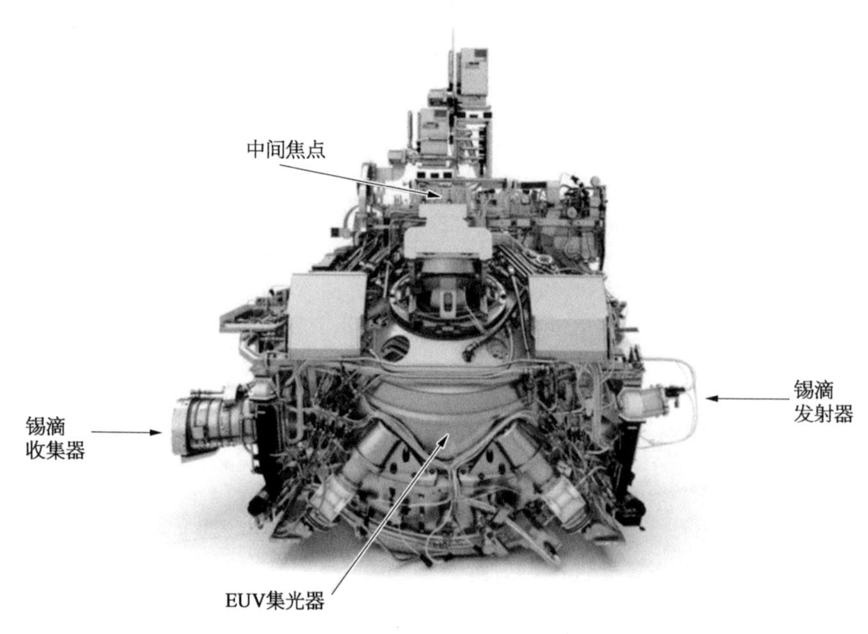


图 2-13 西盟公司(Cymer)LPP 光源的图片[35]

由于没有在极紫外波长的高透射率材料,光源无法通过一个窗口和曝光设备的照明系统隔离开。这就意味着为了防止物镜的污染,光源必须和曝光系统的其他部分一样处于相当质量的真空中工作(第 3 章将会讨论光学元件污染的问题)。为了达到更好的可维护性,在光源和曝光系统的其他部分之间加上一个真空阀是很有用的。这样,每一个分系统的真空可以独立进行维护,而不影响曝光系统的其他分系统的真空状态。

如前所述,等离子体光源产生极紫外光的同时也会产生深紫外光。图 2-14 所示为计算出的 Mo/Si 多层膜的反射率。可以看出,这样的反射镜也具有相当高的深紫外光反射率,所以相当大一部分的深紫外光也会通过极紫外光刻设备的光学器件传播。由等离子体产生的 13.5 nm 以外的光,统称为带外光(out-of-band light)。很多极紫外光刻胶也能被深紫外光曝光。对于 0.33NA 的物镜,深紫外光的分辨率:

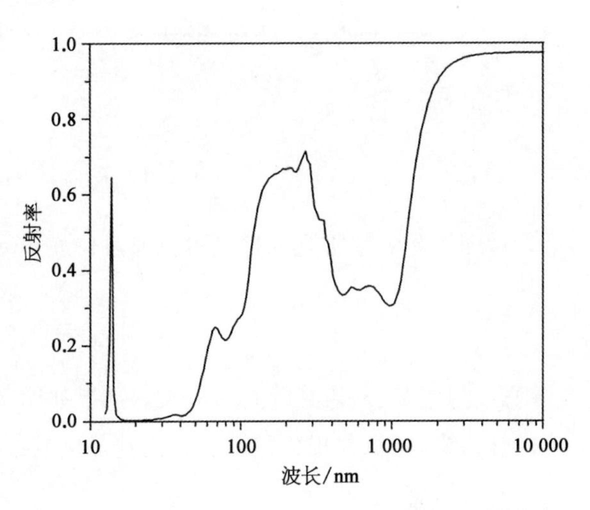


图 2-14　计算的 40 对 Mo/Si 多层膜法向入射光的反射率[36]

$$分辨率 > 0.25\frac{\lambda}{NA} \tag{2-1}$$

$$分辨率 \approx 0.25\times\frac{200}{0.33}\text{nm} \tag{2-2}$$

$$分辨率 = 150\text{ nm} \tag{2-3}$$

这比使用极紫外光刻成形的特征尺寸大一个数量级,结果是深紫外的光就像是背景杂散光,第 6 章将更详细地讨论这个主题。

用激光激发等离子体,即使来自 $CO_2$ 激光器中的很小部分光穿透光学系统到达晶圆,对晶圆来说也意味着被大量的红外光加热。晶圆受热会带来一些问题,例如它会影响套刻的控制。减少 10.6 μm 的光到达晶圆的一种方法是在集光镜表面做上衍射光栅。考虑如图 2-15 所示情况,当采用周期为 100 μm 的光栅时,对于极紫外光而言,具有最大强度的低阶衍射光的角度将和反射光的零阶光($m = 0$)的角度非常接近:

$$\sin\theta_r = \sin\theta_i + \frac{m\lambda}{d}\ (m = 0,\ \pm 1,\ \pm 2,\cdots) \tag{2-4}$$

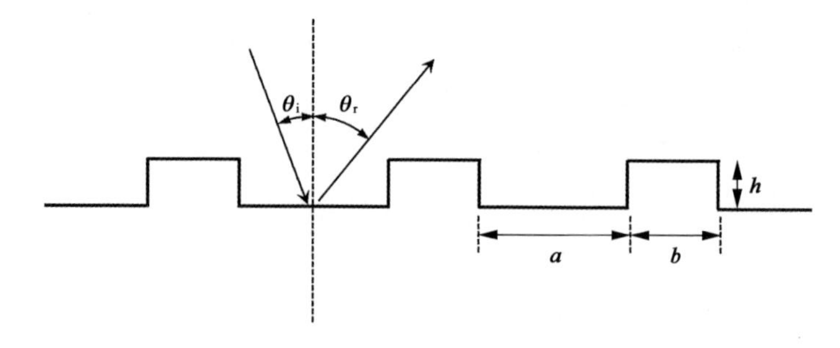


图 2－15　反射衍射光栅

对红外光的零阶光的抑制可以通过使 $a = b$ 来实现：

$$\frac{h}{\cos\theta_r} = \frac{\lambda_I}{4} + m\frac{\lambda_I}{2} \tag{2-5}$$

式中，$m$ 为整数；$\lambda_I$为红外光的波长。结果如图 2－16 所示，通过这种方式，红外光被导出光路，从而极大地减少了到达晶圆的红外辐射量。

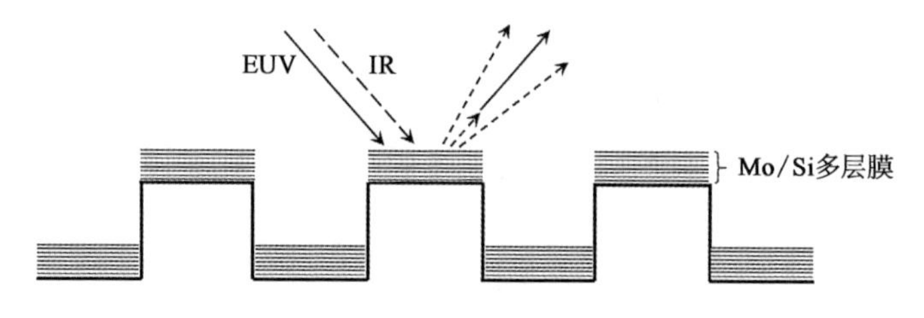


图 2－16　抑制零级红外(IR)光的示意

即使在极紫外光波段内，锡的等离子体也会发射出一定波长范围内的光。光源输出功率与曝光系统的生产率直接相关，要确定光源输出功率，应该量测那些真正与光刻胶发生反应的波长的能量。这些波长的带宽可以通过考虑多层膜反射镜的反射率来估算（图 1－6）。单个多层膜镜的反射光的带宽约为 0.5 nm，大概为 3.7%。当前的曝光系统的投影物镜有 6 面反射镜，照明系统有 4 面反射镜，再加 1 个反射掩模，极紫外光在中间焦点和晶圆之间反射了 11 次，这将使带宽变窄到约 1.8%。通常，光源功率的定义是按照覆盖 2%带宽的功率，尽管现有的曝光系统的带宽比这略小。

## 2.2　放电等离子体光源

正如本章开始所提到的，EUV 曝光设备最开始时曾尝试用放电等离子体光源(DPP),但发现性能不理想,转而采用 LPP 光源。但是,LPP 光源也有一些缺点,特别是尺寸和成本,这是其本身固有的问题。在量测应用中,这些问题尤其突出。如果光源的成本较高和尺寸较大,就会导致工艺设备、量测设备之间的预算和放置空间的分配不平衡。幸运的是,量测系统通常不需要像曝光设备那样的高功率。因此,放电等离子体光源目前多用于 EUV 波段的量测设备上。

在阳极和阴极之间施加高电压产生放电时,通常会发生电极侵蚀,这是放电等离子体光源的典型问题之一。本节将讨论放电产生等离子体光源在量测上的应用和解决电极侵蚀的新方法。

很多放电源共有的一个重要原理是等离子体电流的自压缩,如图 2 - 17 所示,等离子体由离子和电子组成,受到电场作用时,电子和离子以相反的方向流动,由此形成的电流将产生一个磁场,在等离子体外边缘的带电粒子将会受到磁场引起向内的力。大电流会产生强磁场,这有助于压缩等离子体。反过来,压缩会导致等离子体的温度升高并引起进一步电离。如 2.1 节所述,EUV 光是从适当元素的高电荷态离子放射出来的。

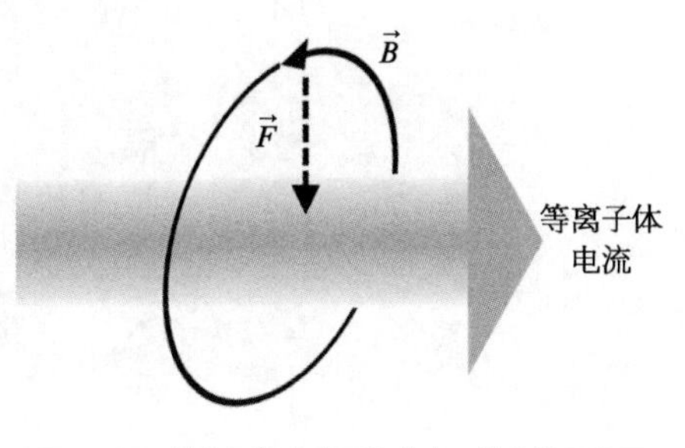

图 2 - 17　等离子体电流引起的自压缩力的示意图

### 2.2.1　Z 箍缩的放电等离子体光源

本章开始有提到,曝光设备曾尝试使用放电等离子体光源,但发现性能不佳,因此目前在 EUV 曝光设备上采用的都是 LPP 光源。然而,有一种被称为 Z 箍缩(Z-pinch)的放电等离子体光源值得了解,它长期以来一直用于量测设备[37]。曝光设备和量测设备对光源要求不同,曝光系统需要高功率,但对光源尺寸的约束较松,量测设备则相反,它通常需要光源尺寸小,但对功率要求不高。这就使得简单而费用较低的 Z 箍缩等离子体光源适合于极紫外的量测设备。

为了避免电极侵蚀的发生,美国 Energetiq 公司生产的 Z 箍缩光源采用了电磁感应的方法来产生电流(图 2 - 18、图 2 - 19)。在上下板之间施加高压脉冲,板间的电势差将导致氙气的等离子体流(图 2 - 18a)通过光源中的三个外孔溢出。施加的电压还会导致电流流过上极板,穿过磁芯,再流向下极板。施加的电压是脉冲式的,电动力通过电磁感应将等离子体流引导穿过中心孔。

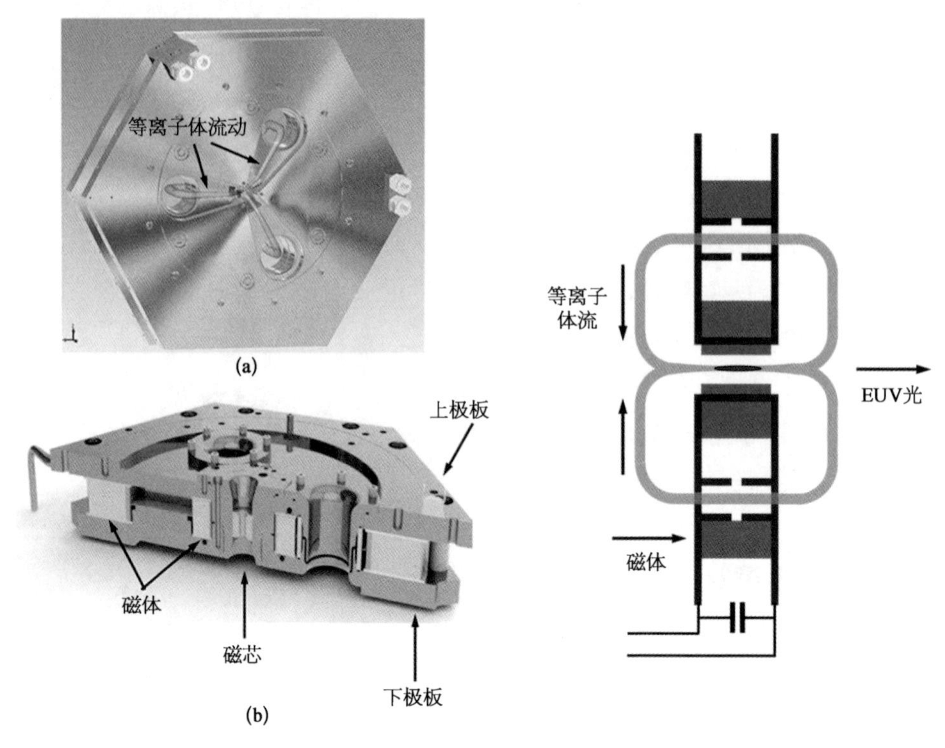


图 2-18 Energetiq 公司 Z 箍缩光源模型[38]：
(a) Xe 等离子体的流动示意图；
(b) 光源的横截面

图 2-19 Energetiq 公司 Z 箍缩光源的示意图[38]

## 2.2.2 基于电极的放电等离子体光源

放电产生等离子体光源比 LPP 光源更加紧凑，也更加便宜，所以在量测设备中，它仍在被持续开发和应用。本章开始提到了，电极侵蚀是放电光源的一个潜在问题。为了避免这个问题，放电等离子体光源使用了由液态锡构成的电极表面。

在这种构架中，构成电极的圆盘在液态锡池中旋转（图 2-20）。这种方法可以使电极的表面不断被液态的锡薄膜覆盖。随着圆盘的旋转，这些锡膜不断得到补充，这种方法极大地减少了电极侵蚀的问题。由于圆盘电极部分接近等离子放电区域，它会被加热并处于高温状态，其温度高于熔融锡的温度[39]，如此，浸入液态锡池实际上对处于电加热区域中的圆盘电极起到了冷却作用。锡本身也是一种导体，这也带来了方便。

图 2－20 是放电等离子体光源结构示意图，一个红外激光用于产生等离子体，然后通过放电进一步加热和电离。光源特性取决于激光的类型以及激光是照射到阳极还是阴极。由 Ushio 公司开发的光源采用了阴极照射的脉冲激光，其结果是发射区域大约为 200 μm× 4 502 μm[41]。

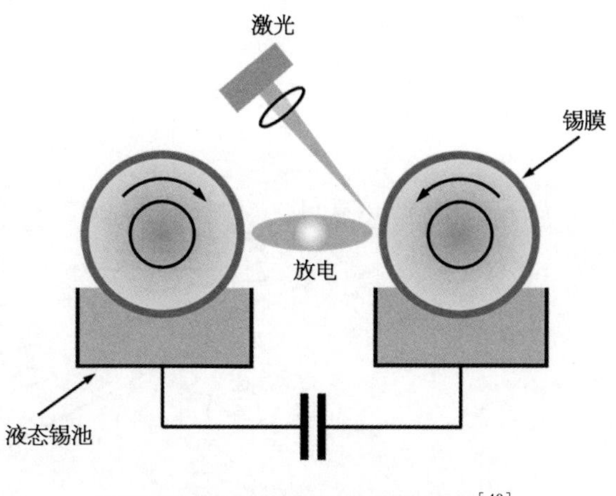


图 2－20　激光辅助的 DPP 光源示意图[40]

与所有使用锡作为燃料的 EUV 光源一样，防止集光镜被锡快速涂敷的措施是必不可少的。一种方法是箔片陷阱（foil trap），它由间隔很近的非常薄的金属叶片组成，金属的薄的边缘朝向光源区域（图 2－21）。通过旋转这组叶片，使离子、原子和锡簇发生偏转变向，也可以通过进一步添加低压的缓冲气体来加强这种功能。低压的缓冲气体可以使原本可能通过箔片陷阱的锡簇变向（图 2－22）。在这里使用氢气效果更好，因为它能够与锡发生反应生成锡烷（四氢化锡），且它对 EUV 波长具有较低的吸收率。只有速度超快的粒子才可能通过旋转的箔片陷阱，举例来说，对于具有 150 片 20 mm 长并以 100 Hz 旋转的叶片的箔片陷阱，粒子需要 500 m/s 或更高的速度才能通过。EUV 光以光速传播，所以大部分都可以通过箔片陷阱到达集光镜。

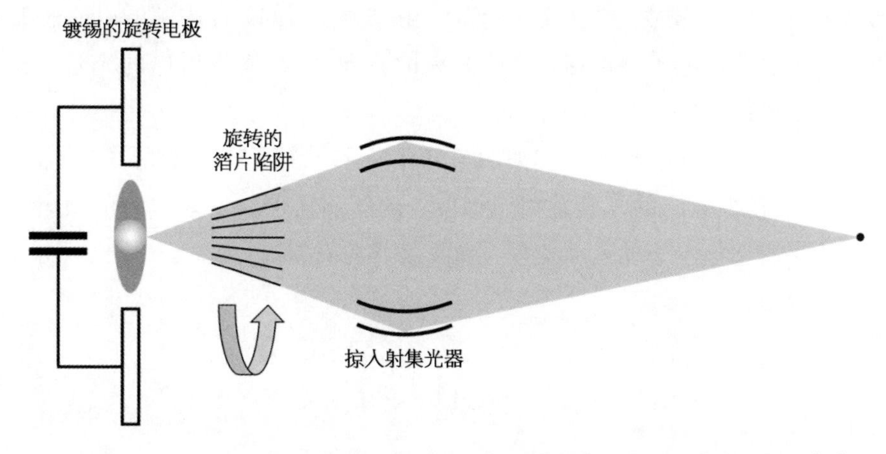


图 2－21　带有箔片陷阱的 DPP 光源示意图，箔片陷阱用以防止收集镜光学元件被锡污染[42]

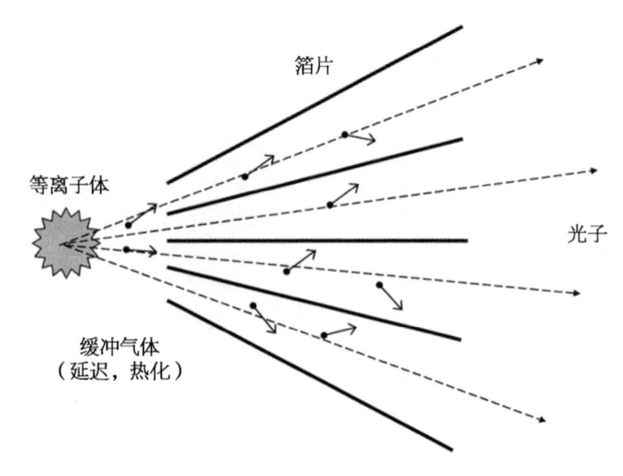


图 2-22 使用缓冲气体阻止锡流污染收集镜光学元件[43]

## 2.3 自由电子激光器

产生高功率极紫外光源的另一个完全不同的机理是采用自由电子激光器(FEL)。由于所有物质都强烈地吸收 EUV 和软 X 射线波长的光,因此在这些波长上用激光增益介质和有半反射镜的谐振腔建造一个高功率的激光被证明是不可行的。然而,超短波长的激光可以通过自由电子激光器产生,通过这种完全不同的方法避免了光被物质吸收的问题,进而产生相干光。

在自由电子激光器中,超短波长的光是由以相对论速度运动的电子放射出来的[44]。人们早就发现,真空紫外(VUV)和 X 射线波段的强光可以通过波荡器得到。波荡器使电子移动在垂直于光束的方向发生,而发射出的光是沿光束行进方向传播的(图 2-23)。

自由电子激光器的基本结构如图 2-24 所示。为了产生激光,电子需要形成微束,从而使发射出的光具有相同相位。磁压缩器可以实现部分的微束。光源的波长由所选择电子的运动速度 $v$ 和波荡器的周期 $\lambda_u$ 来决定,其关系由下面的表达式给出:

$$\lambda = \frac{\lambda_u}{2\gamma^2}\left(1 + \frac{K^2}{2}\right) \tag{2-6}$$

其中,

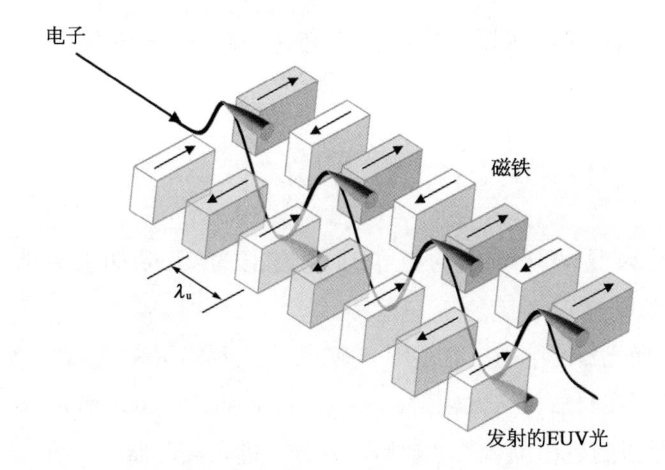


图 2－23　波荡器示意图
具有多对磁铁的装置使电子束垂直于主电子束方向振荡,实现光的同步辐射

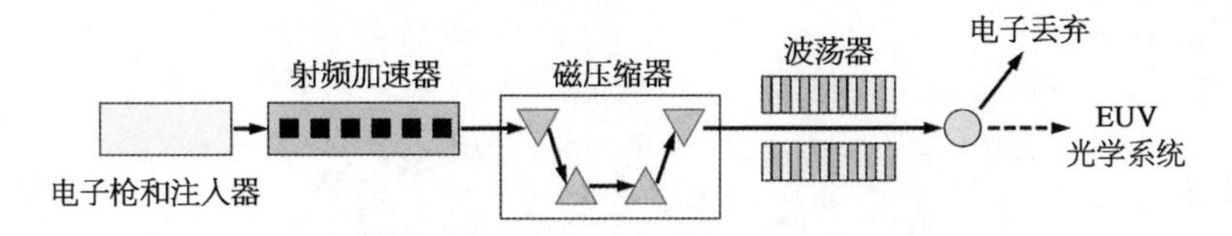


图 2－24　EUV 自由电子激光器的通常构架示意图

$$K = \frac{eB_0\lambda_u}{2\pi mc} \tag{2-7}$$

式中, $B_0$ 为在波荡器中的峰值磁场强度; $m$ 为电子的质量; $c$ 为光速; $\gamma$ 为相对论因子:

$$\gamma = \frac{1}{\sqrt{1-\left(\frac{v}{c}\right)^2}} \tag{2-8}$$

厘米级的波荡器可以实现纳米级波长的激光,乍一看似乎有悖常理。然而,电子的相对论速度导致两个现象。首先,沿电子束方向传播的光会产生多普勒频移,根据式(2－9),波长会从以波荡器为参考系的 $\lambda_0$, 移到以电子为参考系的波长 $\lambda$:

$$\lambda = \lambda_0\sqrt{\frac{1+\frac{v}{c}}{1-\frac{v}{c}}} \tag{2-9}$$

式中,$v$ 为电子相对于波荡器的速度;$c$ 为光速。此外,波荡器的波长 $\lambda_u$ 在电子参考系中收缩了:

$$\lambda_u \to \lambda_u \sqrt{1 - \left(\frac{v}{c}\right)^2} \tag{2-10}$$

最后的结果是 800 MeV 的电子通过周期为 2 cm 的波荡器,可以产生 13.5 nm 的极紫外光[45]。

自由电子激光器的结构已有多种方案,对于光刻应用来说,哪一种是最适合的目前尚无定论。在自放大自发辐射(self-amplified spontaneous emission,SASE)的结构中,电子束是以随机相位和某个初始速度分布进入波荡器,所以在接近波荡器入口处放射出来的光是不相干的。这种放射形成的电场会驱动具有相近速度的电子形成微束,进而发射出相干光(图 2-25),其最后结果就是发射出极紫外的激光。

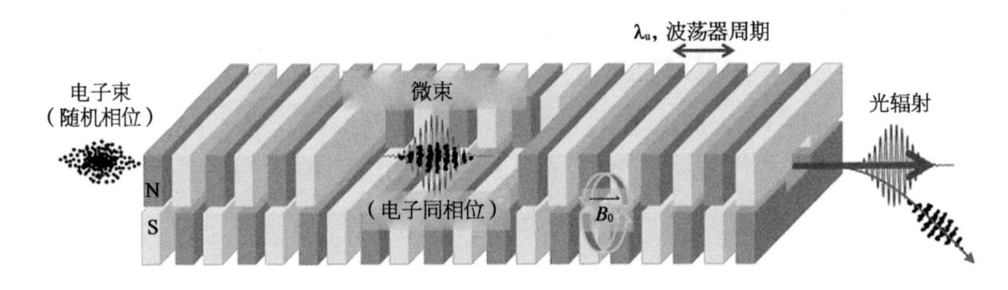


图 2-25 自放大自发辐射(SASE)构架的通用波荡器示意图[46]

通过将 EUV 光注入波荡器有可能获得更高的增益。一种方法就是在上游放置一个波荡器,它产生的 EUV 光可以作为种子光,提供给实现最终输出的波荡器,图 2-26 即演示了这个过程。另一种方法是用单色仪选择所需的波长,在两个波荡器之间还有磁压缩器用来重新压缩电子微束。由此可见,更高的输出是以增加硬件为代价的。

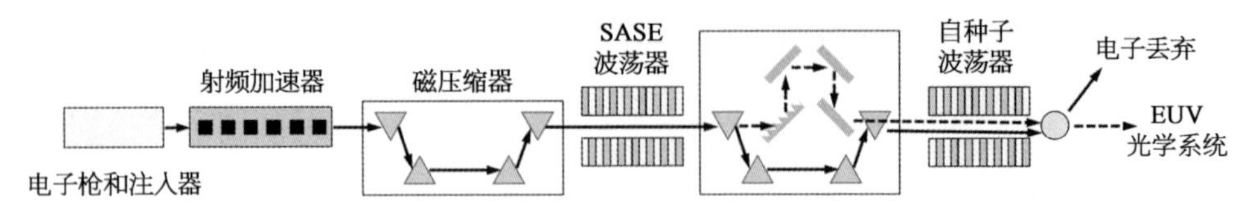


图 2-26 自种子 EUV 自由电子激光器示意图

如图 2-27 所示,另一种再生放大器自由电子激光器(regenerative amplifier free-electron laser,RAFEL)使用了反射镜,这更类似于传统的激光器结构。与传统激光谐振腔的不同之处在于大部光被发射出去，而只有一小部分光反射回波荡器以实现微束和饱和。这种再生放大器自由电子激光器尚未在 EUV 波长中实现过。

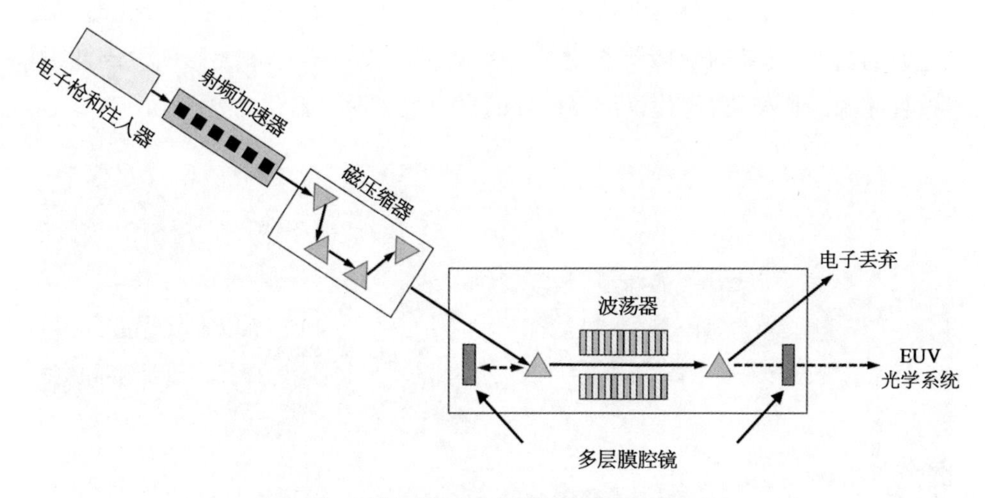


图 2－27　再生放大器自由电子激光器（RAFEL）示意图

在电子通过波荡器后，有两种处理方式：一种是将高能电子直接丢弃掉，它们的能量通过沉积到固体中转换成热能；另一种是高能电子先被减速，等到它们的能量低于某个阈值后再被丢弃。虽然从某些方面讲，直接丢弃高能的电子是最简单的方法，但当电子束射入周围的冷却水后，沉积的能量会产生带放射性的氚。这种放射性材料需要储存至少长达 12.3 年的半衰期以上。通过重新将电子束注入超导的加速器模块中，由于其相位与加速束线不同，可以实现电子束的减速，其能量可以重新沉积到射频腔中，用于加速下一个电子束。从表面上看，重新回收利用似乎是能源效率最高的选项，但它极大地增加了自由电子激光器的复杂度（运行和模组）和整体尺寸。

自由电子激光器输出光的偏振态是一个需要应对的问题。对于低数值孔径成像而言，一般可以采用非偏振光来照明，因为在低数值孔径的情况下，偏振与否对成像的对比度几乎没有改善，而且这种设置对非偏振光带来的成像伪影的影响也不敏感。对于 DUV 波长，有许多消偏振的方法，但是这些方法用到的透射光学元件不适于极紫外波段。相对而言，对于高数值孔径（0.55）系统，非偏振光会对成像的对比度带来损失，因此自由电子激光器产生的偏振光对下一代 EUV 光刻技术来说是极具优势的。

将电子加速到相对论速度通常需要大型加速器，所以自由电子激光器的长度通常可以达到数十甚至数百米，这大大影响了其实用性。有一种概念设计方案，就是用自由电子激光器先产生一个 10 kW～20 kW 的高强度光束，然后再将它分束为十个或更多的曝光装置提供光源[47]（图 2－28）。尽管自由电子激光器技术已被证明非常可靠，但这种使用单一自由电子激光器为多个曝光装置提供光源的构架，其任何故障都会对整个晶圆厂的生产产生重大影响。因此，对于这种光源的构架，曾有建议配置额外的自由电子激光器作为备份。

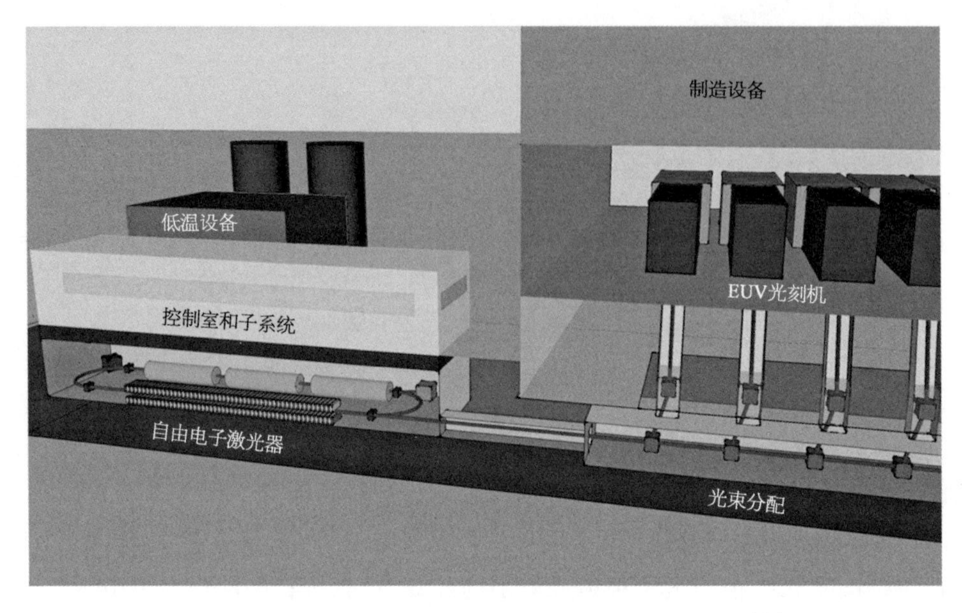


图 2－28　为多个 EUV 曝光工具同时提供 EUV 光的高功率自由电子激光器示意图[41]（参见文末彩图）

## 习题

2.1　$CO_2$ 激光器的脉冲持续时间通常为 10～20 ns。证明 LPP 源中的靶材在 10 ns 脉冲期间经受约 28 300 次振荡电场循环。

2.2　证明具有表 2－2 中参数的光源将在中间焦点处产生 200 W 的光。

2.3　证明在一个如图 2－10 所示的单元中需要 90 次反射，反射镜之间的光程为 1 m，才能为激光脉冲的传输时间提供 300 ns 的延迟。

## 参考文献

[1]　G. Dattoli, A. Doria, G. P. Gallerano, L. Giannessi, K. Hesch, H. O. Moser, P. L.

Ottaviani, et al. "Extreme ultraviolet (EUV) sources for lithography based on synchrotron radiation," *Nuclear Instruments and Methods in Physics Research Section A: Accelerators, Spectrometers, Detectors and Associated Equipment* **474**, no. 3 (2001): 259 - 272.

[2] R. J. Anderson, D. A. Buchenauer, K. A. Williams, W. M. Clift, L. E. Klebanoff, N. V. Edwards, O. R. Wood II, S. Wurm. "Investigation of plasma-induced erosion of multilayer condenser optics," *Proc. SPIE* Vol. **5751**, pp. 128 - 139, 2005.

[3] G. D. O'sullivan, A. Cummings, G. Duffy, P. A. Dunne, A. Fitzpatrick, P. Hayden, L. McKinney, et al. "Optimizing an EUV source for 13. 5 nm," *Proc. SPIE* Vol. **5196**, pp. 273 - 281, 2004.

[4] B. Schmidt and M. Schaefer. "Advanced industrial laser systems and applications," *Proc. SPIE* Vol. **10525**, p. 1052502, 2018.

[5] Dr. Erik Hosler, Private Communication.

[6] H. Mizoguchi, H. Nakarai, T. Abe, K. M. Nowak, Y. Kawasuji, H. Tanaka, Y. Watanabe, et al., "Performance of 250 W high-power HVM LPP-EUV source," *Proc. SPIE* Vol. **10143**, p. 101431J, 2017.

[7] The picture of the Trumpf $CO_2$ laser was provided by Florian Heinig and Athanassios Kaliudis of Trumpf Lasersystems for Semiconductor Manufacturing GmbH.

[8] J. M. Bridges, C. L. Cromer, and T. J. McIlrath. "Investigation of a laser-produced plasma VUV light source." *Applied optics* Vol. **25**, No. 13, pp. 2208 - 2214 (1986).

[9] V. Bakshi, *EUV Sources for Lithography*. Vol. **149**. SPIE press, 2006.

[10] I. Fomenkov, "EUVL Exposure Tools for HVM: Status and Outlook," *presented at the EUVL Workshop*, Berkeley, CA, 2016, https://www.euvlitho.com/2016/P2.pdf

[11] T. Feigl, M. Perske, H. Pauer, T. Fiedle, C. Laubis, and F. Scholze, "LPP collector mirrors — coating, metrology and refurbishment," presented at *2013 International Workshop on EUV and soft X-Ray Sources*, https://euvlitho.com/2013/S34.pdf

[12] T. Feigl, M. Perske, H. Pauer, T. Fiedler, S. Yulin, N. Kaiser, A. Tünnermann, et al. "Lifetime and refurbishment of multilayer LPP collector mirrors," *Proc. SPIE* Vol. **8679**, p. 86790C, 2013.

[13] W. Gao and L. De Winter, "Sensitivity of hyper-NA immersion lithography to illuminator imperfections," *Proc. SPIE* Vol. **6520**, p. 652039, 2007.

[14] M. P. Kanouff and A. K. Ray-Chaudhuri, "Gas curtain for mitigating hydrocarbon contamination of EUV lithographic optical components," *Proc. SPIE* Vol. **3676**, pp. 735 - 742, 1999.

[15] M. P. Kanouff and A. K. Ray-Chaudhuri, "Wafer chamber having a gas curtain for extreme-UV lithography." U.S. Patent 6, 198, 792, issued March 6, 2001.

[16] D. Ugur, A. J. Storm, R. Verberk, J. C. Brouwer, and W. G. Sloof, "Decomposition of $SnH_4$ molecules on metal and metal-oxide surfaces," *Applied Surface Science* **288** (2014): 673 - 676.

[17] H. Mizoguchi, H. Nakarai, T. Abe, K. M. Nowak, Y. Kawasuji, H. Tanaka, Y. Watanabe, et al. "High Power HVM LPP-EUV Source with Long Collector Mirror Lifetime," EUVL Workshop 2017 https://www.euvlitho.com/2017/P2.pdf

[18] H. Mizoguchi, H. Nakarai, T. Abe, T. Ohta, K. M. Nowak, Y. Kawasuji, H. Tanaka, et al., "LPP-EUV light source development for high volume manufacturing lithography," *Proc. SPIE* Vol. **8679**, p. 86790A, 2013.

[19] H. Mizoguchi, K. M. Nowak, H. Nakarai, T. Abe, T. Ohta, Y. Kawasuji, H. Tanaka, et al., "Update of EUV Source Development Status for HVM Lithography," *Journal of Laser Micro/Nanoengineering*, Vol. **11**, no. 2 (2016).

[20] W. van der Zande, "EUVL exposure tools for HVM: It's under (and about) control." In *Proceedings of the EUV and Soft X-ray Source Workshop*, 2016, https://www.euvlitho.com/2016/S1.pdf

[21] J. Fujimoto, T. Hori, T. Yanagida, and H. Mizoguchi, "Development of laser-produced tin plasma-based EUV light source technology for HVM EUV lithography," *Physics Research International*, 2012.

[22] I. V. Fomenkov, Cymer Inc, Laser produced plasma EUV light source, *U.S. Patent* **7**, **928**, 416, 2011.

[23] I. V. Fomenkov and R. J. Rafac. "EUV LPP source with dose control and laser stabilization using variable width laser pulses." U.S. Patent 9, 832, 852, issued November 28, 2017.

[24] A. A. Schafgans, D. J. Brown, I. V. Fomenkov, R. Sandstrom, A. Ershov, G. Vaschenko, Rob Rafac, et al. "Performance optimization of MOPA pre-pulse LPP light source," *Proc. SPIE* **9422**, p. 94220B, 2015.

[25] K-C. Hou, R. L. Sandstrom, W. N. Partlo, D. J. W. Brown, and I. V. Fomenkov. "Oscillator-amplifier drive laser with seed protection for an EUV light source," U.S. Patent 8, 462, 425, issued June 11, 2013.

[26] M. Purvis, I. V. Fomenkov, A. A. Schafgans, M. Vargas, S. Rich, Y. Tao, S. I. Rokitski, et al. "Industrialization of a robust EUV source for high-volume manufacturing and power scaling beyond 250W," *Proc. SPIE* **10583**, p. 1058327, 2018.

[27] S. Yulin, "Multilayer interference coatings for EUVL," *Chapter 5 in Extreme Ultraviolet Lithography*, eds. B. Wu and A. Kumar, McGraw Hill, 2009.

[28] D. Ugur, A. J. Storm, R. Verberk, J. C. Brouwer, and W. G. Sloof. "Generation and decomposition of volatile tin hydrides monitored by in situ quartz crystal microbalances," *Chemical Physics Letters* 552 (2012): 122 – 125.

[29] V. M. C. Crijns, "Hydrogen atom based tin cleaning," *Masters Thesis*, Eindhoven University of Technology, 2014.

[30] D. T. Elg, G. A. Panici, S. Liu, G. Girolami, S. N. Srivastava, and D. N. Ruzic. "Removal of tin from extreme ultraviolet collector optics by in-situ hydrogen plasma etching," *Plasma Chemistry and Plasma Processing* **38**, no. **1**, pp. 223 – 245, 2018.

[31] A. Pirati, R. Peeters, D. Smith, S. Lok, M. van Noordenburg, R. van Es, E. Verhoeven, et al. "EUV lithography performance for manufacturing: status and outlook," *Proc. SPIE* Vol. **9776**, p. 97760A, 2016.

[32] I. Fomenkov, "Status and outlook for LPP light sources HVM EUVL," *presented at the EUVL Workshop*, Berkeley, CA, 2015.

[33] D. C. Brandt, I. V. Fomenkov, A. I. Ershov, W. N. Partlo, D. W. Myers, N. R. Bowering, G. O. Vaschenko, O. V. Khodykin, A. N. Bykanov, J. R. Hoffman, C. P. Chrobak, and S. Srivastava, "Laser produced plasma EUV source system development," *Sematech EUV Source Workshop*, 2008.

[34] S. Carson, "EUV Lithography: 0.33 NA in HVM and Preparation for Future Nodes," EUVL Workshop, 2020.

[35] This picture was provided by Dr. Anthony Yen of ASML, from his presentation, "EUV lithography to enable semiconductor manufacturing at 7 nm and beyond," *Semicon West*, 2019.

[36] S. A. George, "Out-of-band exposure characterization with the SEMATECH Berkeley 0.3-NA microfield exposure tool," *Lawrence Berkeley National Laboratory* (2009). http://escholarship.org/uc/item/3g458337

[37] S. F. Horne, M. M. Besen, D. K. Smith, P. A. Blackborow, and R. D'Agostino. "Application of a high-brightness electrodeless Z-pinch EUV source for metrology, inspection, and resist development," *Proc. SPIE* Vol. **6151**, p. 61510P, 2006.

[38] The pictures of the Z-pinch source were provided by Mr. Sam Gunnell of Energetiq Technology, Inc.

[39] H. Verbraak, "EUV light source — the path to HVM," International Workshop on EUV and Soft X-ray Sources, 2011, https://www.euvlitho.com/2011/S45.pdf

[40] Y. Teramoto, "High-brightness LDP source for mask inspection," *in EUV Lithography*, ed. Vivek Baski, SPIE Press (2018).

[41] Y. Teramoto, B. Santos, G. Mertens, M. Kops, R. Kops, R. Bayemani, and K. Bergmann, "Characterization and performance improvement of laser-assisted and laser driven EUV sources for metrology applications," EUV Source Workshop 2019, https://euvlitho.com/2018/S56.pdf

[42] D. Ruzic, R. Bristol, and B. J. Rice. "Plasma-based debris mitigation for extreme ultraviolet (EUV) light source." U.S. Patent 7, 230, 258, issued June 12, 2007.

[43] L. A. Shmaenok, C. C. de Bruijn, H. F. Fledderus, R. Stuik, A. A. Schmidt, D. M. Simanovskii, A. A. Sorokin, T. A. Andreeva, and F. Bijkerk, "Demonstration of a foil trap technique to eliminate laser plasma atomic debris and particles," *Proc. SPIE* **3331**, pp. 90-94, 1998.

[44] W. A. Barletta, J. Bisognano, J. N. Corlett, P. Emmah, Z. Huang, K.-J. Kim, R. Lindberg, J. B. Murphy, G. R. Neil, D. C. Nguyen, C. Pellegrini, R. A. Rimmer, F. Sannibale, G. Stupakov, R. P. Walker, and A. A. Zholents, "Free electron lasers: Present status and future challenges," *Nuclear Instruments and Methods in Physics Research A 618*, pp. 69-96 (2010).

[45] E. Hosler, O. R. Wood II, W. A. Bartletta, P. J. S. Mangat, and M. E Preil, "Considerations for a free-electron laser-based extreme-ultraviolet lithography program," *SPIE* Vol. **9422**, pp. 94220D-1-94220D-15 (2015).

[46] This figure was provided by Dr. Erik Hosler.

[47] E. Hosler, O. R. Wood II, and M. E Preil, "Extending extreme-UV lithography technology," *SPIE Newsroom*, https://spie.org/news/6323-extending-extreme-uv-lithography-technology?SSO=1

# 第3章　EUV光刻曝光系统

EUV光刻曝光系统在概念上与光学光刻系统类似，包括光源（如第2章所述）、照明和投影光学系统、对准和对焦系统、晶圆工件台，以及处理晶圆和掩模的机械子系统。其中大部分都需要精心设计以满足应用于EUV波段的特殊要求，本章将重点讨论关于EUV光刻特有的技术方面。

ASML公司作为目前唯一的EUV光刻机提供商，生产用于大规模制造（HVM）的EUV曝光系统，其中所有的投影光学系统均由蔡司（Zeiss）公司提供。因此，本章中介绍的有关EUV曝光系统的许多技术细节都是ASML或蔡司的特定设计选择，但也有一些系统的设计，其特性受限于EUV光刻的物理特性，与供应商的选择无关。整个章节阐明了ASML所建造的EUV光刻系统所需要和所使用的技术。例如，ASML当前的EUV系统数值孔径是0.33，而数值孔径0.55的系统正在开发中。无论当前还是未来的系统，其数值孔径在理论上是可以自由选择的，但实际曝光系统所选定的数值孔径为取决于光学和其他模组的供应商的特定设计。

## 3.1　真空中的EUV光刻

EUV光刻系统的一个重要和基本特征就是曝光过程中晶圆、透镜和掩模都必须处于真空中。EUV光会被空气强烈吸收，因此EUV波段的光要在曝光系统中传输，就必须要求在真空中或气压非常低的环境中（13.5 nm的EUV光通过1 mm空气的透过率大约只有0.1%）。然而，真空也会给系统带来许多限制。

在光学光刻曝光系统中的空气和其他气体有许多功能,包括热的控制、化学污染和缺陷的控制,但 EUV 曝光系统则需要不同的方法去应对这些问题。

温度控制对于曝光系统的稳定运行至关重要。在光学光刻系统中,有相当多的精力用在处理物镜、晶圆和掩模的热效应,因为物镜加热会导致像差,尤其是会导致离焦和套刻误差,晶圆和掩模的加热也会影响套刻精度。

在光学光刻曝光系统中,气流是一种控制物镜和晶圆热效应的有效方法,但 EUV 光刻系统的真空要求限制了这种方法的适用性。真空中的温度控制比在空气中更加困难。

例如,考虑一个平坦的固体表面,空气在该表面上流动,空气和固体之间存在温差 $\Delta T$。每单位时间的传热率 $q$ 由下式给出[1]:

$$q = h_C A \Delta T \tag{3-1}$$

式中,$h_C$为对流热系数;$A$ 为传热的表面面积。$h_C$的一个有用的近似值由下式给出:

$$h_C = 10.45 - v + 10\sqrt{v} \tag{3-2}$$

式中,$v$ 为空气相对于表面的速度,m/s;$h_C$ 的测量单位为 $W/m^2K$。假设温差 $\Delta T = 0.1$ K 和 $v = 1$ m/s,则单位面积的热传递由下式给出:

$$\frac{q}{A} = 1.95 \ W/m^2K \tag{3-3}$$

在 EUV 光刻系统中的气流的压力必须远小于大气压力。低压下的气流可用于实现一定的热传输,但与大气压下的气流相比,这种流动的功效十分有限。其他的热传输机制还包括传导和辐射。两个平行的平坦表面之间的热辐射在每单位面积的传输率由下式给出[2]:

$$\frac{q}{A} = \frac{\sigma(T_1^4 - T_2^4)}{\frac{1}{\varepsilon_1} + \frac{1}{\varepsilon_2} - 1} \tag{3-4}$$

式中,$\sigma$ 为 Stefan-Boltzmann 常数;$\varepsilon_1$ 和 $\varepsilon_2$ 分别为两个表面的发射率;$T_1$ 和 $T_2$ 分别为两个表面的温度。假设 $\varepsilon_1 = \varepsilon_2 = 1$,并且一个表面的温度为 300.0 K,而另一个表面的温度为 300.1 K,则两个表面发生的热辐射的传热率约为 0.2 $W/m^2$。对比式(3-3),可以发现对流是比辐射更有效的控温手段,其效率大约高出一个数量级。

对于 EUV 光刻,对流可以有限程度地帮助控制温度,但如果所采用气流的压力远低于大气压[3,4],其实际效率会很低,除非通过使用差分泵实现高气压的空间和 EUV 光路的分离。要在真空中将晶圆、掩模和光学元件保持在接近恒定的温度并进行良好控制[5],是 EUV 光刻中极具挑战的工程问题。对所有可能受到温度影响的参数都要格外注意,如对焦和套刻。与光学光刻相比,EUV 光刻对物镜、套刻的主动控制和调整,需要在更短的时间尺度和更高的精度上完成。

除了控温之外,接近大气压的空气和其他气体也被用于光学光刻系统的其他功能。例如,长期以来高纯气体用来清扫光学光刻机物镜系统,使镜片表面免受污染。在干式曝光系统中,气流用来防止底部透镜被光刻胶的释气污染,而浸没式系统中的水流也起到类似的作用。EUV 光刻开发早期遇到的一个问题是光学污染。这并不意外,早期用同步加速器产生真空紫外线和软 X 射线的装置,其反射镜和衍射光栅上就曾观察到类似的污染[6,7]。对于短波光谱,一些高能光子入射到反射镜和光栅被吸收,产生光电子。这些光电子会导致吸附在光学元件表面的有机分子破裂,进而形成碳薄膜堆积[8]。这种污染以前曾在软 X 射线的研究仪器的超高真空中发生过。可以预计在包含光学元件、工件平台、传感器和驱动电机的生产设备中,这样的问题会更严重,因为所有这些部件中都存在大量可以吸附污染物并产生释气的表面。在量产的光刻设备中,涂有光刻胶的晶圆不断进出,增加了光刻胶释气带来的碳氢化合物和其他物质污染系统的可能性。此外,曝光系统包含许多高度敏感和极为复杂的组件,不能采用高温烘烤来实现超高真空。图 3-1 展示了早期 EUV 曝光设备中的光学元件上的碳污染示例。

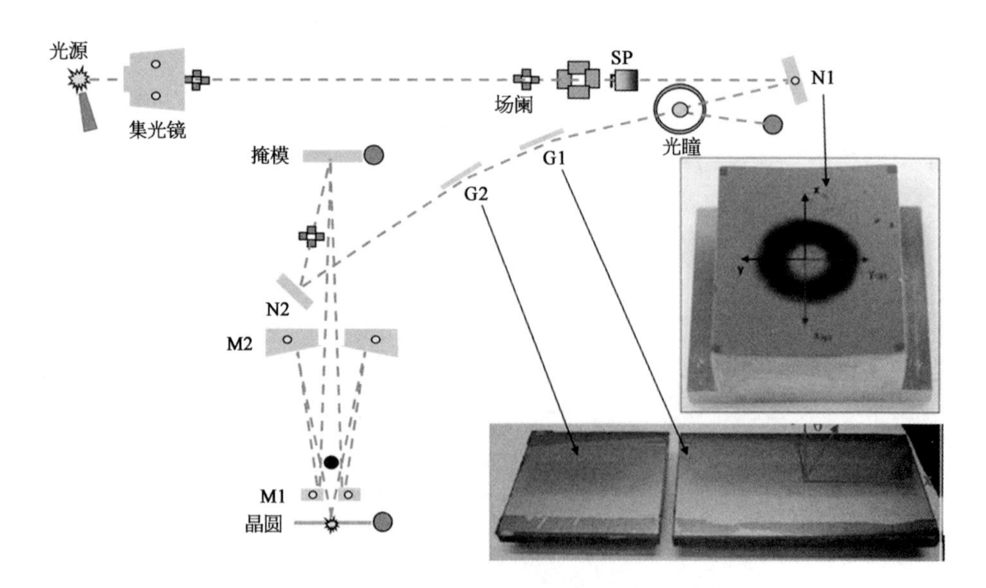


图 3-1　早期 EUV 小视场曝光工具中反射镜上的污染[9]

类似地,表面吸附水分会导致氧化。为了防止 EUV 掩模的多层膜反射器的氧化,需要在 Mo/Si 多层膜表面添加一层钌的保护层,因为钌比钼或硅更不容易被氧化。无论镜面是否被氧化或发生碳沉积,与未受污染的镜面相比,其反射率都会有所降低,从而降低产率[10]。不均匀的污染还可能导致照明不均匀、切趾,进而恶化线宽的控制。

起初,考虑将曝光系统中的氧或含氧分子的分压保持在较低水平,以抑制碳在光学元件上的积累[11,12]。尽管氧的环境确实被证明对抑制碳积累有效,但也有镜面被过度氧化的风险。因此,最终还是决定使用氢气来减少碳污染,这个方法已被证明是有效的。此外,氢气可以通过还原氧化物来降低氧化。需要注意的是,使用氢气并非没有代价,例如 Mo/Si 多层膜起泡就是风险之一,须注意避免[13–15]。

氢气已被证明能有效防止镜面上碳和氧化物的积累,在第 2 章中已介绍其也有助于去除锡。然而,光刻胶含有除碳、氢、氧和锡以外的元素。例如,光酸产生剂通常含硫(sulfur),金属氧化物光刻胶(metal-oxide resist)含铪(hafnium)。因此,需要额外的方法来防止光刻胶释气对投影光学器件造成污染[16]。

保护光学器件免受污染的方法之一是采用所谓的气幕(gas curtain)(也称为动态气闸)。其原理是用低压的气流流过晶圆表面,将污染物[17–19](图 3－2)带离光学器件或者阻止污染物接近光学器件[20]。ASML 公司将其称为动态气锁(dynamic gas lock,DGL)。另一种方法是在晶圆和物镜之间插入一个固体薄膜窗口,这也是保护光学器件的一种高效手段[21]。ASML 将其称为 DGL 膜,因为其位于 DGL 附近。

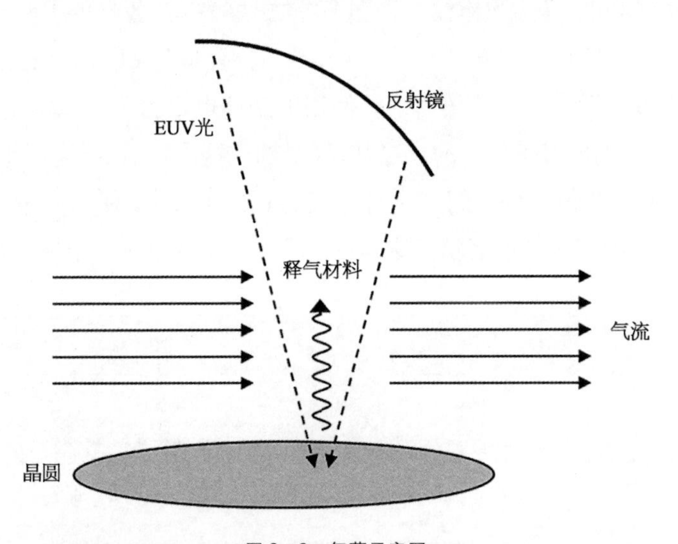


图 3－2　气幕示意图

释气产生的物质被气流裹挟出去,从而减少投影光学器件的污染

除了保护光学元件免受光刻胶释气的污染影响外，这样的薄膜还可用作光谱滤波器，以减少到达晶圆的带外 DUV 和红外光。带外光对工艺控制的影响将在第 7 章中讨论，目前使用的固体薄膜窗口对 EUV 波长的透射率小于 85%，这会降低光刻机的曝光产率，因此已有大量的投入用于开发此类薄膜窗口的替代技术。不过，鉴于这种薄膜能保护光学元件免受污染并可以有效地过滤带外光，目前仍在被使用。

在 EUV 光刻系统中，表面被污染的不仅是光学元件。掩模表面被沉积物污染会导致曝光线宽发生改变[22]，传感器上的污染物会导致测量结果漂移[23]。因此，有必要提供一些能控制所有可能被 EUV 光照射的表面被污染的方法。在光学曝光系统中，光学器件和掩模通常用超纯气体清扫。EUV 光刻系统使用不同的方法，例如使用低分压氢气。

目前，防止光学元件和掩模的污染通常是光刻设备工程师主要关注的问题，但是，芯片制造的工艺工程师也意识到需要注意这种污染的发生。尽管许多年来没有出现大问题，但毕竟在光学光刻中曾经也出现过这样的困难。对于工艺工程师来说，了解 EUV 光刻中可能出现类似的问题是有益的。

为了避免破坏真空，EUV 曝光系统采用装载锁（load lock）将晶圆和掩模移入和移出。对真空系统抽气或排气，其过程中的快速气流会导致颗粒污染，气压变化过快也会导致温度变化。如果抽真空和恢复气压过程过缓又会对系统吞吐量产生影响。对于长系列晶圆的稳态曝光这种影响较小，因为掩模和晶圆的装卸可以在曝光其他晶圆的过程期间完成。

在光学光刻中，晶圆和掩模是通过真空方法被夹在各自的卡盘上，卡盘上的吸力来自气压。但是这种方法不适用于需要真空环境的 EUV 光刻，和许多其他半导体加工设备一样[24]，EUV 光刻系统使用的是静电吸盘。在基本的双极库仑静电吸盘中，吸盘的电极是带电的。当基板（晶圆或掩模）背面导电时电荷可以自由移动，从而在卡盘和基板之间产生静电吸引（图 3－3）。使用静电吸盘，需要在 EUV 掩模的背面沉积导电薄膜。掩模背面的结构将在第 4 章中进一步讨论。

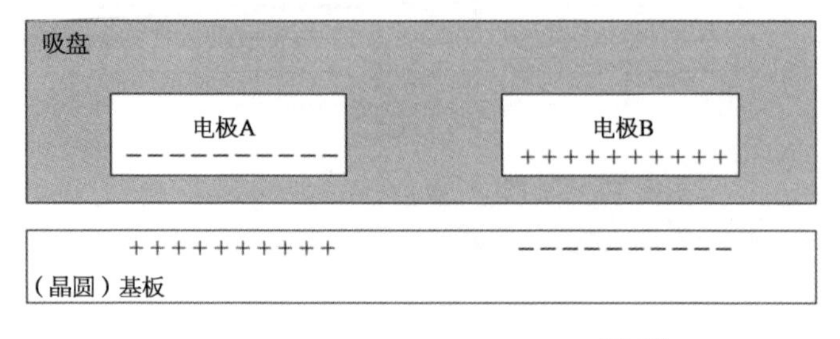


图 3－3　双极库仑静电吸盘的基本配置[25,26]

## 3.2　照明系统

0.33NA EUV 光刻机的照明和投影光学系统的结构如图 3－4 所示。该布局在概念上类似于光学光刻系统,不同之处在于所有光学元件都是反射式的。由于需要最大限度地提高整体的光传输率,有大量的工程努力致力于设法最大限度地减少光学元件的数量。

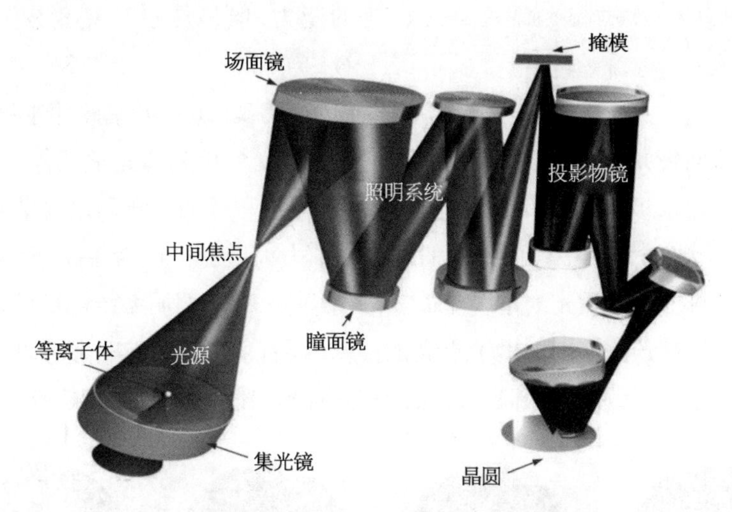


图 3－4　ASML NXE:3400B 光刻机的照明和投影光学器件示意图[27]

与光学光刻机一样,EUV 的照明系统具有双重用途。首先,必须满足光能够均匀地照射在照明狭缝上,其次,为实现增强分辨率和为光源掩模优化(source-mask optimization, SMO)提供所需的调整照明形态的能力。如图 3－5 所示,这些功能是通过两组反射镜阵列来实现的。来自每个场面镜的光投射到整个照明狭缝上,从而产生相当均匀的光(图 3－6),这与光学光刻机的蝇眼阵列(fly's eye array)所实现的效果类似。

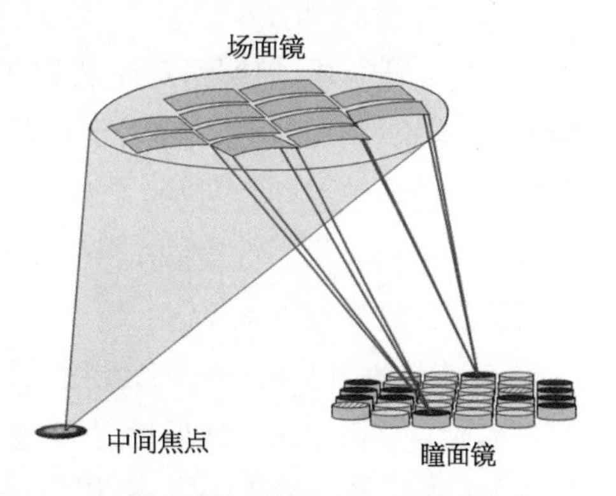


图 3－5　EUV 照明器中用于实现灵活照明的反射镜系统[27]

光学光刻的照明系统在过去几十年里能有长足的进步,得益于其高灵活性和可编程性,如今用于光学光刻的反演光刻

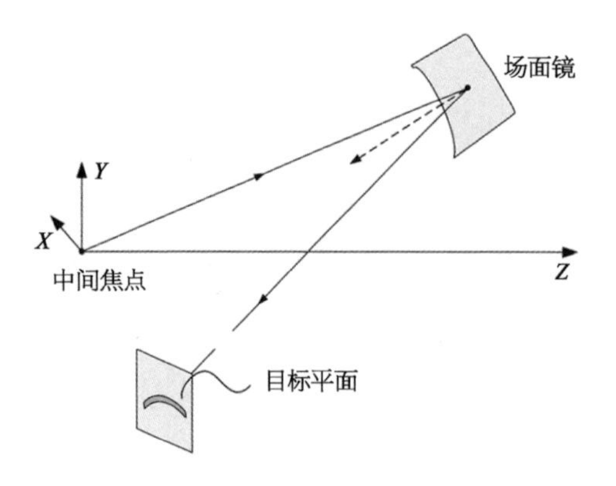


图 3-6 光从场面镜投射到光刻机照明狭缝上的示意图(在场面镜和掩模之间是中间段光学元件如图 3-4 所示)

技术(inverse lithography technology, ILT)以及光源掩模协同优化(SMO)也得到了很好的应用。可用于照明编程的微镜数目达数千个,所以照明形态可以实现非常精细的微调。通过对光学光刻系统进行精细微调,可以实现照明形态接近理想的形状[29]。

EUV 曝光系统也具有可编程照明的能力,但是像素数量要少一个数量级[30](图 3-7)。如图 3-4~图 3-6 所示,实现 EUV 可变照明形态是通过场面镜和瞳面镜共同作用实现的。像所有 EUV 光刻相关的光学元件一样,EUV 对镜面质量要求极高。因此,与光学光刻中的可编程照明系统采用的平面微镜阵列相比,EUV 光刻系统中镜面阵列的制造成本大大增加。正因如此,EUV 照明系统中反射镜数目比光学光刻系统少很多,其结果是 EUV 照明系统的可编程能力相对较弱。这就对光刻建模提出了更高的要求,要有能力针对实际照明形态(而不是理想照明形态)计算光学邻近效应,以实现对光刻性能准确的预测和校准。

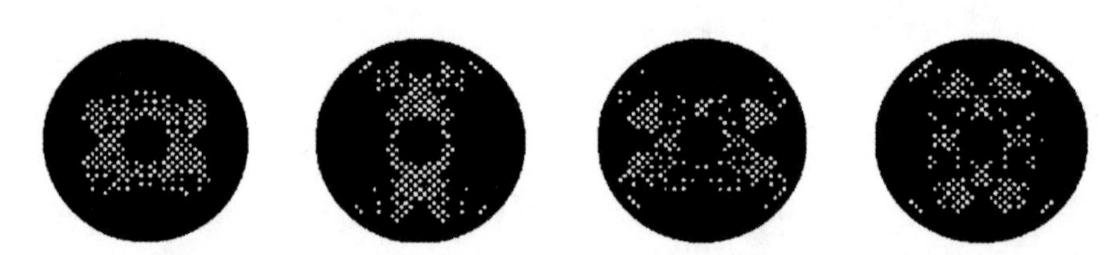

图 3-7 使用 ASML NXE:3300B EUV 光刻机为测试 7 nm 节点金属层而优化的照明示例[31]

如第 2 章所述,照明稳定性是 EUV 光刻的一个挑战。随着光源运行时间的增加,集光镜就会被污染,特别是被锡污染,从而影响照明均匀性。此外,从早期的光刻工作中可知,不仅整个狭缝的总光强必须均匀,而且瞳孔内的光分布细节也会影响成像[32]。例如,当使用四极照明时,总光强度在所有四个象限之间需要保持良好的平衡。

在 EUV 曝光系统中,来自照明系统的光束照射反射式掩模。设计图案在掩模上形成高反射率区域或低反射率(吸收)区域,这和光学光刻掩模的高透射和低透射区域一样。从 EUV 掩模所得到的光学图案再被若干反射镜组成的物镜投影成像,最后聚焦到晶圆上。早期实验性的低 NA(≤0.1)EUV 物镜系统通常只有 2 个或 4 个反射镜，而目前的 0.33NA 系统有 6 个反射镜。

由于 EUV 系统是全反射式的，包括掩模，所以入射到掩模上的光必然是离轴的，即以非法线入射。同时限于物镜的数值孔径，光入射到掩模和再反射收集之间的角度只能在一定范围内(图 3-8)。机械部件的间隙有角度的限制，并且必须与数值孔径的角度范围相匹配。反射镜表面的反射率通常是入射角的函数，对于多层膜反射镜尤其如此。如果远离峰值反射率的角度，那么光的反射率就会急剧下降(图 3-9)。

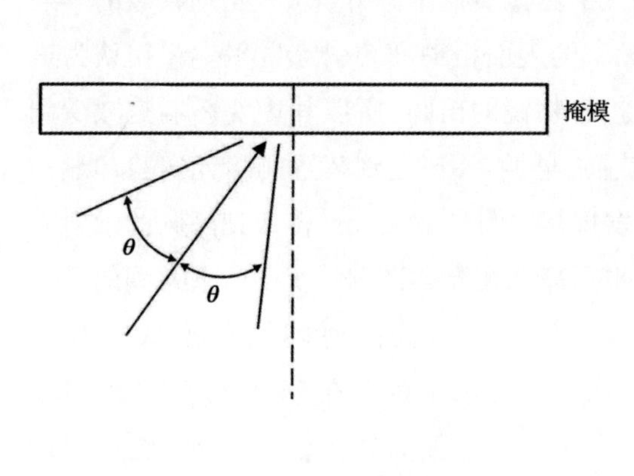


图 3-8　光入射到 EUV 掩模上

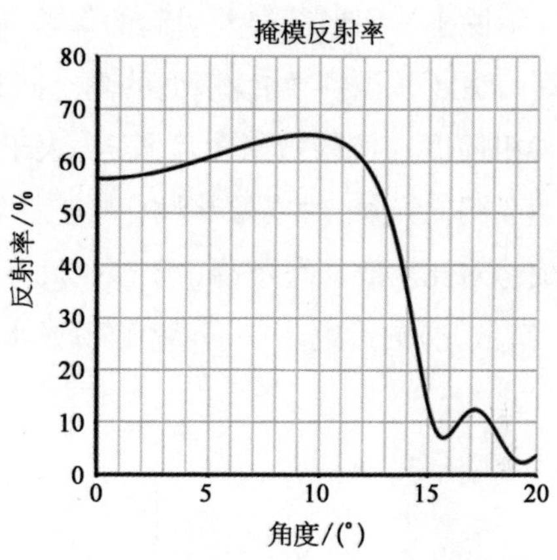


图 3-9　计算的 Mo/Si 多层膜反射率

该多层膜针对掩模进行了优化，可用于具有 6°主光线角的曝光工具，例如 ASML 的 NXE：3400B，NA=0.33 光刻机

对于 0.33NA 的 EUV 系统，掩模上的平均入射角(主入射角)为 6°。所有光线必须从法线的同一侧入射到掩模，然后汇集在法线的另一侧。主入射角是掩模端 NA 的函数，并随着 NA 的增大而增加(假设物镜缩放倍率固定)。要想将入射角减小到接近法线，需要降低晶圆端 NA 或增大物镜缩放倍率。如果物镜缩放倍率不变而只增加 NA，掩模的 3D 效应果将随之变得更加严重，这些内容将在第 6 章讨论。对高 NA 的 EUV 曝光设备的系统架构选择及其所带来的影响，将在第 10 章中进行更详细地讨论。

## 3.3　投影系统

在 EUV 光刻发展的早期，投影光学器件对表面形貌和粗糙度有非常严格的要求，因而制备也非常困难。例如，早期浸润式光刻机的像差水平小于1 nm或小于 5 毫波长[34]。要在 EUV 光刻系统实现同样的毫波长像差,其绝对像差则需要达到<0.07 nm。虽然目前 EUV 光刻系统还没有达到这个水平的像差,但据报道,像差<0.2 nm(rms)的水平已令人赞叹[35]。

像差通常用 Zernike 多项式描述,在光学光刻中通常前 36 个 Zernike 多项式就足够描述对成像产生的影响。这些是对相对较低的空间频率的考量,其影响主要来自物镜表面形貌,这种与理想表面的偏差在毫米尺度上是平均的。EUV 光刻中物镜像差对成像的影响与光学光刻的理论相同,仅是波长不同而已。

除了镜面形貌误差引起的像差导致的图像质量下降外,EUV 光刻领域的早期研究者还认识到,物镜镜面的高空间频率的表面粗糙度会引起散射。起初认为这种粗糙度造成的散射角度较大,大于投影物镜的出瞳,所以其主要影响是减少到达晶圆的光量,对成像并没有影响。然而,早期 EUV 光刻装置的曝光实验却显示成像对比度有显著下降(约 35%),并发现其原因是来自大量传递到晶圆的散射光(杂散光)的影响[36,37],这些散射光水平远高于在光学光刻系统中所观察到的[38]。

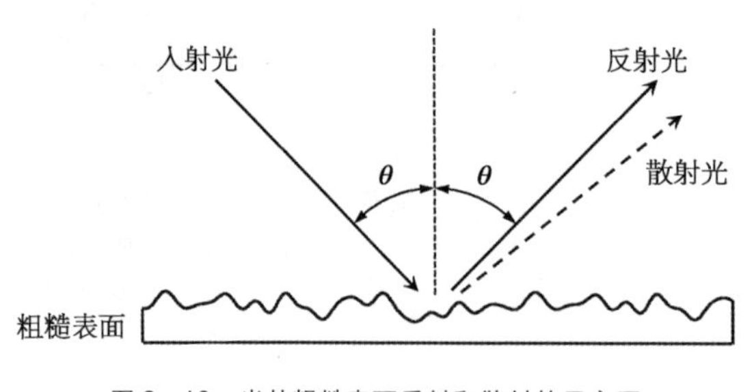

图 3-10　光从粗糙表面反射和散射的示意图

光散射问题如图 3-10 所示。对于在非常低的空间频率下偏离理想值的镜面,光被镜面反射,但可能以错误的角度反射,从而导致像差。对于空间频率与光波长相当的镜面粗糙度,一些反射光会在一定的角度范围内发生散射。对于高的空间频率的镜面粗糙度,散射角将非常大,散射光将无法通过光学系统的出瞳,这造成光强度的实质损失。中间空间频率的镜面粗糙度也将产生散射,但散射光会转移到晶圆,尽管不一定在预期的位置。这类的散射光会降低成像质量。表 3-1 总结了用于 EUV 投影物镜的镜面要求。

表 3-1　EUV 的镜面参数、要求和最新结果

| 空间频率 | 范围 | 光刻影响 | 要求[30,39,40] /(pm,rms) | 近况[40,41] /(pm,rms) |
|---|---|---|---|---|
| 形貌(低空间频率) | $<1\ mm^{-1}$ | 像差 | 50 | 约 30 |
| 中等空间频率粗糙度 | $1\ \mu m^{-1}\sim1\ mm^{-1}$ | 杂散光 | 100 | 约 80 |
| 高空间频率粗糙度 | $1\ \mu m^{-1}\sim50\ \mu m^{-1}$ | 光损失 | 100 | 约 70 |

即便再精心地抛光,加上物镜的反射镜数量有限,EUV 系统中的杂散光通常也比传统光学光刻的杂散光高得多。早期全视场曝光装置的光学系统的远程杂散光高达 40%,改进后仍有 17%的杂散光[42,43]。接下来一代的全场曝光装置的杂散光为 7%~10%[44],而如今 EUV 光刻机远程杂散光已降到 3%左右[45]。这与最先进的 KrF 和 ArF 物镜形成鲜明对比,后者的远程杂散光水平一般都小于 1%[45]。杂散光校正已经是 EUV 光刻 OPC 的常规组成部分,通常将杂散光视为距离的函数[46]。然而,过高的杂散光会降低工艺窗口,甚至连光学邻近校正(optical proximity correction,OPC)也难以改正(参见习题 3.3)[47]。

EUV 物镜中较高的杂散光来源于其波长较短和反射镜的使用。假设一束从表面反射的光,其中产生均方根为 $rms_{\text{phase}}$ 的相位变化,则该表面的总积分散射(total integrated scattered,TIS)由下式给出[48]:

$$TIS = 4\pi^2\left(\frac{rms_{\text{phase}}}{\lambda}\right)^2 \tag{3-5}$$

对于给定的表面粗糙度水平,反射镜面比折射表面产生的相位误差更大,因为光在反射镜反射要两次经过同一粗糙表面,但对折射表面只经过一次。特别是与 DUV 光相比 EUV 波长非常短,对于同样的表面粗糙度水平,EUV 光学系统的散射量要大得多[注意式(3-5)的分母]。

EUV 需要使用非球面镜,并要尽量减少物镜中的镜面数量,这使镜面的抛光更加复杂。每个反射镜的反射率都低于 70%,每添加一对反射镜都会使晶圆上的光强度降低一半以上,因此非球面光学元件是 EUV 光刻所必需的。采用表面积小的抛光工具来制作非球面镜,要特别注意避免出现和抛光工具尺寸同一尺度的镜面粗糙度。此外,可以调整多层膜沉积工艺以达到改善底层基板的粗糙度的效果[49],但这必须与总反射率最大化相平衡。由于对反镜面形状的要求非常严格,沉积的多层薄膜必须是低应力的,这样它们才不会使精心抛光的玻璃基板变形。

物镜系统镜面粗糙度造成的散射光总量直接取决于从掩模反射的总光量。因此,杂散光的影响高度依赖于掩模吸收层的密度和布局细节。掩模上反射面积又取决于所用光刻胶的色调(正型或负型)。对于 EUV 光刻,需要最大限度地减少反射面积以获得低水平的杂散光,而且被吸收层覆盖的掩模区域对掩模基板缺陷也不敏感,第 4 章将对此内容做进一步讨论。因此,接触孔层、通孔层和切割层使用正型光刻胶较有利,而对于栅极层用负型光刻胶会更好。对于接触孔、通孔和切割掩模,用正性光刻胶时其反射面积通常小于10%,所以只有少量的光进入物镜系统内,整体的杂散光水平很小。金属层的掩模通常具有40%~60%的反射面积,因此无论光刻胶的色调如何,其杂散光水平都是不可忽略的。

如果能精准地表征杂散光,就可以对杂散光造成的光学成像影响进行计算,进而可以通过光学邻近校正进行相应地调整。通常,杂散光被认为是恒定的背景光,但这只是指远距杂散光。由于光可以在数微米尺度上散射,准确计算杂散光的影响必须考虑版图的局部密度,这增加了光学邻近校正的复杂性。不过已经开发了相应的方法。事实上,在 EUV 光刻刚被用于集成电路生产时,这种与版图相关的杂散光校正就已经开始应用了[50]。杂散光的计算修正将在第 6 章中进一步讨论。

物镜热效应长期以来一直是 i-line 和 ArF 物镜(透镜)的重要问题之一,因为物镜的玻璃材料会吸收少量光线而变热。在 EUV 系统中,反射镜吸收光能的比例要比透镜高得多(>30%),显著的物镜热效应也就在所难免。因此,用于 EUV 曝光系统的反射镜采用超低膨胀的玻璃基底,其热膨胀系数非常小[51](图 3-11、图 3-12)。如图 3-12 所示,对于由康宁公司(Corning)制造的超低膨胀玻璃 ULE®,其热膨胀系数在单一温度下为零,在高于或低于零膨胀点的温度下不为零。ULE®的热膨胀系数可以与熔融石英(0.5 ppm/℃)(1 ppm = $10^{-6}$ = 一百万分之一)形成对比,后者通常被认为是一种低膨胀材料。

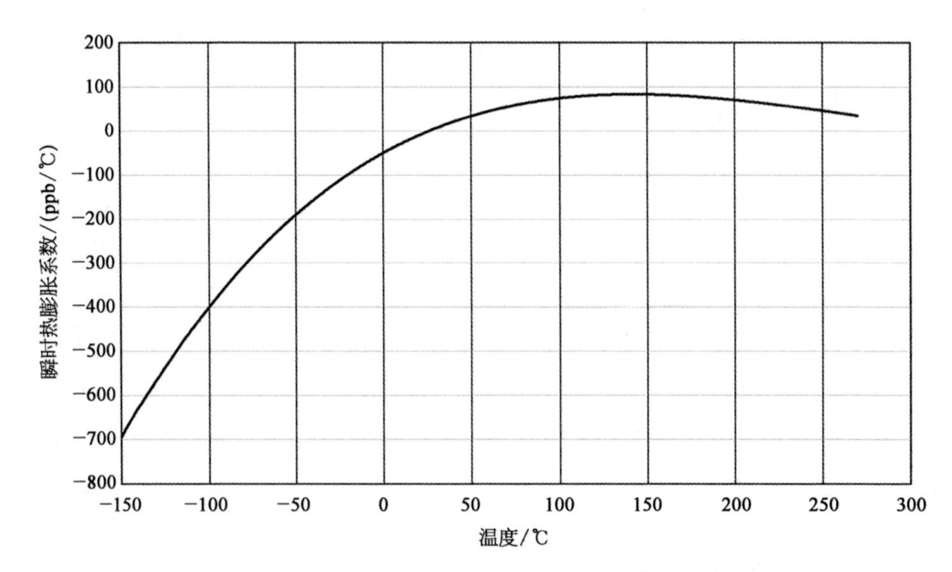


图 3-11 ULE®7973 的热膨胀系数[52]

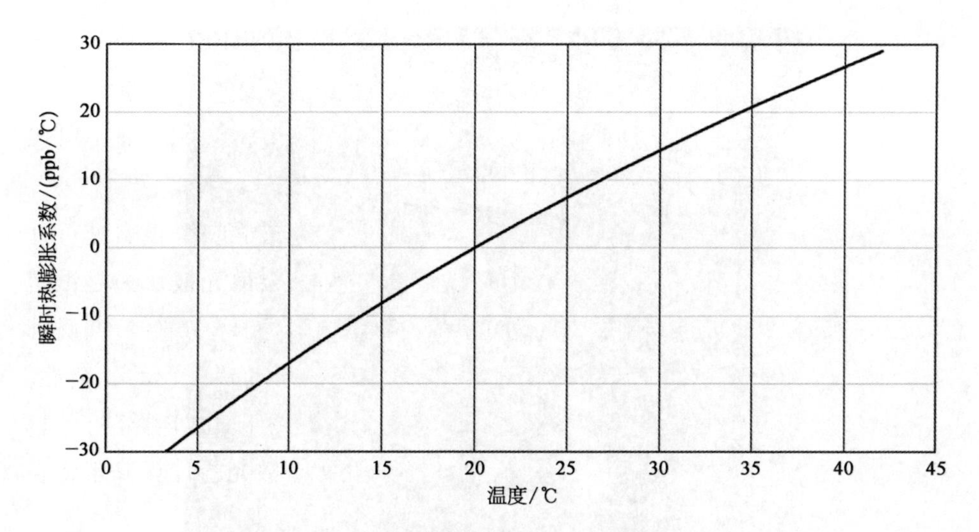


图 3-12　ULE®7973 在室温附近的热膨胀系数

使用全反射光学器件的一个有趣结果是扫描曝光系统中狭缝的形状。在带有折射透镜的 KrF 和 ArF 微缩光刻机中,狭缝是矩形的。在这种情况下,成像是在镜头的中心完成的,此处的像差通常最小。当光学光刻机具有折反射透镜时,狭缝依然保持矩形形状,但狭缝高度必然减小,由于折反射物镜设计中有中心遮挡的存在(图 3-13),狭缝需要偏离中心。在反射式光学系统中,弯曲的狭缝可以实现像差最小化,几十年前第一代投影曝光系统就是利用了这一特性[53]。通过在这种弯曲狭缝中成像,所需的校正畸变的光学元件就可以减少。最小化反射次数可以获得最大化吞吐量是 EUV 光刻的一个重要考量,因此现在的 EUV 光刻机都是采用弯曲的狭缝[54]。图 3-14 所示为一个掩模实例,它可以在静态和扫描两种模式下曝光。因此,掩模的版图沿着狭缝布置,其曲率在图 3-14 中很明显。

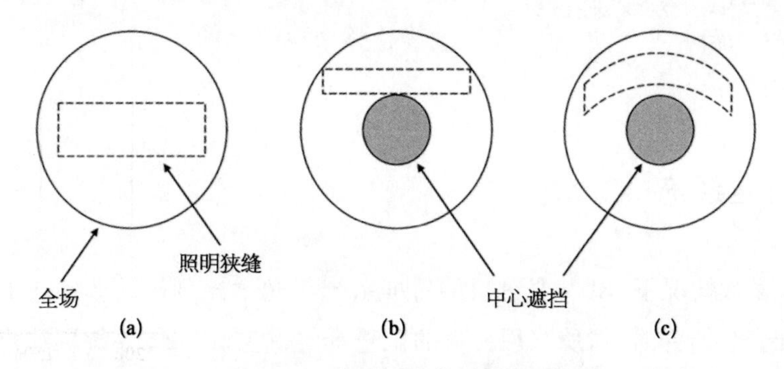


图 3-13　不同类型透镜的狭缝示例

(a) 折射透镜,例如通常在非浸没式光学光刻机中使用;(b) 折反射透镜,例如在浸没式光学光刻机或高 NA 非浸没式光刻机中使用;(c) 环形场,通常用于 EUV 曝光系统

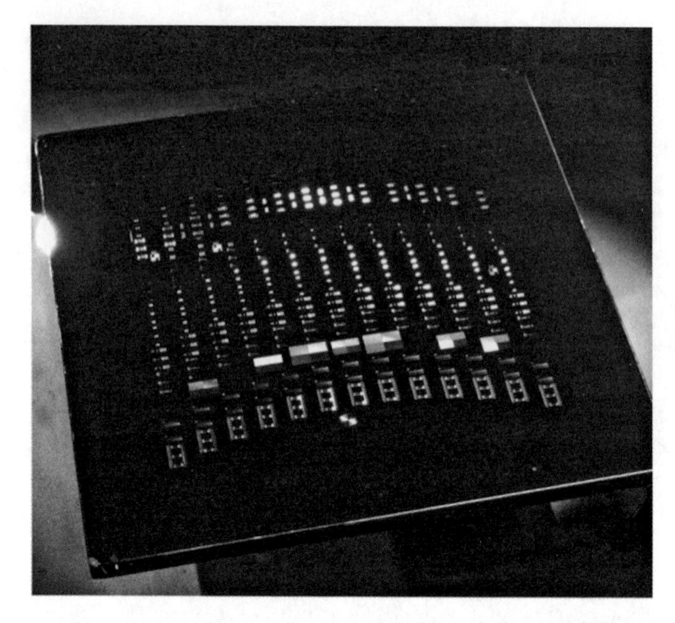

图 3-14 版图遵循弯曲狭缝的 EUV 掩模,可以实现静态或扫描曝光

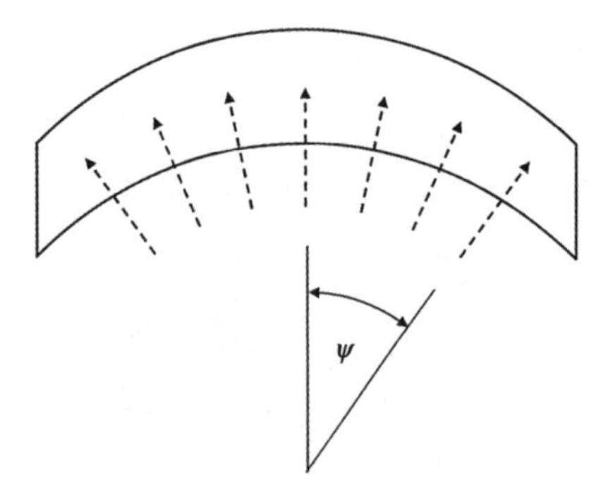


图 3-15 照明光以方位角ψ 穿过狭缝入射到掩模上,旨在模拟 ASML 0.33NA 系统采用的±18.6°的方位角范围[55]

弧形曝光区域的结构增加了 OPC 的复杂性,因为入射到掩模上的光照到狭缝上每个位置的方向都有些许不同。虽然相对于掩模平面法线的入射角保持不变,但它具有一个方位角分量,如图 3-15 所示。因此,光可能不会严格地垂直或平行于掩模上的水平或垂直特征图形。正如第 6 章将讨论的,空间像与光入射到掩模上的角度有关。为了补偿图像成形中产生的变化,OPC 需要准确修正整个狭缝上的变化。

## 3.4 对准系统

在大多数情况下,EUV 光刻机的对准系统与光学光刻机的非常相似。但在制造对准光学器件时,对所采用材料的微量释气和缓慢变性要特别注意。对于 EUV 曝光系统,晶圆台上的传感器肯定与光学光刻不同,它用于将晶圆台与掩模板进行对准,这必须在 EUV 波长下通过物镜完成,图 3-16 中展示了这个原理。在晶圆台上安装的组件的主要有两个：一个是标记，通过测量系统对准其位置，再用它来精确地定位晶圆上对准标记的位置；另一个是传感器，它可以检测通过曝光系统投射掩模上的对准标记的图像。这两个组件之间的距离是预先精确确定的。在双工件台曝光系统中，晶圆上对准标记的位置和晶圆台上对准标记的位置均是在晶圆测量过程中测量的。当晶圆台在物镜下移动时，掩模对准标记的位置被精确测量，使得晶圆和掩模之间能够对准。与所有 EUV 传感器一样，用于掩模对准的传感器始终存在污染问题，对于安装在晶圆台上的传感器尤其如此，因为在晶圆台上可以放置涂有光刻胶的晶圆并随时会产生释气。

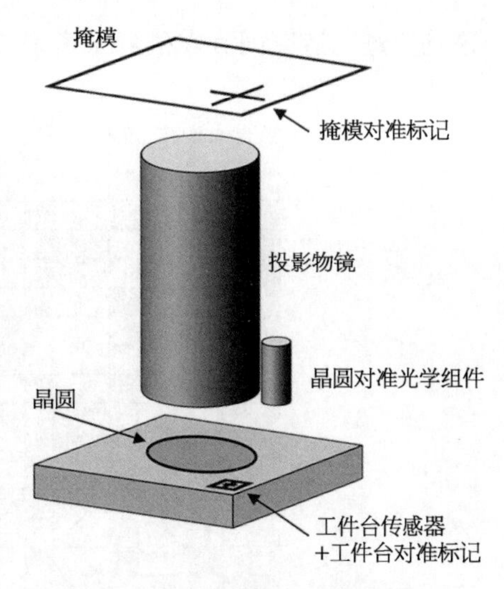

图 3－16 晶圆和掩模对准的示意图

## 3.5 工件台系统

EUV 曝光系统对真空度要求极高，这直接影响晶圆平台和掩模平台。在光学光刻系统中，晶圆和掩模平台长期以来一直采用空气轴承，以实现平滑的扫描运动。在 EUV 光刻中也能够采用局部排气的结构，来实现在真空中使用空气轴承[56-58]。然而，对 EUV 磁轴承的应用更具优势[59-61]，并且已经被用于 ASML 的 EUV 曝光系统中[62]。带有磁轴承的工件台通常被称为磁悬浮工件台。

在磁轴承的典型布局中，工件台底部有一个磁体阵列（图 3－17）。工件台运动是通过在台下方的定子绕组的驱动电流来实现的。这种布局的优势在于不需要将电力电缆和运动的台体连接，并且还避免了台体控温的问题。磁体阵列通常采用 Halbach 结构[63]，是永磁体的阵列，在阵列的一侧产生强磁场，另一侧产生非常弱的磁场。

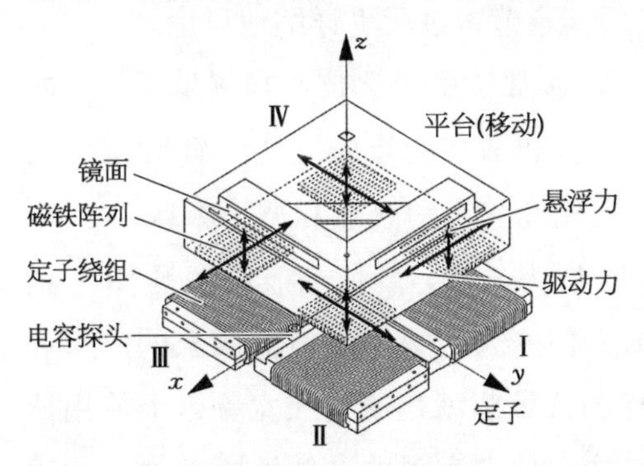

图 3－17 磁悬浮载物台示意图[64]
箭头表示电机的力施加在磁阵列的方向

这是通过制造空间旋转磁场来实现的。图 3－18 展示了这种阵列。

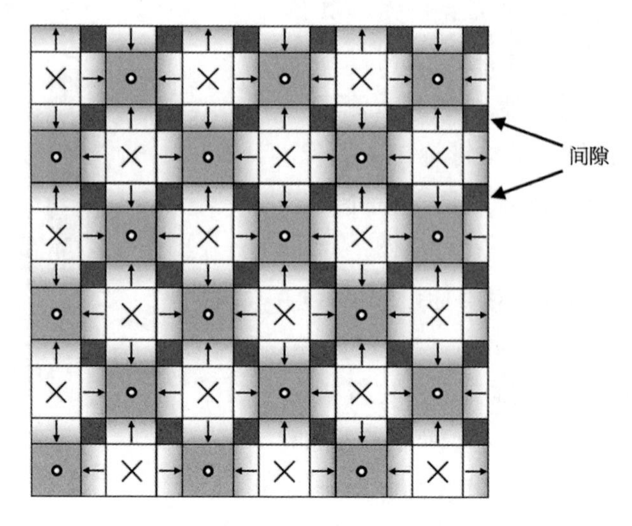


图 3－18 磁铁的 Halbach 排列[65]

箭头指向从 N 到 S 的磁场方向；⭘表示磁场的 N 极从页面中出来，而╳表示磁场指向页面

## 3.6 聚焦系统

良好的聚焦控制对于 EUV 光刻极其重要。尽管 0.33NA 光学器件的瑞利焦深(depth of focus，DOF)为 124 nm，但在 EUV 光刻中有一些特殊考量，要求聚焦控制非常严格，超出了人们熟知的光学光刻中关键尺寸随离焦变化的要求。此外，对于高数值孔径(NA＝0.55)的 EUV 光刻，瑞利焦深仅为 45 nm。前面提到的影响良好的聚焦控制的其他因素将在后续章节中进行更详细地讨论。

为了实现晶圆的焦量和平整度的调节，通常使用光学技术来测量。但众所周知，这种方法受到晶圆上已经存在的薄膜和图案的影响[66-68]。针对这个问题，ASML 开发了一种气压计(air gauge)来校准其光学聚焦和调平系统[69]。但是，EUV 曝光系统无法使用气压计来调焦，因为与真空环境的兼容性是 EUV 系统中重要的考虑因素之一。为此，ASML 专门开发了另一种对晶圆上的薄膜和图案均不敏感的光学调焦系统[70]。这样的低敏感度是通过在宽频带上使用紫外波长而不是在窄频带上使用光学和红外波长来实现的。低敏感度也归功于对光束使用更大的掠入射角(图 3－19)。不过，必须使用低强度的紫外光以避免造成光刻胶感光。工艺工程师也可以通过使用虚设图案(dummy features)来减少芯片区域之间图案密度的差异,从而减小离焦量的不同。

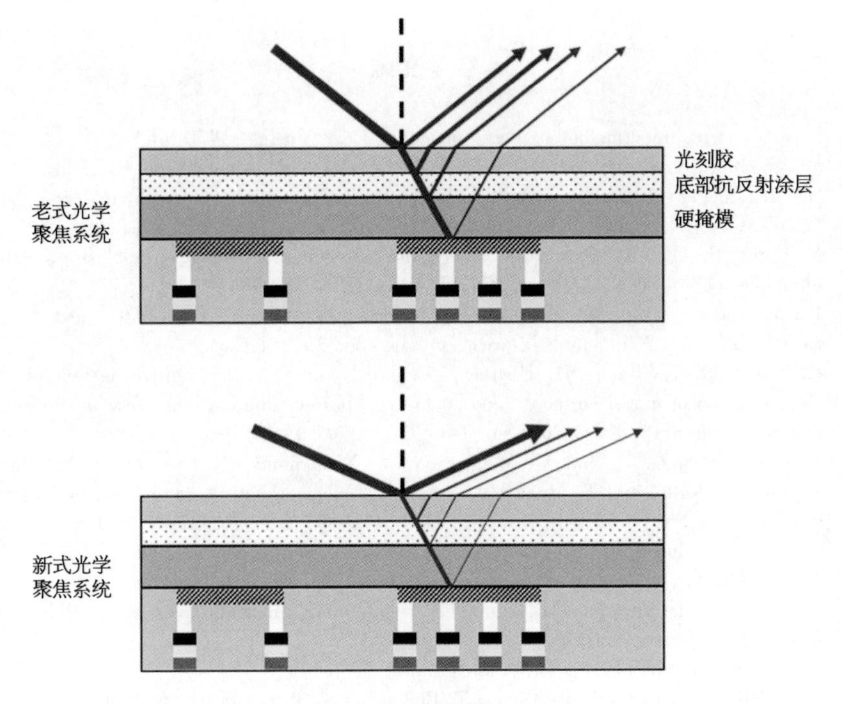


图 3-19　光学聚焦系统

随着入射光倾斜角增大,以及宽带上的波长更短,刻有版图的掩模顶层的反射光比来自底层的反射光强度更大

## 习题

3.1　证明 EUV($\lambda$ = 13.5 nm)光刻的瑞利分辨率 NA = 0.33 的系统为 20.5 nm,瑞利深度为焦点是 124 nm。证明对于 0.55NA 的 EUV 透镜,分辨率和焦深分别为 12.3 nm 和 44.6 nm。

3.2　碳对波长为 13.5 nm 的光的衰减长度为 155 nm。证明:通过 6 面且每面涂有 1 nm 碳的透镜的透射率是没有碳涂层的相同透镜的 92.6%。注意,光将穿过每个镜子上的碳涂层两次。

3.3　剂量 $E(x)$ 变化时线宽 $\Delta L$ 的变化按比例 $E(x) \to (1+\Delta)E(x)$ 由下式给出:

$$\Delta L = 2\Delta\,(ILS)^{-1}$$

式中,*ILS* 为图像对数斜率。证明对于增加剂量 $E(x) \to E(x) + \Delta$ 相同的关系也成立[71],其中 Δ 与位置无关。

## 参考文献

[1] http://www.engineeringtoolbox.com/convective-heat-transfer-d_430.html
[2] http://web.mit.edu/16.unified/www/FALL/thermodynamics/notes/node136.html
[3] H. Lee, S. Lee, J. Park, and H, "Extreme ultraviolet pellicle cooling by hydrogen gas flow (Conference Presentation)," *Proc. SPIE* Vol. **10809**, p. 108091B, 2018.
[4] M. Kang, S. Lee, E. Park, and H, "Thermo-mechanical behavior analysis of extreme-ultraviolet pellicle cooling with $H_2$ flow," *Proc. SPIE* Vol. **10450**, 2017.
[5] J. van Schoot, "High NA EUV lithography: Enabling Moore's Law in the next decade," *EUVL Workshop*, 2017, https://www.euvlitho.com/2017/P22.pdf
[6] K. Boller, R. Haelbich, H. Hogrefe, W. Jark, and C. Kunz. "Investigation of carbon contamination of mirror surfaces exposed to synchrotron radiation." *Nuclear instruments and methods in physics research* **208**, no. 1-3, 273 - 279 (1983).
[7] T. Koide, S. Sato, T. Shidara, M. Niwano, M. Yanagihara, A. Yamada, A. Fujimori, A. Mikuni, H. Kato, and T. Miyahara. "Investigation of carbon contamination of synchrotron radiation mirrors." *Nuclear Instruments and Methods in Physics Research Section A: Accelerators, Spectrometers, Detectors and Associated Equipment* **246**, no. 1-3, 215 - 218 (1986).
[8] J. Chen, Characterization of EUV induced contamination on multilayer optics. PHD Thesis, University of Twente, 2011.
[9] This figure was provided by Dr. Andrea Wüest.
[10] S. B. Hill, I. Ermanoski, C. Tarrio, T. B. Lucatorto, T. E. Madey, S. Bajt, M. Fang, and M. Chandhok. "Critical parameters influencing the EUV-induced damage of Ru-capped multilayer mirrors," *Proc. SPIE* Vol. **6517**, p. 65170G, 2007.
[11] M. E. Malinowski, P. A. Grunow, C. Steinhaus, W. M. Clift, and L. E. Klebanoff. "Use of molecular oxygen to reduce EUV-induced carbon contamination of optics," *Proc. SPIE* Vol. **4343**, pp. 347 - 356, 2001.
[12] L. E. Klebanoff, M. E. Malinowski, P. A. Grunow, W. M. Clift, C. Steinhaus, A. H. Leung, and S. J. Haney, "First environmental data from the EUV engineering test stand," *Proc. SPIE* Vol. **4343**, pp. 342 - 334.
[13] A. S. Kuznetsov, M. A. Gleeson, R. W. E. Van de Kruijs, and F. Bijkerk. "Blistering behavior in Mo/Si multilayers," *Proc. SPIE* Vol. **8077**, p. 807713, 2011.
[14] A. S. Kuznetsov, M. A. Gleeson, and Frederik Bijkerk. "Hydrogen-induced blistering mechanisms in thin film coatings." *Journal of physics: Condensed matter* **24**, no. 5, 052203 (2011).
[15] R. A. J. M. Van den Bos, C. J. Lee, J. P. H Benschop, and F. Bijkerk, "Blister formation in Mo/Si multilayered structures induced by hydrogen ions," *Journal of physics D: applied physics*, **50**(26), p. 265302, 2017.
[16] Y. Ekinci, M. Vockenhuber, B. Terhalle, M. Hojeij, L. Wang, and T. R. Younkin, "Evaluation of resist performance with EUV interference lithography for sub-22-nm patterning," *Proc. SPIE* Vol. **8322**, p. 83220W, 2012.
[17] M. P. Kanouff and A. K. Ray-Chaudhuri, "Wafer chamber having a gas curtain for extreme-UV lithography," U.S. Patent No. 6, 198, 792B1 (2001).
[18] M. P. Kanouff and A. K. Ray-Chaudhuri, "A gas curtain for mitigating hydrocarbon contamination of EUV lithographic optical components," *Proc. SPIE* **3676**, pp. 735 - 742

(1999).
[19] V. V. Banine and J. H. J. Moors, "Lithography Apparatus and Device Manufacturing Method," US Patent 8, 094, 288 B2 (2012).
[20] P. W. H. De Jager, H. G. C. Werij, and P. Van Zuylen. "Lithographic device." U.S. Patent 6, 459, 472, issued October 1, 2002.
[21] M. van de Kerkhof, H. Jasper, L. Levasier, R. Peeters, R. van Es, J. Bosker, A. r Zdravkov et al. "Enabling sub-10nm node lithography: presenting the NXE:3400B EUV scanner," *Proc. SPIE* Vol. **10143**, p. 101430D, 2017.
[22] Y. Fan, L. Yankulin, P. Thomas, C. Mbanaso, A. Antohe, R. Garg, Y. Wang, et al. "Carbon contamination topography analysis of EUV masks," *Proc. SPIE* Vol. **7636**, p. 76360G, 2010.
[23] L. Shi, F. Sarubbi, S. N. Nihtianov, L. K. Nanver, T. L. M. Scholtes, and F. Scholze. "High performance silicon-based extreme ultraviolet (EUV) radiation detector for industrial application," *2009 35th Annual Conference of IEEE Industrial Electronics*, pp. 1877-1882. IEEE, 2009.
[24] G. A. Wardly, "Electrostatic wafer chuck for electron beam microfabrication." *Review of Scientific Instruments* **44**, no. 10, pp. 1506-1509 (1973).
[25] Electrostatic chucks may be of Coulomb or Johnsen-Rahbek type, as described further in M. Sogard, A. Mikkelson, M. Nataraju, K. Turner and R. Engelstad, "Analysis of Coulomb and Johnsen-Rahbek electrostatic chuck performance for EUV lithography," *J. Vac. Sci. Technol. B* **25**(6), pp. 2155-2161 (2007).
[26] M. R. Sogard, A. R. Mikkelson, V. Ramaswamy, and R. L. Engelstad, "Analysis of Coulomb and Johnsen-Rahbek elecrostatic chuck performance in the presence of particles for EUV lithography," *Proc. SPIE* **7271**, 72710H (2009).
[27] W. Kaiser, presented at Semicon Korea, 2018.
[28] J. Jiang, Q. Mei, Y. Li, and Y. Liu. "Illumination system with freeform fly's eye to generate pixelated pupil prescribed by source-mask optimization in extreme ultraviolet lithography." *Optical Engineering* **56**, no. 6 (2017): 065101.
[29] M. Mulder, A. Engelen, O. Noordman, R. Kazinczi, G. Streutker, B. van Drieenhuizen, S. Hsu, K. Gronlund, M. Degünther, D. Jürgens, J. Eisenmenger, M. Patra, and A. Major, "Performance of a Programmable Illuminator for generation of Freeform Sources on high NA immersion systems," *Proc. of SPIE* Vol. **7520**, 75200Y, 2009.
[30] M. Lowisch, P. Kuerz, O. Conradi, G. Wittich, W. Seitz, and W. Kaiser. "Optics for ASML's NXE:3300B platform," *Proc. SPIE* Vol. **8679**, p. 86791H, 2013.
[31] Y. Chen, L. Sun, Z. J. Qi, S. Zhao, F. Goodwin, I. Matthew, and V. Plachecki. "Tip-to-tip variation mitigation in extreme ultraviolet lithography for 7 nm and beyond metallization layers and design rule analysis," *Journal of Vacuum Science & Technology B, Nanotechnology and Microelectronics: Materials, Processing, Measurement, and Phenomena* **35**, no. 6 (2017): 06G601.
[32] D. G. Flagello, B. Geh, R. Socha, P. Liu, Y. Cao, R. Stas, O. Natt, and J. Zimmermann. "Understanding illumination effects for control of optical proximity effects (OPE)," *Proc. SPIE* Vol. **6924**, p. 69241U, 2008.
[33] S. Raghunathan, O. R. Wood, P. Mangat, E. Verduijn, V. Philipsen, E. Hendrickx, R. Jonckheere, K. A. Goldberg, M. P. Benk, P. Kearney, Z. Levinson, B. W. Smith, et al. "Experimental measurements of telecentricity errors in high-numerical-aperture extreme ultraviolet mask images." *J. Vac. Sci. Tech. B*, Vol **32**, no. 6 (2014): 06F801.
[34] J. de Klerk, C. Wagner, R. Droste, L. Levasier, L. Jorritsma, E. van Setten, H. Kattouw, J. Jacobs, and T. Heil. "Performance of a 1.35 NA ArF immersion lithography system for 40-nm applications," *Proc. SPIE* Vol. **6520**, p. 65201Y, 2007.
[35] M. van de Kerkhof, H. Jasper, L. Levasier, R. Peeters, R. van Es, J. Bosker, A. der Zdravkov, et al. "Enabling sub-10nm node lithography: presenting the NXE:3400B EUV

scanner," *Proc. SPIE* Vol. **10143**, p. 101430D, 2017.

[36] B. La Fontaine, D. P. Gaines, D. R. Kania, G. E. Sommargren, S. L. Baker, and D. Ciarlo. *Performance of a two-mirror, four-reflection, ring-field optical system at* λ = 13 nm. No. UCRL-JC-123013; CONF-960493-17. Lawrence Livermore National Lab., CA (United States), 1996.

[37] B. La Fontaine, T. P. Daly, H. N. Chapman, D. P. Gaines, D. G. Stearns, D. W. Sweeney, and D. R. Kania. *Measuring the effect of scatter on the performance of a lithography system.* No. UCRL-JC-123064; CONF-960493-12. Lawrence Livermore National Lab., CA (United States), 1996.

[38] Joseph P. Kirk, "Scattered light in photolithographic lenses," *Proc. SPIE* Vol. **2197**, pp. 566-572, 1994.

[39] B. Wu and A. Kumar, "Extreme ultraviolet lithography: a review," *J. Vac. Sci. Technol. B* **25**(6), pp. 1743-1761 (2007).

[40] B. Geh, "EUVL: the natural evolution of optical microlithography," *Proc. SPIE* Vol. **10957**, p. 1095705, 2019.

[41] K. Murakami, T. Oshino, H. Kondo, H. Chiba, H. Komatsuda, K. Nomura, and H. Iwata, "Development status of projection optics and illumination optics for EUV1," *Proc. SPIE* **6921**, 69210Q (2008).

[42] D. A. Tichenor, W. C. Replogle, S. H. Lee, W. P. Ballard, A. H. Leung, G. D. Kubiak, L. E. Klebenoff, S. Graham, J. E. M. Goldsmith, K. L. Jefferson, J. B. Wronsky, T. G. Smith, T. A. Johnson, H. Shields, L. C. Hale, H. N. Chapman, J. S. Taylor, D. W. Sweeney, J. A. Folta, G. E. Sommargren, K. A. Goldberg, P. Naulleau, D. T. Attwood, and E. M. Gullikson, "Performance upgrades in the EUV engineering test stand," *Proc. SPIE* **4688**, pp. 72-86 (2002).

[43] S. H. Lee, P. Naulleau, C. Krautschik, M. Chandbok, H. N. Chapman, D. J. O'Connell, and M. Goldstein, "Lithographic flare measurements of EUV full-field projection optics," *Proc. SPIE* **5037**, pp. 103-111 (2003).

[44] T. Miura, K. Murakami, K. Suzuki, Y. Kohama, K. Morita, K. Hada, Y. Ohkubo, and H. Kwai, "Nikon EUVL development progress update," *Proc. SPIE* **6921**, 69210M (2008).

[45] V. W. Guo, F. Jiang, A. Tritchkov, S. Jayaram, S. Mansfield, L. Zhuang, Y. Sun, X. Zhuang, and T. Bailey. "SRAF requirements, relevance, and impact on EUV lithography for next-generation beyond 7 nm node," *Proc. SPIE* Vol. **10583**, p. 105830N (2018).

[46] B. La Fontaine, Y. Deng, M. Dusa, A. Acheta, A. Fumar-Pici, H. Bolla, B. Cheung, B. Singh, and H. J. Levinson, "Characterization, modeling, and impact of scattered light in low-k1 lithography," *Proc. SPIE* Vol. **5754**, pp. 285-293 (2005).

[47] M. Lowisch, U. Dinger, U. Mickam, and T. Heil, "EUV imaging — an aerial image study," *Proc. SPIE* **5374**, pp. 53-63 (2004).

[48] E. M. Gullikson, S. L. Baker, J. E. Bjorkholm, J. Bokor, K. A. Goldberg, J. E. Goldsmith, C. Montcalm, P. P. Naulleau, E. A. Spiller, D. G. Stearns, J. S. Taylor, and J. H. Underwood, "EUV scattering and flare of 10X projection cameras," *Proc. SPIE* **3676**, pp. 717-723 (1999).

[49] E. Spiller, S. L. Baker, P. B. Mirkarimi, V. Sperry, E. M. Gullikson, and D. G. Stearns, "High-performance Mo-Si multilayer coatings for extreme-ultraviolet lithography by ion-beam deposition," *Appl. Opt.* **42**(19), pp. 4049-4058 (2003).

[50] B. La Fontaine, Y. Deng, R. Kim, H. J. Levinson, S. McGowan, U. Okoroanyanwu, R. Seltmann, C. Tabery, A. Tchikoulaeva, T. Wallow, O. Wood, J. Arnold, D. Canaperi, M. Colburn, K. Kimmel, C. Koay, E. McLellan, D. Medeiros, S. P. Rao, K. Petrillo, Y. Yin, H. Mizuno, S. Bouten, M. Crouse, A van Dijk, Y. van Dommelen, J. Galloway, S. Han, B. Kessels, B. Lee, S. Lok, B. Niekrewicz, B. Pierson, R. Routh, E. Schmitt-Weaver, K. Cummings, and J. Word, "The use of EUV lithography to produce demonstration devices," *Proc. SPIE* **6921**, 69210P (2008).

[51] https://www.corning.com/media/worldwide/csm/documents/7973%20Product%20Brochure_0919.pdf
[52] https://www.corning.com/worldwide/en/products/advanced-optics/product-materials/optical-materials.html
[53] A. Offner, "Unit power imaging catoptric anastigmat," U.S. Patent No. 3, **748**, 015 (1973).
[54] D. M. Williamson, "Evolution of ring field systems in microlithography," *Proc. SPIE* **3482**, pp. 369 - 376 (1998).
[55] R. Capelli, A. Garetto, K. Magnusson, and T. Scherübl, "Scanner arc illumination and impact on EUV photomasks and scanner imaging," *Proc. SPIE* Vol. **9231**, p. 923109 (2014).
[56] K. Suzuki, T. Fujiwara, K. Hada, N. Hirayanagi, S. Kawata, K. Morita, K. Okamoto, T. Okino, S. Shimizu, and T. Yahiro, "Nikon EB stepper: its system concept and countermeasures for critical issues," *Proc. SPIE* **3997**, pp. 214 - 224 (2000).
[57] T. Novak, D. Watson, and Y. Yoda, "Nikon electron projection lithography system: mechanical and metrology issues," *Am. Soc. Precis. Eng. Proc.* (2000). http://www.aspe.net/publications/Annual_2000/Annual_00.html
[58] T. H. Bisschops, et al., "Gas bearings for use with vacuum chambers and their application in lithographic projection apparatuses," U.S. Patent No. 6603130 (2003).
[59] A. T. A. Peijnenburg, J. P. M. Vermeulen, and J. van Eijk, "Magnetic levitation systems compared to conventional bearing systems," *Microelectron. Eng.* **83**(4 - 9) pp. 1372 - 1375 (2006).
[60] P. T. Konkola, "Magnetic bearing stages for electron beam lithography," *MS Thesis*, Massachussetts Institute of Technology (1998). http://hdl.handle.net/1721.1/9315
[61] M. Williams, P. Faill, P. M. Bischoff, S. P. Tracy, and B. Arling, "Six degrees of freedom Mag-Lev stage development," *Proc. SPIE* **3051**, pp. 856 - 867 (1997).
[62] F. de Jong, B. van der Pasch, T. Castenmiller, B. Vleeming, R. Droste, and F. van de Mast. "Enabling the lithography roadmap: an immersion tool based on a novel stage positioning system," *Proc. SPIE* Vol. **7274**, p. 72741S, 2009.
[63] K. Halbach, "Design of permanent multipole magnets with oriented rare earth cobalt material." *Nuclear instruments and methods* **169**, no. 1 (1980): 1 - 10.
[64] W. Kim and D. L. Trumper. "High-precision magnetic levitation stage for photolithography." *Precision Engineering* **22**, no. 2 (1998): 66 - 77.
[65] D. A. Markle, "Magnetically positioned XY stage having six degrees of freedom." U.S. Patent 6, 072, 251, issued June 6, 2000.
[66] T. O. Herndon, C. E. Woodward, K. H. Konkle, and J. I. Raffel, "Photocomposition and DSW autofocus correction for wafer-scale lithography," *Proc. Kodak Microelectron. Sem.* pp. 118 - 123 (1983).
[67] G. Zhang, S. DeMoor, S. Jessen, Q. He, W. Yan, S. Chevacharoenkul, V. Vellanki, P. Reynolds, J. Ganeshan, J. Hauschild, and M. Pieters, "Across wafer focus mapping and its applications in advanced technology nodes." *Proc. SPIE* **6154**, 61540N (2006).
[68] B. M. La Fontaine, J. Hauschild, M. V. Dusa, A. Acheta, E. M. Apelgren, M. Boonman, J. Krist, A. Khathuria, H. J. Levinson, A. Fumar-Pici, and M. Pieters, "Study of the influence of substrate topography on the focusing performance of advanced lithography scanners." *Proc. SPIE* **5040**, pp. 570 - 581 (2003).
[69] F. Kahlenberg, R. Seltmann, B. M. La Fontaine, R. Wirtz, A. Kisteman, R. N. M. Vanneer, and M Pieters, "Best focus determination: bridging the gap between optical and physical topography," *Proc. SPIE* **6520**, 65200Z (2007).
[70] W. P. de Boeij, R. Pieternella, I. Bouchoms, M. Leenders, M. Hoofman, R. de Graaf, H. Kok, et al. "Extending immersion lithography down to 1x nm production nodes," *Proc. SPIE* **8683**, p. 86831L, 2013.
[71] H. J. Levinson, *Principles of Lithography*, 4th Edition, SPIE, 2019.

# 第 4 章　EUV 掩模

如前所述,由于原子对 EUV 光子的吸收,EUV 波段不存在高透射率光学材料,这使得在 EUV 光刻技术中的所有光学元件均是反射式[1]。同样地,EUV 掩模也必须是反射式或镂空式的。由于反射式掩模被认为比镂空式更实用,因此它被半导体产业定为 EUV 光刻的标准掩模,这便意味着用于 EUV 光刻的掩模从根本上便与光学光刻中的掩模是不一样的。确定反射式 EUV 掩模的结构花费了大量的工程努力,为了使其适于批量制造也投入了相当的努力。

## 4.1　EUV 掩模结构

EUV 掩模基板的典型结构如图 4－1 所示。首先,在一块平整的玻璃基底表面沉积多层反射膜,然后在多层膜上沉积一层保护层(capping layer),通常为钌,最后再沉积吸收层。由于吸收层通常为金属,它与多层膜之间的光学对比度

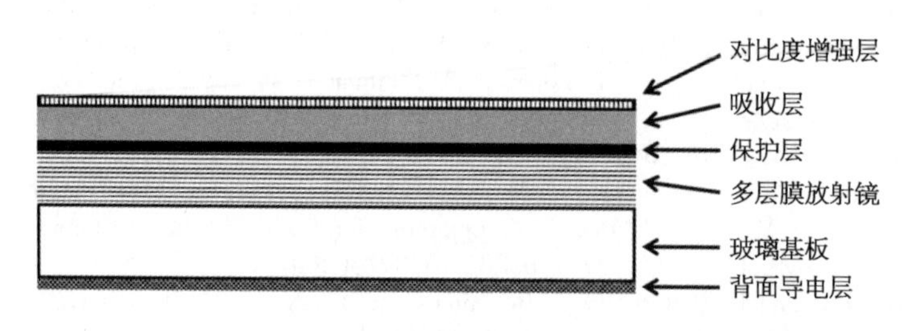


图 4－1　EUV 掩模基板示意图

该图不是按比例绘制的,因为沉积薄膜的厚度为几纳米或几十纳米,而玻璃基板的标称厚度为 6.35 mm;对比度增强层的目的是改善掩模的缺陷检查,而不是增强晶圆上的成像

较低,这增加了缺陷检测的困难。因此,通常会在吸收层表面沉积一层薄膜以增加在 DUV 波段的对比度。在基底的背面还沉积了一层导电薄膜,使掩模固定在曝光系统中的静电吸盘上。图 4-2 是一张早期的 EUV 反射掩模的电子显微镜照片。

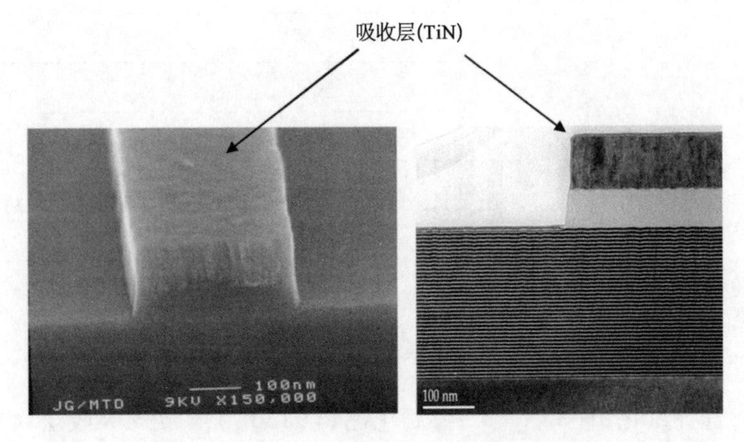


图 4-2　AMD 公司制造的早期 EUV 掩模的显微照片

TiN 吸收层位于较厚的 $SiO_2$ 缓冲层上,缓冲层直接沉积在 Mo/Si 多层膜上;目前使用的 EUV 掩模基板上的钌缓冲层要薄得多(约 2 nm)[2];左侧的显微照片是倾斜扫描电镜(SEM),而右侧的照片是透射电镜(TEM),显示了多层膜反射镜

如光学光刻中的二元掩模(binary mask)一样,EUV 二元掩模上也分为"暗"区和"亮"区,但在 EUV 光刻中,亮区是反射而非透射,而暗区被吸收层覆盖以防止反射。早期的 EUV 掩模和许多 1 倍 X 射线掩模一样,通常采用金作为吸收层材料。在干法刻蚀工艺出现之前,制备这种掩模时采用剥离工艺(lift-off process)。同时,也考虑过其他潜在的适用于干法刻蚀的吸收层材料,例如氮化钛(TiN)以及标准的光学掩模的吸收材料铬等。

除了期望的光学特性外,材料还必须满足许多其他要求才能适用于 EUV 掩模的吸收层。表 4-1 列出了一些重要的特性。需要注意的是,这些材料必须同时适用于二元掩模和衰减相移掩模的吸收层。

表 4-1　EUV 掩模吸收层材料的要求

| 材料特性 | 要　　求 |
|---|---|
| 沉积特性 | 单相 |
| | 非晶薄膜 |
| | 低表面粗糙度 |
| | 低残余应力 |

续 表

| 材料特性 | 要　求 |
|---|---|
| 加工特性 | 清洁耐用 |
| | 可刻蚀 |
| | 可修复 |
| | 可检查 |
| 其他特性 | 对保护层有良好的附着力 |
| | 超高真空兼容性 |
| | 在最高加工温度下稳定 |
| | 在有没有 EUV 光的条件下都耐氢 |

最终,选择氮化钽(TaN)[3,4]和氮化硼钽(TaBN)[5]成为吸收层材料,因为它们比氮化钛(TiN)具有更高的吸收率,可以做成更薄的吸收层[6-8],并且适于干法刻蚀[9-11],对清洁过程的忍耐性也好。另一个重要的考虑因素是,在吸收层修复过程中这些钽基材料也可以采用刻蚀方法[12]。目前用于大批量制造的 EUV 掩模上的吸收层大多采用这些材料。表 4-2 中列举了一些考虑用于 EUV 掩模吸收层的材料在 $\lambda = 13.5$ nm 波长的衰减长度。本书第 6 章将讨论采用高吸收率材料的二元掩模用于先进工艺节点的重要性。

表 4-2　可用于 EUV 掩模吸收层材料的衰减长度[13]

| 材　料 | 衰 减 长 度 |
|---|---|
| TaN | 24.9 |
| TaBN | 24.8 |
| TiN | 56.9 |
| Co | 16.2 |
| Ni | 14.8 |
| Cr | 28.0 |
| Te | 14.7 |

EUV 曝光系统的非远心性(nontelecentricity)对 EUV 掩模有一定的影响。即使掩模上照明的主入射角很小(0.33NA 系统中为 6°左右),仍会导致平行

于垂直入射平面的特征图形发生成像差异[14,15]。这是因为垂直于入射平面的图形对入射光产生了部分遮挡(图 4-3)。EUV 成像的 3D 效应将在第 6 章中进行更为详细地探讨。

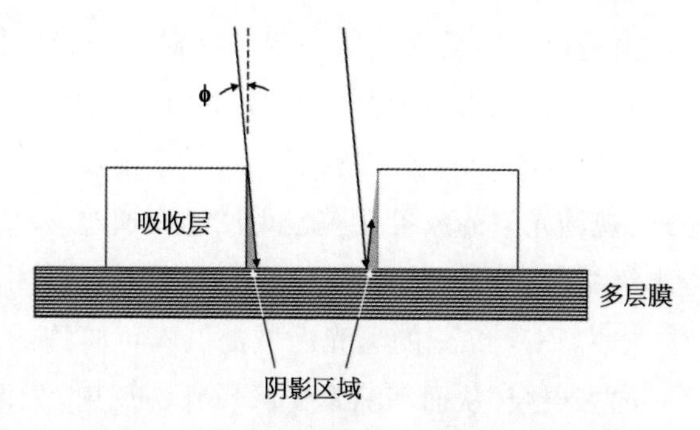


图 4-3　垂直于倾斜入射光的入射平面的线被遮挡
对于 NA = 0.33,平均值 ϕ = 6°

若要将非远心性的影响降至最低,需要采用更薄的吸收层,这一特性需要与从吸收层下遮盖区域反射的光量进行平衡。反射是由穿过吸收层并从所遮盖的多层膜反射回来的光产生的。通过适当的吸收层光吸收率和厚度的组合,使得部分光从吸收层下遮盖的区域反射出来,图 4-4 所示摆动曲线(swing curve)表达了反射率与吸收层厚度的关系[16]。吸收层的厚度通常选择当反射率为最小时的值,因为这样可以获得较低的反射率,并且还可以最大限度地减少吸收层厚度变化对反射率的影响。一个包含对比度增强层的钽基吸收层膜厚约 60 nm,反射率为 1%~2%。该厚度是 EUV 波长的数倍,这与光学光刻中掩模吸收层厚度是波长的几分之一的情形完全不同。这也是掩模 3D 效应在 EUV 光刻中比在光学光刻中更显著的另一个原因。

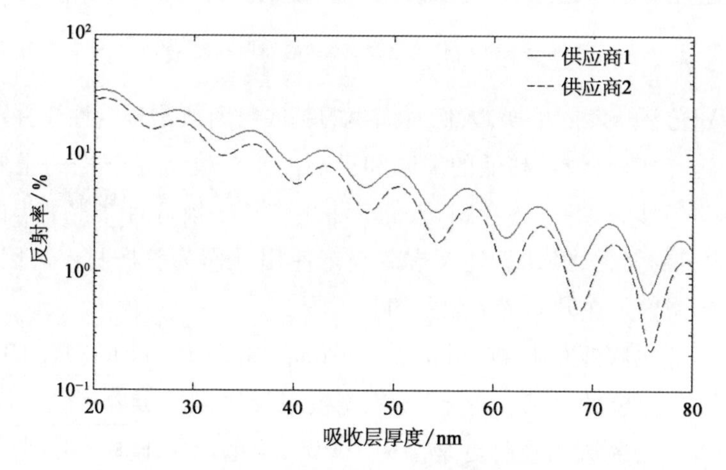


图 4-4　提供的吸收层的计算反射率和吸收层厚度的关系
两个曲线代表来自两个掩模基板供应商

在曝光场的大部分区域,吸收层反射对成像的影响都在 OPC 的计算模型考虑范围内,但问题出现在曝光场的边缘。通常,视场光阑(aperture blades)会用来阻挡来自掩模上非曝光区域的光。但在光学光刻中,曝光区域的真正边缘通常由掩模上的吸收层所限定。这对于在光学图像中获得锐利的曝光区域边界是必要的,因为只有位于掩模正面的特征图形才能为曝光区域提供清晰的边界。但视场光阑远离物镜焦面,导致视场光阑在晶圆面上的像呈渐变边界。此外,视场光阑的放置误差也无法达到通过 OPC 在曝光场边缘阴影校正所需的微米级精度。

为 EUV 光刻的曝光区域提供真正暗边的常见解决方案是刻蚀掉曝光区域外的多层膜,从而消除曝光区域外的反射,如图 4-5 所示。这个被刻蚀的区域通常被称为"黑边"(black border)。虽然刻蚀多层膜的确能有效地消除 EUV 光的反射[17],但黑边底部裸露的玻璃基底也会反射一定的 DUV 光(参见习题4.4),对未使用光谱纯化滤波器(spectral purity filter)消除 DUV 光的系统,这个现象必须予以考虑[18]。

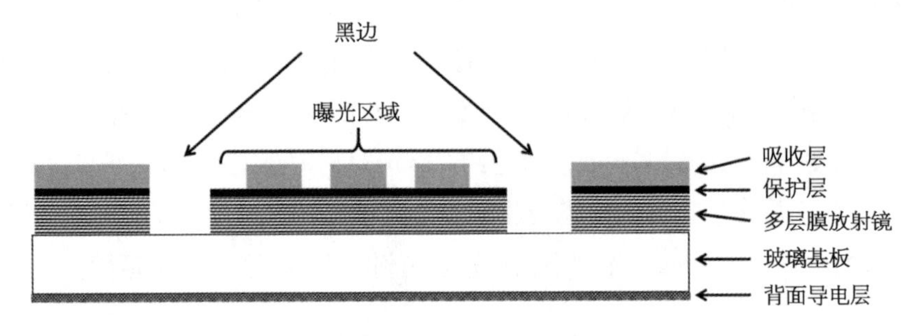


图 4-5 带有刻蚀了多层膜黑边的 EUV 掩模结构

在 EUV 光刻开发的早期,人们对掩模的基底材料或物理特性质并不十分清楚,但无论选择何种材料,超低的缺陷和极高的平整度都是共性的重要品质指标(后面将进一步讨论)。多年来,人们为了生产缺陷极低且非常平坦的硅晶表面付出了大量的努力,经认真地考虑后确定使用硅作为基底材料。因此,许多早期的 EUV 掩模是在硅晶圆上制备的。

最终,超低热膨胀的材料(ultra-low thermal expansion materials, ULTEM)被采用作为 EUV 掩模的基底。由于 EUV 掩模在反射区域吸收了约 30%的光能量,在具有吸收层区域的吸收更是接近 100%,因此 EUV 掩模在曝光期间会变热。这种加热和随后的冷却会使掩模发生热膨胀和收缩而导致套刻误差,除非 EUV 掩模是在具有极低热膨胀系数的基板上制备。目前市面有可用的极低热膨胀玻璃材料,且已被征用作为 EUV 掩模基板[19,20],例如康宁公司的 ULE®(在第 3 章中描述)和 Schott 公司的 Zerodur®。由于存在热膨胀、表面缺陷和平整度的问题,早期的一项提议是将硅晶圆片黏合到 ULTEM 基板上,从而提供良好的热性能和表面性能[21]。最终,人们有足够的信心制作平坦且缺陷低的 ULTEM 基板,现在用于 EUV 掩模的多层膜反射镜就是直接沉积在玻璃上。请注意,EUV 掩模和光学光刻掩模的考量不同,后者考虑的重点是掩模基板的透射率要高。所以使用超低热膨胀的材料是 EUV 光刻反射式掩模具有优势的一个实例。

对于 EUV 掩模的另一个重要决定是采用传统 6 in(1 in = 2.54 cm)光学掩模相同的机械外形。这使得大部分现有的掩模制造基础设施可以直接使用,即大部分不需要任何修改,小部分只需要微小的修改。关于 EUV 掩模的详细要求见 SEMI 标准中第 37 页(极紫外光刻掩模基板规范)、第 38 页(极紫外光刻掩模基板上的吸收层和多层膜规范)和第 40 页(极紫外光刻掩模的安装要求和对准参考位置规范)。

制备反射式 EUV 掩模,需要在玻璃基板上沉积 Mo/Si 多层膜。人们发现在吸收层和多层膜反射镜之间沉积薄层也具有多种作用。首先,相对于吸收层,一种具有良好刻蚀选择性的材料是有利的;其次,在光刻机和掩模清洁过程的环境中,一种较为稳定的材料是有益的;最后,同样重要的是这层薄膜材料不能具有较高的 EUV 吸收率,从而保证吸收层被刻蚀掉的亮区具有良好的反射率。

如第 3 章所述,静电吸盘在 EUV 光刻机中被用于固定掩模,这要求掩模的背面必须具有导电性,该要求已纳入关于掩模基板的 SEMI P38 标准中。除了需要导电之外,掩模背面的镀膜还需要具有足够的机械耐用性,能承受掩模在卡盘上反复地安装和拆卸。因此,掩模背面的镀膜需要同时满足硬度和导电性的要求。

由于 EUV 掩模制备在绝缘玻璃基板上,因此会产生电荷积聚的相关效应,这与光学光刻掩模的情况类似。尽管已经用了一些方法来抑制电荷积聚效应,但其影响仍然存在[24],影响之一就是在使用电子束工具写掩模时的光束偏转[22,23]。光学光刻掩模上观察到的静电损伤(electrostatic damage, ESD)[25]在 EUV 掩模中也同样存在。由于 EUV 光子的能量远高于构成掩模薄膜堆叠材料的功函数,当掩模被 EUV 照射时会发射光电子,导致吸收层带电,这种情况下便会产生 ESD。图形化后 EUV 掩模的一个优点是,由于图形下面的保护层和多层膜是导电的,EUV 掩模上的特征图形不会像光学光刻掩模上那样相互电隔离(electrically isolated)。需要说明的是,多层膜具有半导体(而不是金属)特性,但它仍具有导电性[26]。当使用扫描电子显微镜进行掩模特征图形的量测时,它极易带电,尤其是对完成了黑边刻蚀、形成了电隔离后的掩模进行量测时。

## 4.2 多层膜和掩模基板缺陷

早期的研究者已认识到,如图 4-1 所示掩模结构存在来自基底或多层膜内缺陷而导致的掩模缺陷问题。图 4-6 中显示的照片来自 Obert Wood 博士 1992 年的实验室记录,左图是光刻胶图案的扫描电镜照片,图案上一部分图形与掩模上的设计图案对应,但却反复出现了一条未在掩模图形设计中的线。Wood 博士最终发现这个曝光缺陷源于制造掩模时所用的玻璃基底上的一条划痕。

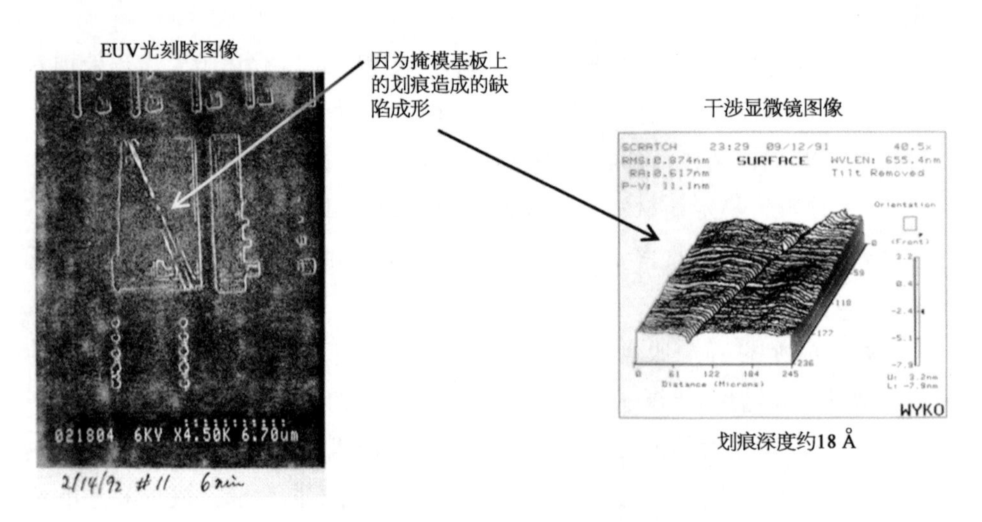


图 4-6 相位缺陷的实例之一:曝光缺陷

左图是在 60 nm 厚聚甲基丙烯酸甲酯(PMMA)上曝光图形的扫描电镜图像,曝光工具是0.08NA Schwarzschild 光学器件的 EUV 系统,波长为 13.8 nm;右图是来自干涉显微镜的图像,显示成形的图形不是掩模上的设计图案,而是由于制造掩模的玻璃基板上的划痕造成的

图 4-6 所示曝光缺陷是相位缺陷的一个实例。掩模上并没有多余的吸收层或缺失多层膜,而是多层膜的高度被基底材料上的划痕改变了,这导致划痕上反射的光相位发生变化。设划痕深度为 $h$ 时,划痕底部反射光与正常的多层膜部分的反射光的相位差 $\Delta\phi$ 为

$$\Delta\phi = \frac{4\pi h}{\lambda\cos\phi} \tag{4-1}$$

式中,$\phi$ 为光在掩模面上的入射角;$\lambda$ 为波长(图 4-7)。当划痕的深度 $h$ 由下式给出时:

$$h = N\frac{\lambda\cos\phi}{4} \tag{4-2}$$

式中，$N$ 为奇数时，从划痕底部反射的光与周围多层膜反射的光会发生相消干涉。根据光学相移掩模的经验，这种特征图形是可以实现成形的。对于 0.33NA 的 EUV 曝光系统，其主光线入射角为 6°，则：

$$\frac{\lambda\cos\phi}{4} = 3.4\ \text{nm} \tag{4-3}$$

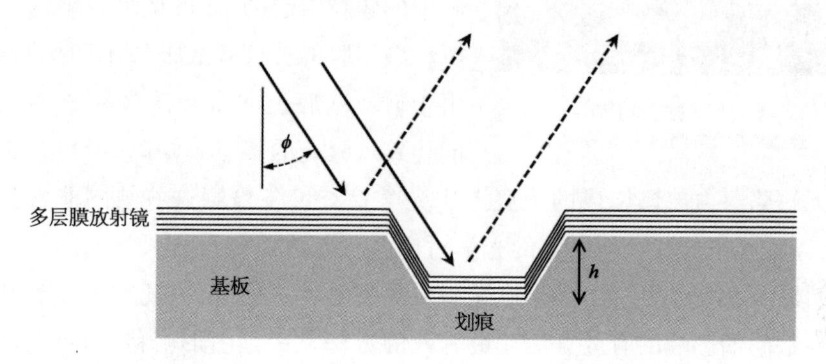


图 4-7　沉积在有划痕的基板上的多层膜的反射

这意味着多层膜高度的微小改变都可能导致相位缺陷。相位缺陷也可由除划痕以外的其他缺陷引起，例如图 4-8 和图 4-9 所示基底上的小凹坑和小凸块。

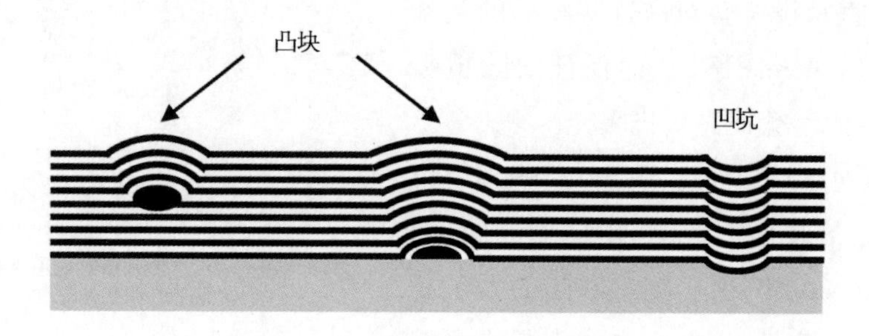


图 4-8　EUV 掩模基板缺陷示意图

右侧的凹坑缺陷会导致相位缺陷；而左侧的凸块缺陷由于嵌入的颗粒会同时影响空间像的幅度和相位；中间的凸块缺陷将主要影响相位

由于暂时没有有效的方法修复多层膜缺陷[27]，而这些缺陷的存在对 EUV 光刻有诸多影响。因此，首先也是最重要的，就是保证掩模基板不能有过多的多层膜缺陷。此外，即使有缺陷其尺寸也要非常小。其反过来也给缺陷检测带来了较大的挑战，这方面内容将在第 8 章中展开进一步讨论。自从最初认识到影响特征图形成形的缺陷尺寸范围，取决于缺陷和其他特征图形的接近程度，人们便进行

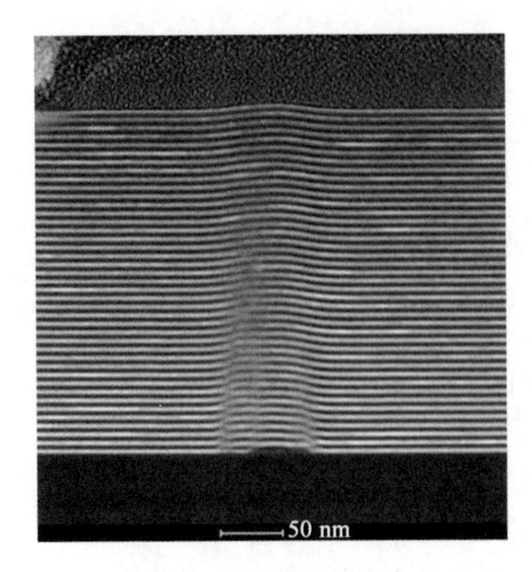

图 4-9 多层膜沉积基底表面上的一个小颗粒造成的相位缺陷的 TEM 图像

了一系列掩模缺陷可曝光性的研究[28]。由于同时存在掩模基板缺陷和吸收层缺陷,使得 EUV 光刻中的掩模缺陷问题较为复杂且令人担忧。

如图 4-8 所示,掩模基板缺陷可以由多种类型组成。凸块型缺陷是由制备掩模坯料过程中的玻璃基板上的颗粒或嵌入多层膜中的颗粒引起的,而凹坑型缺陷通常是由沉积多层膜的玻璃基底上的小凹痕引起的。由于玻璃基底上非常小的颗粒或凹痕都可能导致可曝光的多层膜缺陷,所以基板需要完全无缺陷。由玻璃构成的基底上用光学检查设备检测这些缺陷非常具有挑战性,通常几乎无法获得足够的光学对比度。

制造 100%无缺陷的 EUV 掩模基板几乎是不可能的,因此需要找到减少确已存在缺陷的影响的有效方法。最有效的方法之一是图形平移。在该方法中,掩模基板上的缺陷位置根据基板上的基准标记位置确定下来(如图 4-10)。在曝光掩模基板上的光刻胶进行掩模制作之前,掩模直写设备会对准这些相同的基准标记,然后写入图案,从而保证缺陷被吸收层覆盖而不会被光刻机曝光。

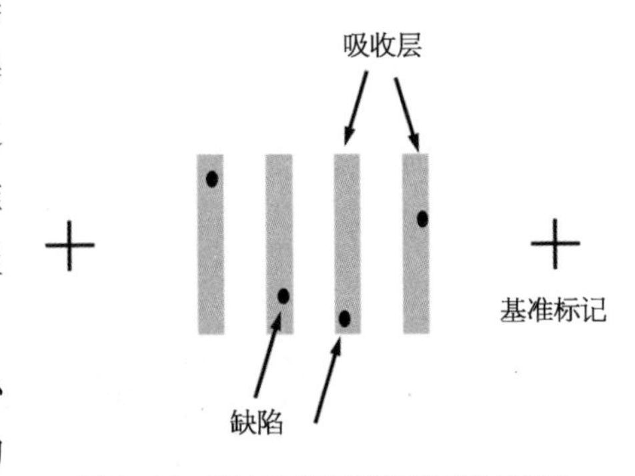

图 4-10 通过图形平移实现用吸收层覆盖多层膜缺陷的示意图

从图 4-10 中可以看出,缺陷必须小于吸收层图形的宽度,才能使图形平移的方法奏效。此外,由于测量缺陷的大小和位置的不确定性,以及在电子束曝光之前掩模直写设备的对准误差,覆盖缺陷的吸收层不仅要比缺陷更大,而且在缺陷周围还要有一个宽度为 $\beta$ 的容忍带[29](图 4-11)。举例来说,使用光化检测工具来定位缺陷并测量其尺寸,获得了 $\beta=80$ nm(平均值 $+2\sigma$)的估计值[30],对于该 $\beta$ 值,则吸收层的横向尺寸在掩模面需要 $2\times80+40=200$ nm 以保证覆盖住 40 nm 大小的缺陷。有一些研究显示可以降低 $\beta$ 值,主要是通过提高确定缺陷定位精度的手段,以使缺陷能够被 7 nm 及以下工艺节点中的最小特征图形尺寸有效地覆盖。

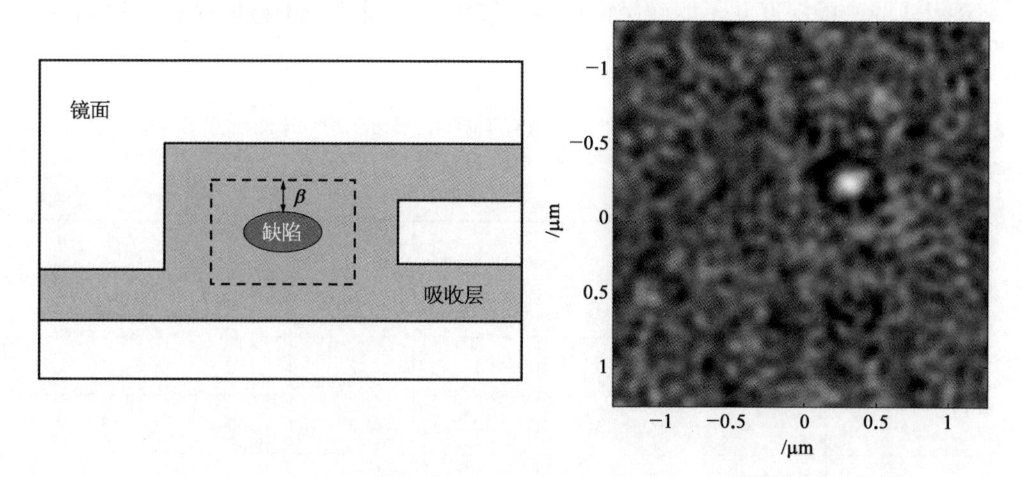


图4-11 采用图形平移的方法有效地减轻多层膜缺陷影响的示意图(需要具有比缺陷更大的横向范围的吸收体)

图4-12 使用193 nm检测工具检测到的用硅膜覆盖的多层膜凹坑缺陷的图像[31]

与光学光刻技术一样,EUV 掩模缺陷的可曝光性已得到了广泛的研究,对吸收层缺陷和基板缺陷都有很多探索。对于 EUV 光刻,掩模缺陷的可曝光性研究是与掩模检测能力的评估直接相关的,长期以来这一直是 EUV 的一个特有的问题,因为光化掩模图形检测设备直到最近才商用化。此外,由于 EUV 光刻中存在显著的线边缘粗糙度,这给辨识是否由掩模缺陷引起的线宽的微小变化带来了难度,并且多层膜的粗糙度也使得小凸块或凹坑缺陷难以被检测到。多层膜粗糙度的问题如图 4-12 所示,其中噪声背景非常明显。

在确定掩模缺陷可曝光性的一个示例中,先在 EUV 掩模的玻璃基底上刻蚀一系列浅沟道[32],掩模图形为垂直于预先刻蚀的基底沟道的线空图形,随后使用该掩模对涂有光刻胶的晶圆进行曝光,典型的曝光缺陷如图 4-13 所示。缺陷的成形性见表 4-3。可以看出,尽管横向尺寸最小的那些缺陷被曝光得最

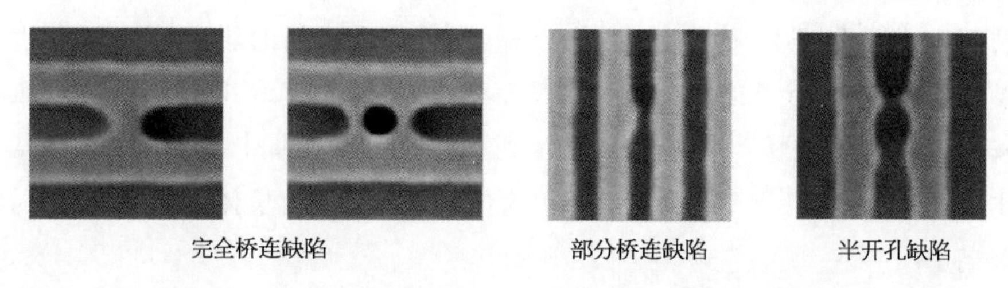


图4-13 在光刻胶上成形图案的扫描电子显微影像[32](缺陷来自测试掩模基板上的特意设计)

小，但浅的沟槽深度并不能确保该缺陷不被曝光。当然关于掩模吸收层缺陷的可曝光性传统方法的研究还有很多[33]。

表4-3 本章后的参考文献研究[32]中的缺陷可成形性[除沟槽深度（掩模上的实际深度）外，所有尺寸均为晶圆级尺寸；表中的编码值代表：0为无缺陷，1为部分桥接，2为完全桥接，3为半开的孔]

| 沟槽深度/nm | 图形间距/nm | 缺陷尺寸/nm | | | | |
|---|---|---|---|---|---|---|
| | | 15 | 20 | 25 | 30 | 35 |
| 14 | 56 | 0 | 1 | 2 | 2 | 2 |
| 14 | 80 | 2 | 2 | 2 | 3 | 2 |
| 14 | 104 | 1 | 1 | 2 | 3 | 3 |
| 10 | 56 | 0 | 1 | 2 | 2 | 2 |
| 10 | 80 | 2 | 2 | 2 | 2 | 2 |
| 10 | 104 | 1 | 2 | 2 | 2 | 3 |
| 6 | 56 | 0 | 2 | 2 | 2 | 2 |
| 6 | 80 | 1 | 2 | 2 | 2 | 2 |
| 6 | 104 | 1 | 1 | 2 | 2 | 2 |

如图4-9所示，制造掩模基板的玻璃基底表面上的小颗粒（或凹坑）可能会引起相位缺陷。这种基板缺陷通过多层膜传播程度取决于沉积的方法。虽然一些数据表明可以使用离子束沉积技术对这类基板缺陷进行平滑处理[34]，但获得高反射率且不会产生额外缺陷的沉积技术通常都是保形的（conformal），因此，在沉积过程中平滑缺陷并没有被证明是减少缺陷的有效方法。

一种有趣的减少掩模缺陷的方法是投票（vote-taking）曝光，即用掩模的多个副本曝光同一片晶圆，每个掩模的曝光剂量占总剂量的一部分。这个想法最初在光学步进光刻机中使用，以减小掩模板缺陷的影响[35]，现在也在EUV光刻中被重新考虑[36]。实验结果表明，使用3个或4个副本可以有效地减轻许多掩模缺陷。同样令人感兴趣的是，当使用4个掩模时，接触孔的尺寸减少了17%[37,38]，这表明掩模关键尺寸的变化对整体工艺控制有显著的影响。

如上所述，极小的颗粒可能造成可曝光的相位缺陷，这些颗粒的尺寸甚至可能比用光学(可见光或 DUV)检测的分辨精度还要低。实际上,光化检测工具已经用于探测缺陷,传统的可见光缺陷检测工具已无法胜任[39]。因此,必须使用采用 EUV 光的设备来检查掩模以提高对可曝光缺陷的检测灵敏度[40~42]。掩模检测将在第 8 章进一步讨论。

## 4.3　掩模平整度和粗糙度

反射式掩模的使用也对掩模平整度提出了要求。从图 4-14 中可以看出,掩模的不平整会导致图像放置误差。为了匹配半间距为 16 nm 的逻辑芯片工艺的套刻要求,EUV 掩模平整度必须控制在 24 nm 峰谷差(peak to valley)以内[43,44],除非采取一些技术对掩模不平整引起的图形放置误差进行补偿。其中一种方法是在直写掩模图形时,修改掩模上的图形放置位置,对掩模的不平整度进行反向补偿。这种方法的一个例子便是 NuFlare 机台提供的掩模不平整度的网格匹配校正技术(grid-matching correction for thickness variation, GMC-TV)[45,46]。其他为了减少套刻误差的掩模不平整补偿方法将在第 7 章进行讨论。

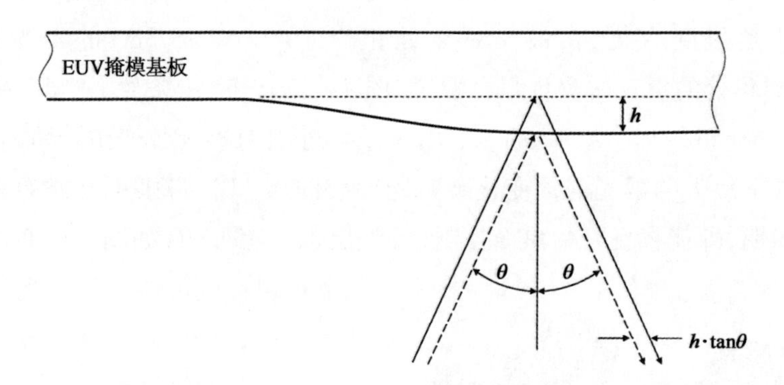


图 4-14　掩模不平整导致图形放置错误的图示

掩模端横向位移 $h \cdot \tan\theta$ 在晶圆端会因投影物镜的缩减倍率而减小

为了确保良好的套刻精度,掩模在使用时其平整性必须保持在极小的水平,这意味着 EUV 掩模卡盘也必须非常平整,需要精心维护,以避免掩模背面的颗粒导致夹持后掩模正面的不平整(图 4-15)[47]。为了确保掩模背面的清洁度,必须具有背面缺陷检测的能力,这将在第 8 章中进一步讨论。

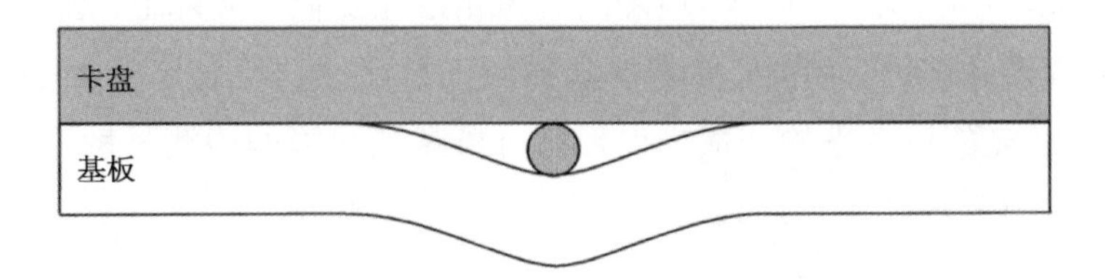


图 4-15　掩模基板和卡盘之间的颗粒造成的掩模变形

就像 EUV 投影系统的反射镜元件一样,多层膜反射镜在很短的距离内的高度变化问题,对于 EUV 掩模的影响极大。高空间频率的粗糙度会导致光能损失,降低系统的产率。如果掩模上的这种粗糙度不均匀,会导致有效曝光剂量的变化。与投影系统中的反射镜上的多层膜相比,反射式掩模的粗糙度具有更大的影响,因为掩模反射镜位于投影系统的物平面上,掩模粗糙度会影响在晶圆面上的成像质量。

图 4-16 显示了使用原子力显微镜(atomic force microscope, AFM)测量的 EUV 掩模图形的粗糙度,其中包括多层膜的粗糙度和吸收层侧壁的粗糙度两种。这两种粗糙度都可以被转移到光刻胶图形上[48]。多层膜粗糙度会产生相位变化,从而导致晶圆面的光强度变化[49]。这种变化已经通过 EUV 成像显微镜测得,例如空间像测量系统(aerial image measurement system, AIMS),这是一台模拟 EUV 光刻机系统(如 ASML 的 NXE:3400B)的空间像测量系统[50]。粗糙度引起的光强度变化,在最佳焦点处相当于约 0.5%($3\sigma$)的曝光剂量,在 ±60 nm 离焦处的引入的变化则会翻倍(图 4-17)。离焦条件下,归一化图像对数斜率(normalized image log slope, NILS)会变小,因此,相比于最佳焦面的成像,离焦条件下更大的曝光剂量变化会对光刻胶图形 LER 带来更严重的影响。这也再次说明,即使有良好的焦面控制,吸收层也会有 LER,如图 4-16 所示。这种粗糙度可能会经曝光转移至晶圆面,尽管掩模 LER 的高频成分会因为物镜系统的分辨率限制而被滤除。掩模吸收层粗糙度的功率谱密度(power spectral density, PSD)曲线中被转移至晶圆面的 LER 的部分,可以由 LER 传递函数(LER transfer function, LTF)给出。图 4-18 显示了空间频率与

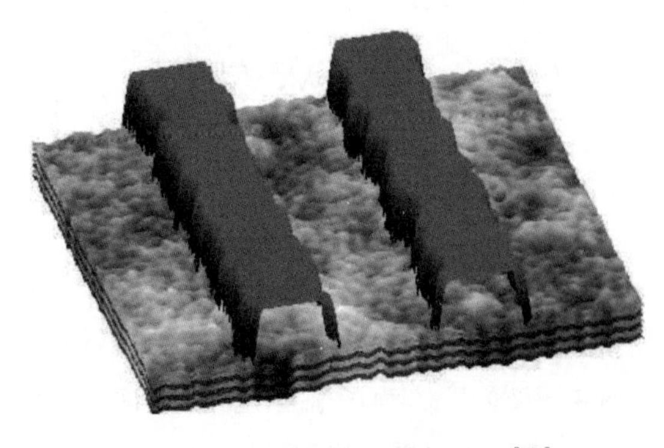

图 4-16　使用 AFM 检测掩模粗糙度[49]

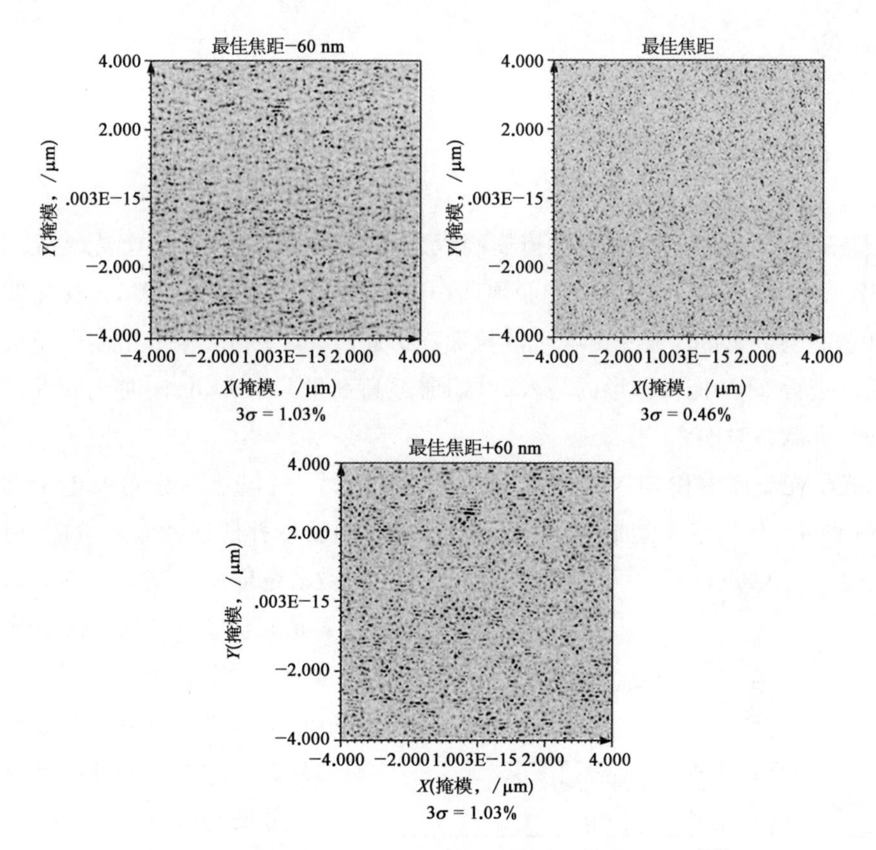


图 4－17 使用 EUV AIMS 工具测量 EUV 掩模多层膜的光强度[50]

LTF 的关系，自然地，高频的 LER 被物镜滤除[51,52]。由图 4－18 可以看出，从掩模转移至晶圆面的 LER 在空间频率大于 $NA/\lambda$ 时会大大减少。对于 0.33NA EUV 曝光系统，该值是 1.35NA ArF 浸没曝光系统的 3.5 倍。因此，EUV 掩模上吸收层要求的 LER 值远小于最前沿的光学光刻掩模。

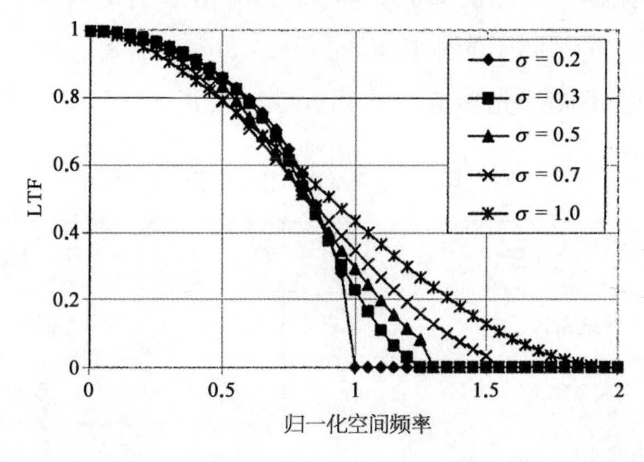


图 4－18 作为空间频率函数的 LER 传递函数(LTF)[51](空间频率以 $NA/\lambda$ 归一化)

## 4.4 EUV 掩模制作

制造 EUV 掩模与先进光学掩模制版采用的是相同的电子束曝光装置。如 4.3 节所述,EUV 掩模上的 LER 必须远小于光学光刻掩模上的 LER。这需要更高剂量的电子能量以避免由电子散粒噪声引起 LER。因此,常采用多电子束曝光系统进行 EUV 掩模图形的写入,以期通过高剂量减少 LER,同时也要保证合理的写入制备时间[53,54]。

光学光刻掩模和 EUV 掩模在写入图形时的另一个重要区别涉及电子背向散射(图 4-19),它会造成邻近效应[55]。可以用软件补偿这种邻近效应,但背向散射量取决于基底材料。对于光学光刻掩模,50 keV 入射光束的背向散射电子的范围约为 10 μm。由于光学掩模上的吸收层通常只有大约 100 nm 厚,这意味着大部分反向散射发生在玻璃基底。对于 EUV 掩模,Mo/Si 多层膜的厚度约为 280 nm,因此它可以导致非常严重的背向散射。此外,来自较高原子序数的散射原子的电子散射往往更强(表 4-4)。钼的电子散射大于硅或氧的电子散射,而钼的散射大于光学掩模中使用的吸收材料。因此,由于电子从 EUV 掩模的多层膜和吸收层散射的方式不同于光学掩模的吸收层(表 4-5),EUV 掩模的邻近效应校正在细节上也不同于光学掩模的邻近效应校正。

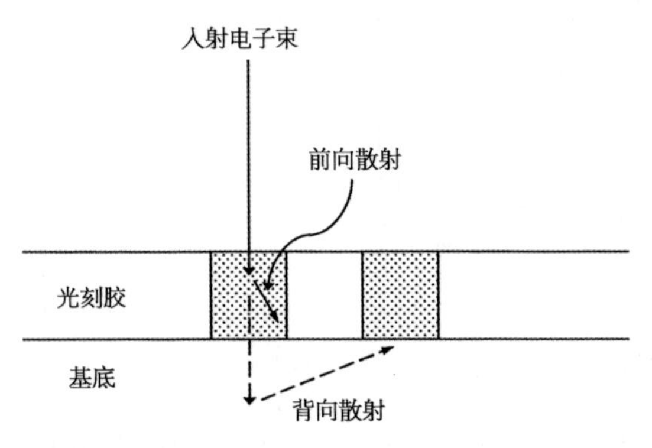


图 4-19 电子束光刻中分辨率下降和邻近效应的示意图
阴影区域是曝光区,但电子会散射到并不打算曝光的光刻胶中

表 4-4 EUV 掩模基板常用材料元素原子序数

| 元　素 | 原 子 序 数 |
|---|---|
| 硅 (Silicon) | 14 |
| 氧(Oxygen) | 8 |
| 钼(Molybdenum) | 42 |

续　表

| 元　素 | 原 子 序 数 |
| --- | --- |
| 铬(Chromium) | 24 |
| 钽(Tantalum) | 72 |

表 4-5　用于制造 EUV 掩模的常用材料的电子背向散射厚度和概率[55]

| 参　数 | 光学光刻掩模 | | | EUV 光刻掩模 | | |
| --- | --- | --- | --- | --- | --- | --- |
| 材料 | $SiO_2$ | Cr | MoSi | $SiO_2$ | TaBN | Mo/Si |
| 厚度 | ∞ | 103 | 70 | ∞ | 51 | 280 |
| 背向散射概率/% | 8.2 | 0.4 | 0.3 | 8.2 | 1.1 | 1.5 |

除了掩模图形写入,制造掩模还需要许多其他步骤,例如刻蚀、清洁和缺陷修复,以及关键尺寸、配准、缺陷检测和缺陷可成形性评估等大量的量测工作。如 4.1 节所述,为 EUV 掩模选择的吸收材料需要可刻蚀、修复和清洁,尽管这些工艺过程中所用到的化学品与光学掩模处理有所不同。在掩模制备车间里,通常都是采用曝光波长或相近波长对掩模进行检查。因此,用于 EUV 掩模的检测工具必须具有 EUV 而不是 DUV 的光源和光学器件,这与光学光刻中使用的有很大不同。EUV 掩模检测工具将在第 8 章进一步讨论。

## 4.5　EUV 掩模保护膜

在 EUV 波长下没有高透射率的材料,这意味着传统的基于聚合物的薄膜(参见习题 4.2)不能在 EUV 光刻中使用。因为光需要两次穿过反射式掩模的保护膜,所以对 EUV 光的透射率要求很高。但是,由于材料限制,设定了 90%透射率的目标,这远低于 DUV 掩模保护膜的透射率。即便如此,EUV 光刻的掩模保护膜需要非常薄才能达到 90%的透射率目标。2003 年,曾有人提议使用非常薄的薄膜做 EUV 掩模保护膜[56],但多年来,人们一直认为制造大面积(>110 mm×144 mm)的超薄薄膜难以实现。因此,直到最近,才开始投入一定的资源用于 EUV 光刻薄膜的开发,并寻求解决掩模板污染问题的替代方法。

如果没有保护膜，那么很明显光刻机中的掩模环境必须非常洁净。然而，GLOBAL FOUNDRIES[57]和 Intel[58]的研究表明，每 20～25 个掩模加载/卸载循环中会产生一个颗粒污染，同时晶圆曝光过程中还会产生额外的污染。由于担心替代方法可能无法充分有效地确保较好的良率，关于全视场 EUV 掩模保护膜的开发被推迟了许久[59]。EUV 保护膜的目标要求总结见表 4－6。

表 4－6　对 EUV 掩模保护薄膜的要求（预计这些要求将随着时间推进而有所变化）[60]

| 参　数 | 目　标　值 |
|---|---|
| EUV 平均透过率（单程） | ≥90% |
| EUV 透射均匀度 | ≤0.4%半范围 |
| EUV 反射率 | <0.04% |
| DUV 平均透过率 | >50% |
| 机械稳定性（2 Pa 时的变形） | <0.5 mm（110 mm×140 mm 面积内） |
| 兼容 EUV 光刻机 | ≥250 W（氢气存在时） |

多晶硅是一种具有良好潜力的 EUV 掩模保护薄膜材料[60]，目前已投入了大量的努力来进一步开发此类薄膜。这一发展不仅改善了多晶硅薄膜的性能，也使人们认识到制造真正适合大批量生产的保护膜的挑战之巨大。例如，除了要求高（≥90%）的平均透射率之外，为了实现良好的工艺控制，这种透射率必须非常均匀。

多晶硅薄膜通常用氮化硅覆盖，否则硅会氧化降低其透明度。由于 EUV 光子具有更高的能量，而且即使很微弱的化学成分变化也会对 EUV 保护膜的透过率产生很大影响，因此，EUV 光刻的保护膜在曝光期间发生变化的可能性比 ArF 光刻更大。

另一个受到关注的问题是薄膜加热。尽管只有 10%～30%的 EUV 光被保护膜吸收，但热量的消散效率很低。由于保护膜非常薄，从照明区域向外的热传导会受限于极小的截面积（图 4－20）。保护膜体积 $\Delta V$ 的温度[61]可以描述为[61]

$$\rho C_{\mathrm{p}} \Delta V \frac{\mathrm{d}T}{\mathrm{d}t} = H_{\mathrm{EUV}} \Delta V + \sigma_{\mathrm{B}} A(\varepsilon_{\mathrm{pell}} T^4 - \varepsilon_{\mathrm{amb}} T^4_{\mathrm{amb}}) + k_{\mathrm{T}} T\theta \left[ \frac{\mathrm{d}T(x^+)}{\mathrm{d}t} - \frac{\mathrm{d}T(x^-)}{\mathrm{d}t} \right] - H_{\mathrm{diff}} A \tag{4-4}$$

式中,$\rho$ 为质量密度;$c_p$为的比热;$H_{EUV}$为体积 $\Delta V$ 热量的吸收速率;$T$ 为体积 $\Delta V$ 的温度;$T_{amb}$为腔室环境的温度;$t$ 为时间;$\sigma_B$为玻尔兹曼常数;$k_T$为保护膜材料的热导率;$H_{diff}$为对任何周围气体的对流传热率;$\varepsilon_{pell}$、$\varepsilon_{amb}$分别为保护膜和环境的辐射率。$\Delta V = A\theta$, 其中 $A$ 是 $\Delta V$ 顶部或底部的面积。等式(4-4)右侧的第二项表示辐射传热,第三项是从 DV 传导出去的热量。如果掩模周围有气体,那么最后一项表示通过对流带走的热量。

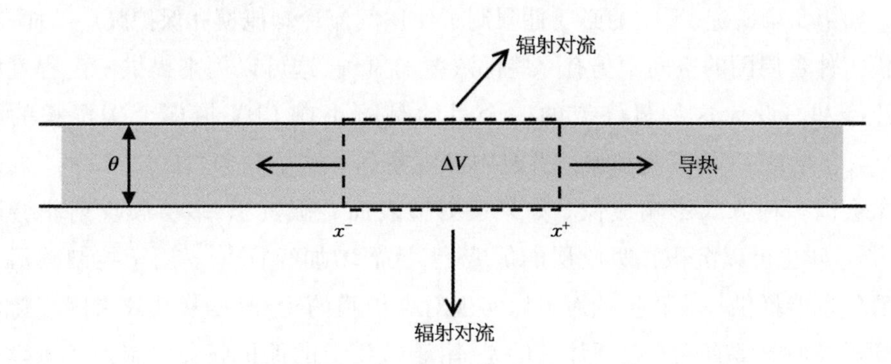


图 4-20　被入射 EUV 光加热的厚度为 $\theta$ 的掩模保护膜体积

图 4-21 展示了 SiN$x$ 保护膜温度的计算结果。对于此计算,假设保护膜的入射能量 0.29 W/cm$^2$,相应于 60 W 的 EUV 光源,掩模扫描速度假定为 400 mm/s。可以看出,即使对于这种功率相当低的光源,曝光区域也可以达到非常高的温度。这些局部高温会导致严重的热应力。由于 EUV 保护膜非常薄,其材料还必须具有良好的机械强度,且热应力又使这一要求变得更加重要。此外,随着光源功率的增加,这个问题变得更加严苛。

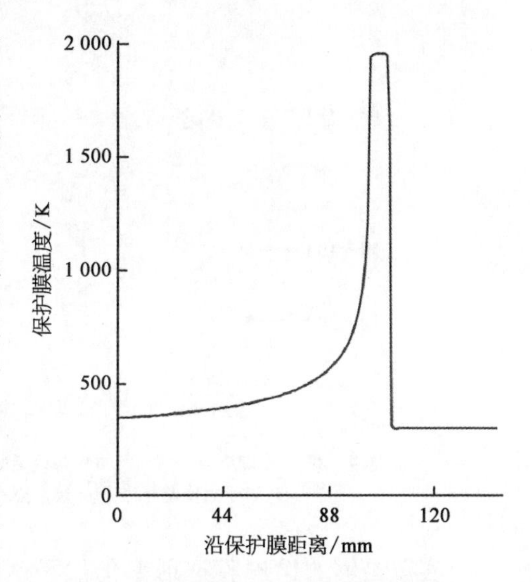


图 4-21　进入扫描 0.25 s 时 SiN$x$ 材料的掩模保护膜的温度[62]

SiN$x$ 保护膜的(红外)辐射率较低(0.003 5),部分原因是材料本身,部分原因是尺寸效应,即薄膜的辐射率大大低于块状固体的辐射率。因此,对于图 4-21 所示数据,即使防护薄膜与其周围环境之间的温差非常大,辐射引起的热散失也不大。最近,已有一些研发工作试图发现具有高辐射率的材料来覆盖保护膜。辐射率与光吸收和反射有关，因此在红外波段反射的材料，例如金属，从其光学性质考虑并不是良好的增强辐射致冷涂层，但金属薄膜却是合适的[62]。

如果有颗粒落在保护膜上，可能会导致局部加热非常大[63]。这种颗粒可能由对 EUV 强吸收的元素构成，且尺寸可能远大于保护膜厚度。除了担心更换破损的保护膜以及可能被破裂的保护膜碎片污染的掩模成本之外，投影物镜系统也极有可能受到污染，因为掩模和物镜的第一面反射镜之间没有任何遮挡。

如第 3 章所述，真空的必要性限制了使用气流冷却掩模和保护膜。然而，在掩模工件台周围的空间中仍有一些低浓度的氢气，这可以用来提供一定程度的对流冷却。设计这种氢气流的一个目的是防止在 EUV 掩模上碳沉积的污染[64]，在早期 EUV 曝光和测试系统中已观察到了这个现象(图 4-22)[65]。碳污染会以多种方式影响成像。如果反射镜表面有碳沉积，多层膜反射率会降低[66]。碳也可以沉积在吸收层的侧壁上，从而增加线宽[67]。用于控制碳污染的氢气也能提供一定程度的对流以实现对保护膜的冷却，尽管其效果因维持低压的需要而非常有限。需要注意的是，附于掩模上的保护膜会限制到达掩模表面的氢气量，从而削弱掩模表面碳污染控制的效力。

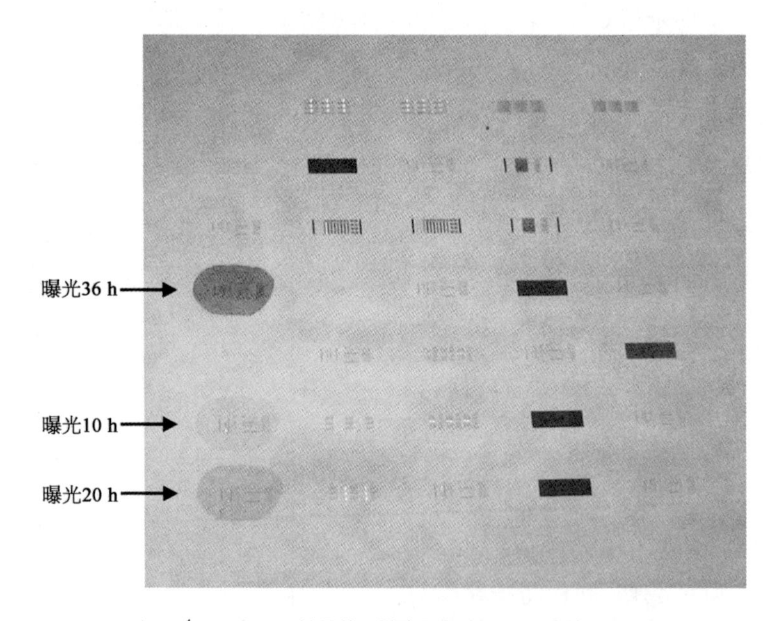


图 4-22 在 $10^{-4}$ Torr 气压下被甲基丙烯酸甲酯(MMA)污染并采用 EUV 曝光不同时间后的掩模照片[68](碳污染在曝光区域清晰可见)(参见文末彩图)

实现足够的保护膜透射率仍然是一个挑战。一个总厚度为 53 nm 的保护膜，由多晶硅及两侧的氮化硅覆盖层组成，其透射率为 86%[59]。虽然非常薄，但其透射率仍然低于 90%的目标。即便透射率达到 90%,也有人质疑保护膜的好处是否大于使用它们造成的产能损失[69]。

由于制备满足透射率和耐用性要求的多晶硅和氮化硅组成的 EUV 保护膜难度很高[70,71],因此人们已经开始探索其替代材料。碳化硅薄膜具有抗辐射损伤特性,且具有良好的机械性能,因此,碳化硅薄膜被用于 X 射线掩模。目前正在研究基于该材料制造的 EUV 保护膜[72]。

另一种非常有趣且被认真考虑的保护膜材料是由碳纳米管(carbon nanotubes)组成的膜[73,74],这种膜具有一些优点。由于薄膜的多孔性(图 4-23),其质量密度低,从而能够实现高透射率,据报道其透射率高达 96%[76]。薄膜多孔性质的另一个优点是对气压变化不敏感,连续的薄膜在气压变化时有破裂的风险,所以这样的材料有助于提高薄膜的强度和耐久性。然而,膜的多孔性也具有一些缺点。小颗粒有可能穿过纳米管之间的空隙,在采用 30 nm 直径的聚苯乙烯乳胶球的测试中就观察到了这种现象。即便如此,保护膜显著降低了掩模的污染风险[76]。

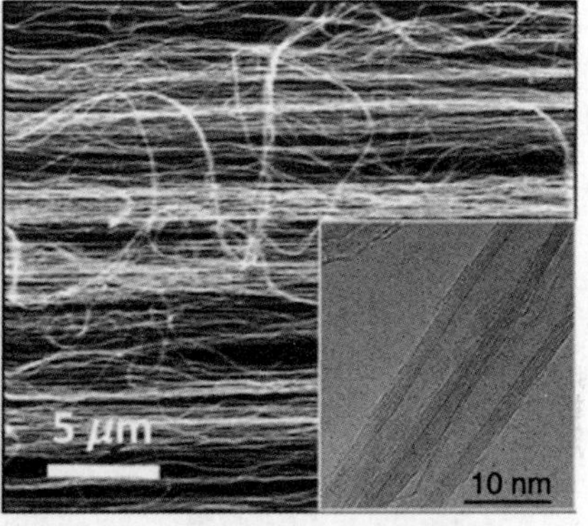


图 4-23　左：单层碳纳米管制成的掩模保护薄膜的 SEM 图；右：多层碳纳米管制成的掩模保护薄膜

纳米管之间的间距通常约为几十纳米,这正好位于可以发生 EUV 光散射的尺度上。对于裸碳纳米管,这不是问题,但如果纳米管有涂层,则可能会出现问题。如上所述,给纳米管镀膜的原因之一是提高辐射率,另一个原因与 EUV 曝光装置腔室中的大量氢气有关。氢气可与构成纳米管的碳反应,且反应速率会因为 EUV 光的照射而加强,生成甲烷气体。氢气对纳米管的加速腐蚀试验表明,钼是防止纳米管材料侵蚀的有效膜层。然而,涂敷有钼膜的纳米管保护膜会导致一定程度的光散射,从而降低成像质量,除非钼膜非常薄。但是非常薄的钼膜在保护纳米管难免会受环境中氢气影响而使其效果不佳[76]。

多晶硅作为 EUV 掩模保护膜的另一个特点是其在 DUV 波段的高吸收性[77]。这使得当使用在 DUV 波长下工作的掩模缺陷检测工具时,无法通过多晶硅保护膜检测掩模缺陷。因此,ASML 提出了一种固定装置,以便可以从掩模上安装和拆卸保护膜[78],这与光学掩模中将保护膜粘接在掩模上的做法完全不同(图 4-24)。

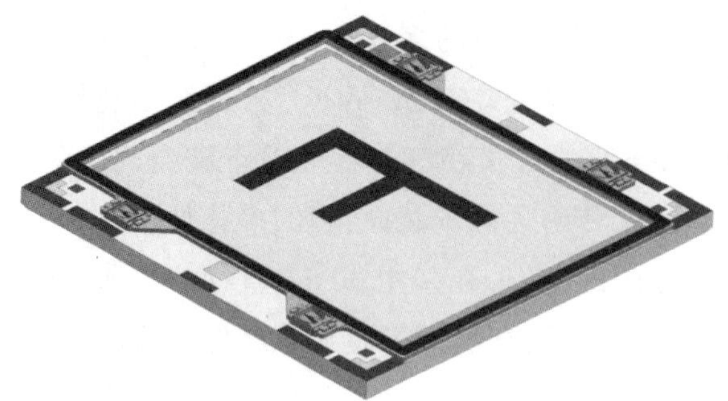

图 4-24 ASML 提议的可安装/可拆卸掩模保护膜[79]

图 4-25 掩模保护膜的螺栓图片[80]

在这种方法中,螺栓(图 4-25)被粘连在掩模上,然后把保护模夹持在螺栓上(图 4-26)。螺栓可能与特定的检查和清洁设备无法兼容,因此可能需要拆除螺栓再进行相应操作。由于 EUV 掩模的处理过程中需要极高的清洁度,因此需要全自动的工具来进行螺栓的粘接、移除,以及在螺栓上安装和卸载保护膜。ASML 和其他厂商已经制造了相关的设备[79]。

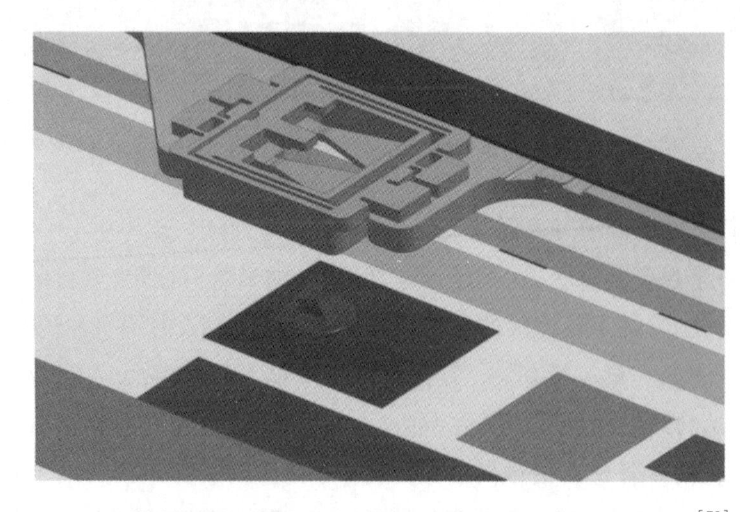

图 4-26 连接到掩模保护薄膜框架的夹子(该夹子连接到图 4-25 所示螺栓上[79])

除了多晶硅材料,如果保护膜由其他材料制备并且在 DUV 波长下具有良好的透射率,那么这种可安装/可拆卸保护膜方法是否会被采用还有待观察。光化图形掩模检查工具的引入也规避了这种方法。在这方面,其他供应商也正在探索使用将保护膜粘在掩模上的传统方法[81,82]。

在光学光刻中,高 NA 浸没式光刻机的物镜可以收集角度远离法线的光线(图 4-27)。人们很快认识到,在这种几何结构下,EUV 掩模保护膜的折射以及随角度变化而变化的透射率会导致切趾、像差[83],以及不同间距的线宽的变化。因此,精确的 OPC 方案需要考虑保护膜引起的空间像变化,且用于 OPC 模型校准的掩模需要附有保护膜。

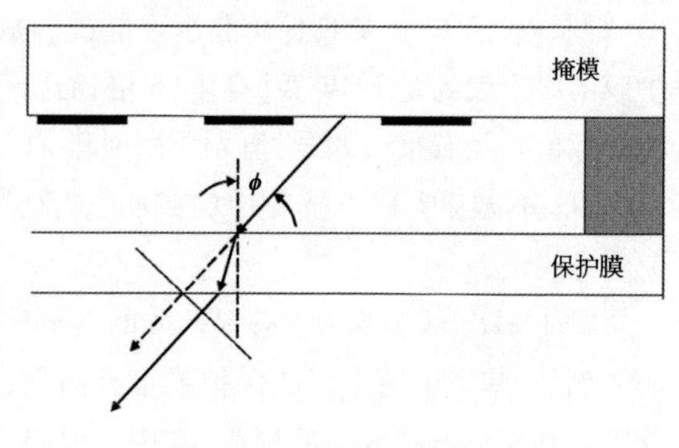

图 4-27　掩模保护薄膜的光折射

由于以下几个原因,EUV 光刻的情况有所不同:① EUV 光刻中保护膜材料的折射率实部非常接近 1.0;② EUV 保护膜明显比光学保护膜更薄;③ EUV 曝光系统的 NA 远小于浸没式光学光刻。

这可以通过考虑由于薄膜引起的光程差(optical path difference,OPD)的变化来定量地理解。在没有保护膜的情况下,通过保护膜空间传播的光的光路长度为 $t/\cos\phi$。使用保护膜,光会经历不同的光程路径到达与光线垂直的波面,由此产生的 OPD 为

$$\mathrm{OPD}=t\left\{\frac{-1}{\cos\phi}+\frac{n}{\cos\left[\arcsin\left(\frac{\sin\phi}{n}\right)\right]}+\left(\sin\phi\tan\phi-\frac{\sin^2\phi}{n\sqrt{1-\frac{\sin^2\phi}{n^2}}}\right)\right\} \tag{4-5}$$

式中,$t$ 为保护膜的厚度;$n$ 为保护膜材料的折射率。在该分析中,折射率的虚部被忽略。虽然这对 EUV 光刻来说不是一个强有力的假设,但可以看出由于保护膜造成的光学效应非常小,以致微小的修正不会影响最终结论。式(4-5)中等式右边第一项是在空气中直线传播的光线的光路;第二项是保护膜中的折射光线;第三项是折射光从保护膜到与光线的法线相交的点的光路,如图 4-27 所示。对其进行二阶近似,OPD 可表示为

$$\mathrm{OPD} = t\left[n - 1 + \frac{\phi^2}{2}\left(1 - \frac{1}{n}\right)\right] \tag{4-6}$$

从方程(4－6)可以看出,保护膜引起的 OPD 取决于三个参数：保护膜的厚度、相对于空气或真空的折射率差异以及最大角度 $\phi$。这些参数在 1.35NA 光刻和 0.33NA EUV 光刻的典型值见表 4－7。在该表中,光学掩模保护膜由 Teflon AF[84]制成,而 EUV 掩模保护膜由多晶硅制成。从表 4－7 中可以看出,光学保护膜的厚度大约是 EUV 保护膜的 5 倍,而折射率 $n-1$ 则相差两个数量级以上。尽管数值孔径有很大差异,但光学光刻和 EUV 光刻之间的最大入射角的差异并不大,部分原因是 EUV 光刻中的离轴照明结构导致的最大入射角里包含额外的 6°主光线角。

即使 EUV 保护膜由除多晶硅外的其他材料制备,但这对成像的影响依然很小。例如,基于碳纳米管的保护膜很有前景,但是纳米管外需要覆盖一层膜才能阻止其与环境中氢气的反应,其中一些膜材料的折射率实部甚至比硅更小。例如,钼的折射率实部非常低(0.923),假设整个 50 nm 的保护膜均由钼构成,则对于 0.33NA EUV 光刻物镜,其引起的最大 OPD 依然仅为 0.02 波长。

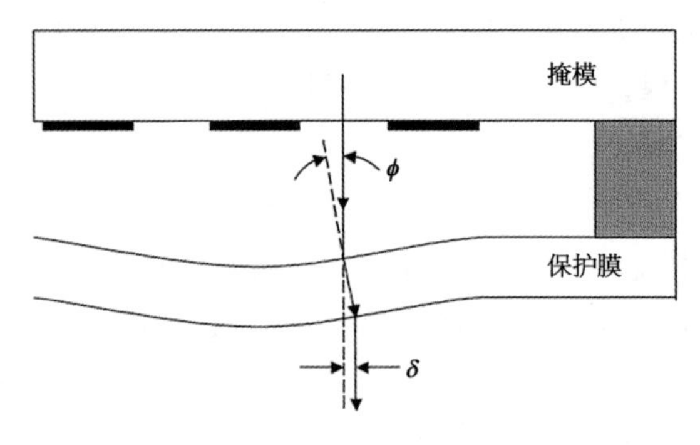

图 4－28　翘曲的掩模保护膜导致的几何放置误差

与光学光刻相比,非平坦的保护膜对 EUV 光刻的影响也较小(图 4－28)。如果保护膜不是完全平坦的,通常入射光会折射并位移距离 $\delta$ 由下式给出：

$$\delta = t\left(1 - \frac{1}{n}\right)\sin\phi \tag{4-7}$$

对于很薄的保护膜,即使保护膜有一定的不平整,折射引起的光线位移也很小。

尽管 EUV 保护膜引起的折射效应很小,但是其厚度的极小变化会导致保护膜透过率的变化,这是由膜材料的吸收特性导致的。例如,硅在 13.5 nm 波长下的衰减长度为 0.588 μm[85]。对于多晶硅保护膜,52 nm 厚的保护膜的透射率比 50 nm 厚的保护膜的透射率低 0.3%。这符合表 4－7 中列出的要求。

表 4－7　光学光刻和 EUV 掩模保护膜的参数

| 参　数 | 1.35NA 光学光刻 | 0.33NA EUV 光刻 |
| --- | --- | --- |
| $t$ | 248 nm | 50 nm |
| $n-1$ | 0.35 | −0.001 |
| 最大 $\phi$ | 19.7° | 约 11° |
| 最大 OPD | 0.54 波长 | −0.003 7 波长 |

因为在设计 0.33NA EUV 曝光系统时还没有考虑到 EUV 保护膜的实现，所以一旦开始认真考虑保护膜，几乎没有空间可供使用。因此，EUV 系统中掩模和保护膜的最大间隔距离仅为 2.5 mm，远小于光学光刻系统中保护膜的间隔距离。人们还研究了保护膜上的粒子对成像的影响。由于保护膜上的粒子远离光学系统的焦面，其主要影响为光的衰减，从而造成线宽尺寸的变化[86]。尽管图 4－29 仅展示了粒子对入射光的影响，但实际上根据反射的几何关系，粒子对经掩模射向物镜的衍射光也有影响。研究表明，粒径≤10 μm 的颗粒在 2.5 mm 的间隔距离时对成像造成的影响仍可以接受。

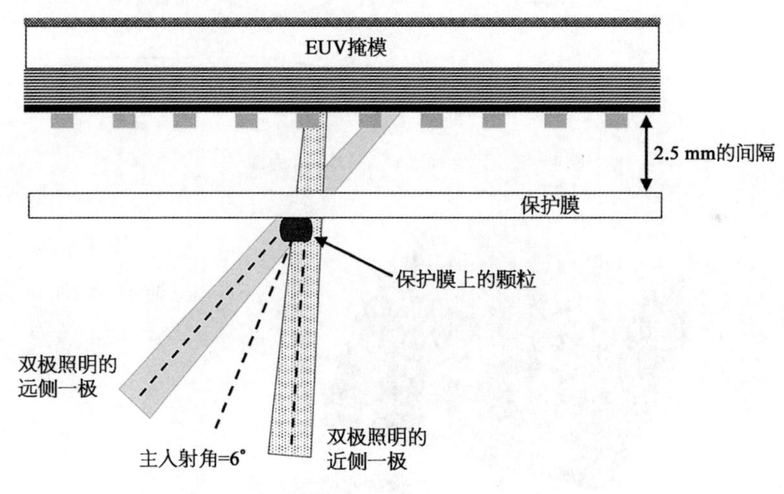


图 4－29　来自双极照明的光被掩模保护膜上的颗粒衰减[87]

## 4.6　EUV 掩模放置盒

一旦 EUV 掩模的物理构造的标准确定了，研究方向就转向了掩模的载具。

由于长期以来人们一直认为很难制造出足够大的薄膜来用作保护膜,因此采取了额外的措施来保护此类载体中的 EUV 掩模免受颗粒污染。最初是由佳能和尼康联合提出了双舱载具的方案,如图 4-30 所示[88],该双舱载具由内外两个壳组成,还为此制定了 SEMI 标准(E152)[89]。当在光刻机上使用时,掩模可以保留在内舱中,以提供额外的抗污染能力。随着 EUV 保护膜逐渐成为现实,人们对这种双舱设计进行了修改,为保护膜提供了机械间隙[90,91]。图 4-31 所示为双舱载具的实物照片。

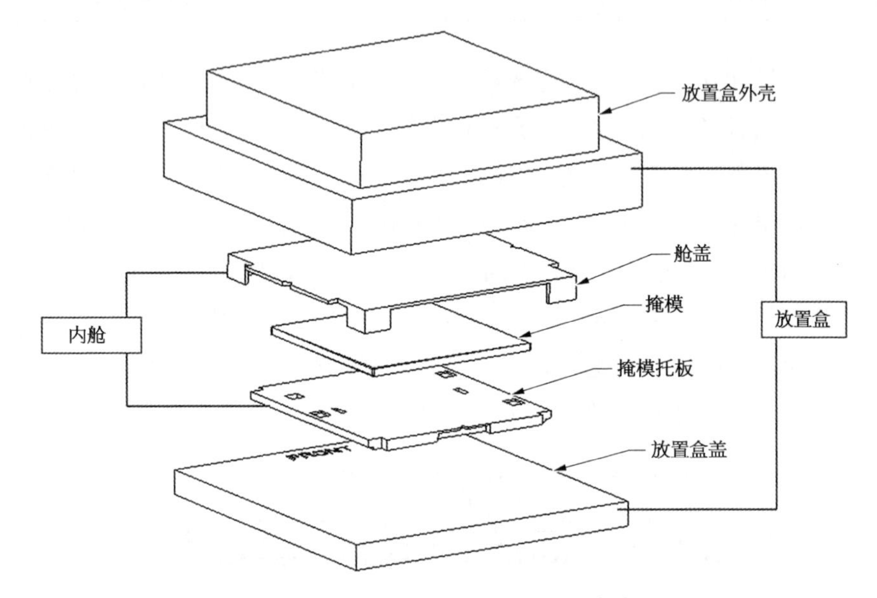


图 4-30 EUV 掩模的双舱载具示意图[92]

图 4-31 Entegris 公司的 EUV 掩模盒的图片[93](左上角显示的是外壳;右下角显示的是内舱)

## 4.7　其他 EUV 掩模吸收层与掩模架构

较薄的吸收层有其优点，但要使薄吸收层所覆盖的掩模区域保持较低的反射率，就需要吸收率高的材料。人们正在研究除 TaN 和 TaBN 二元掩模以外的吸收层材料。从光学角度来看，图 4－32 中具有高 $k$ 值的材料是二元掩模上吸收层的优选材料。然而，除了必须满足的光学特性外，对吸收层还有许多其他要求(表 4－1)。例如，镍一直被认为是一种吸收材料[94-97]，但由于未发现具有挥发性的镍化合物，导致很难采用反应离子束刻蚀技术来进行掩模图形的刻蚀[98]。

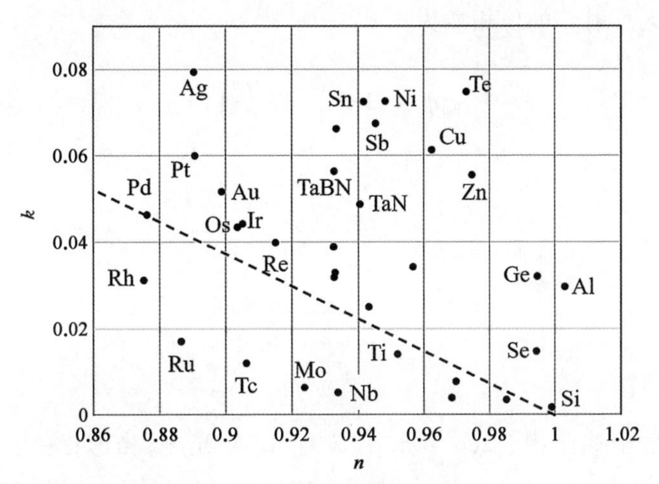


图 4－32　各种元素和掩模材料的 $n$ 和 $k$ 值

掩模以虚线以下的材料为吸收层，其反射率大于 6%，相位 = 1.2π

由于掩模 3D 效果引起的一些问题，例如图 4－3 所示阴影效应，以及人们采用 EUV 相移掩模(phase shift mask，PSM)的意向[99,100]，已经有多种不同的掩模架构在被考虑[101-104]。最早研究的相移掩模类型之一便是衰减相移掩模。在光学光刻中，衰减相移掩模的吸收层的吸收率小于 100%，并且透射吸收层的光与透射掩模中通光孔的光约有 180°相位差。用于 EUV 光刻的衰减相移掩模在概念上类似，其中相当一部分的 EUV 光会从多层膜反射，并穿透吸收层反射出来(图 4－33)。

如果吸收层的复折射率是 $n+ik$，则由吸收层出射的光与反射区出射的光的比例 $R$ 由下式[105]给出：

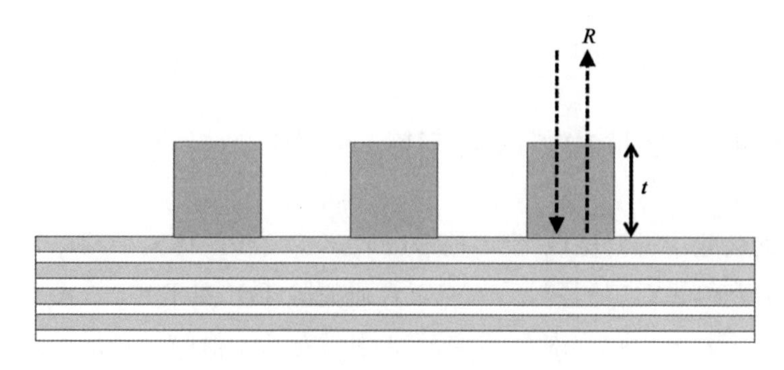


图 4-33 EUV 衰减型相移掩模示意图

$$R = e^{-\frac{4\pi k(2t)}{\lambda_0}} \tag{4-8}$$

式中,$\lambda_0$为 EUV 光在真空中的波长。假设有一无限薄的反射面,其反射光相对于掩模反射区反射光的位相差为

$$\Delta\phi = 2\pi\left(\frac{2t}{\lambda_0} - \frac{2tn}{\lambda_0}\right) \tag{4-9}$$

$$= \frac{4\pi t}{\lambda_0}(1 - n) \tag{4-10}$$

由此可以得出如下关系:

$$k = \frac{(n - 1)\ln R}{2\Delta\phi} \tag{4-11}$$

对于光学相移掩模, $\Delta\phi \approx \pi$, 但对于 EUV 光刻,当考虑掩模的 3D 效应时[106],最佳位相差 $\Delta\phi \approx 1.2\pi$(掩模 3D 效应将在第 6 章详细讨论)。式(4-11)可以可被改写为

$$t = \frac{\lambda_0\Delta\phi}{4\pi(1 - n)} \tag{4-12}$$

当吸收层材料的折射率实部明显偏离 1.0 时,其厚度将变得更小。正如将在第 6 章进一步讨论的,从 OPC 和分辨率增强技术(resolution enhancement technique, RET)的角度来看,薄的吸收层是非常有利的。

图 4-32 显示了由 X 射线光学中心(Center for X-Ray Optics,CXRO)编制的在 EUV 波长下不同固体的 $n$ 值和 $k$ 值。对于处于虚线以下的元素,"透过率"$R$ 会大于 6%,该值被认为是相移掩模产生有益效果的最小值。这极大地减少了可用于 EUV 相移掩模制作的材料数量。在 $n<0.92$ 的元素中,铑(Rh)是一种极

为稀有的元素，而所有锝(Tc)的同位素均是放射性的。这使得钌(Ru)和钯(Pa)成为最适合 EUV 衰减型相移掩模制造的两个元素。由于钌保护层在现有 EUV 掩模中的作用之一为刻蚀阻断层，如果采用钌作为吸收层材料[107]，则需要更换另一种替代元素作为保护层。或者，可以在保护层与衰减吸收层之间沉积除钌以外的材料组成的附加膜，该膜也可以提供额外的自由度来平衡总的吸收与位相。

从光学角度来看，钯是衰减相移掩模的潜在吸收剂。然而，作为Ⅷ族金属，刻蚀可能存在挑战，类似于镍所经历的挑战。此外，成像模拟表明，与基于钌的掩模相比，基于钯的衰减相移掩模的 NILS 较低。

人们也探索了交替型相移掩模在 EUV 光刻中的应用。最常见的方法便是将多层膜进行部分刻蚀，如图 4-34 所示。该刻蚀深度可以产生约 180°的相移用于密集线空图形，而约 90°的相移则可以用作离焦监测。通过刻蚀多层膜至玻璃基底实现的二元掩模也被考虑过[100,108](图 4-35)。采用这种掩模进行曝光可以减少掩模 3D 效应，如减少水平-竖直线宽偏移(horizontal-vertical bias, HVB)[109]，但由于担心用于定义刻蚀多层膜图形的光刻胶或硬掩模中的针孔缺陷，这种方法未被用于目前的 EUV 光刻体系中，因为由此产生的缺陷是无法被修复的。

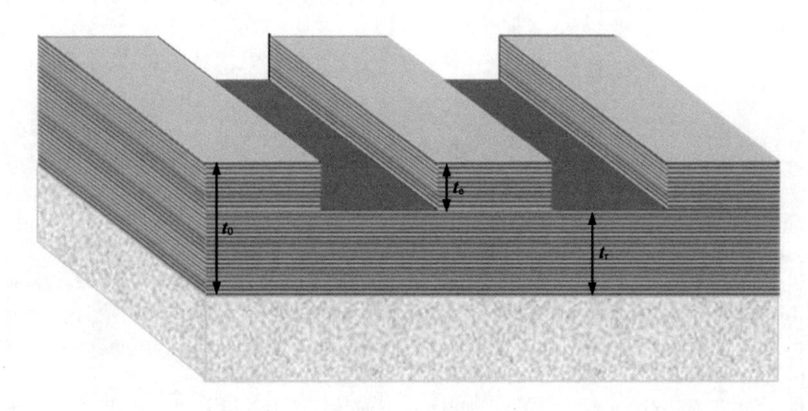


图 4-34　用于 EUV 光刻的交替型相移掩模示意图(刻蚀沟槽 $t_e$ 的深度可控制反射光的相位)[101]

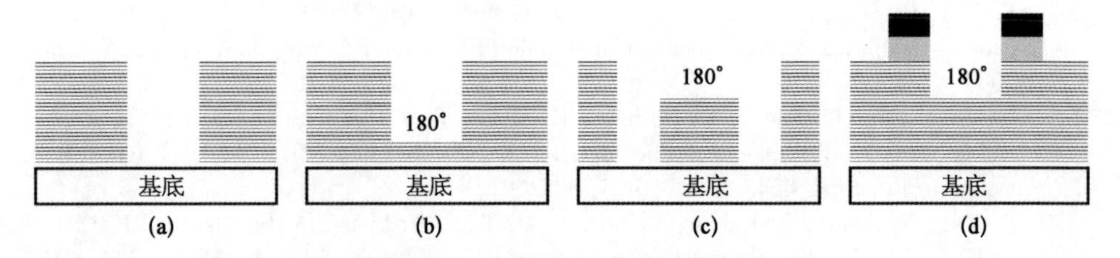


图 4-35　不同类型的多层膜刻蚀掩模[109]

(a) 二元掩模；(b) 衰减型相移掩模；(c) 双刻蚀交替型 PSM；(d) 带吸收层的交替型相移掩模

# 习题

4.1 熔融石英的热膨胀系数(CET)为 0.52 ppm/℃。假设掩模是在熔融石英基板上制造,证明:如果温度升高 2℃,掩模上最初 100 mm 的特征间距会变化 104 nm。根据图 3 - 7 所示数据,对于 ULE®有:$CTE$ ppb/℃ = $1.55T-31.0$ (1 ppb = $10^{-9}$ = 十亿分之一),其中 $T$ 以℃为单位。假设掩模基板由 ULE®组成,证明:如果温度升高 2℃,掩模上最初 100 mm 的特征间距会变化 0.31 nm。

4.2 Teflon 是一种用于制造 DUV 薄膜的常用材料。利用 CXRO 网站(http://www.cxro.lbl.gov/)获得 Teflon(聚四氟乙烯)的消光系数,使用该值,证明由 Teflon 制成的薄膜需要小于 6 nm 厚才能具有 90%的透射率。并说明这是实用的厚度吗?

4.3 证明 50 nm 掩模不平整度对以 6°主光线角度照射掩模并具有 4 : 1 缩小比的投影光学系统的系统会产生 1.3 nm 的晶圆级图案放置误差。

4.4 假设 ULE 在 DUV 波长处的折射率为 1.5,证明 4%的垂直入射 DUV 光会被 ULE 反射。

## 参考文献


[1] Zone plate lenses at EUV wavelengths are often used for metrology applications, but are not suitable for large field, high resolution projection optics.

[2] P. Yan, G. Zhang, S. Chegwidden, E. A. Spiller, and P. B. Mirkarimi. "EUVL mask with Ru ML capping," *Proc. SPIE* Vol. **5256**, pp. 1281 - 1286, 2003.

[3] P. Yan, "Impact of EUVL mask buffer and absorber material properties on mask quality and performance," *Proc. SPIE* Vol. **4688**, pp. 150 - 160 (2002).

[4] P. Yan, G. Zhang, A. Ma, and T. Liang, "TaN EUVL mask fabrication and characterization," *Proc. SPIE* Vol. **4343**, pp. 409 - 414 (2001).

[5] P. Yan, G. Zhang, R. Nagpal, E. Y. Shu, C. Li, P. Qu, and F. T. Chen. "EUVL mask patterning with blanks from commercial suppliers," *Proc. SPIE* Vol. **5567**, pp. 774 - 780, 2004.

[6] M. Takahashi, T. Ogawa, E. Hoshino, H. Hoko, B. T. Lee, A. Chiba, H. Yamanashi, and S. Okazaki, "Tantalum nitride films for the absorber material of reflective-type EUVL mask," *Proc. SPIE* **4343**, pp. 760 - 770 (2001).

[7] P. Yan, G. Zhang, P. Kofron, J. Powers, M. Tran, T. Liang, A. Stivers, and F. C. Lo, "EUV mask absorber characterization and selection," *Proc. SPIE* **4066**, pp. 116 - 123 (2000).

[8] T. Shoki, T. Kinoshita, N. Sakaya, M. Hosoya, R. Ohkubo, Y. Usui, H. Kobayashi, and

O. Nagarekawa, "Damage-free extreme ultraviolet mask with TaBN absorber," *J. Vac. Sci. Technol. B* **21**(6), pp. 3021 – 3026 (2003).

[9] Y. Du, C. J. Choi, G. Zhang, S. Park, P. Yan, and K. Baik, "TaN-based EUV mask absorber etch study," *Proc. SPIE* Vol. **6283**, p. 62833D, 2006.

[10] H. Seitz, M. Renno, T. Leutbecher, N. Olschewski, T. Reichardt, R. Walter, H. Popp, et al. "EUVL mask blanks: Recent results on substrates, multilayers and the dry-etch process of TaN-absorbers," *Proc. SPIE* Vol. **6151**, p. 615109, 2006.

[11] F. Letzkus, J. Butschke, M. Irmscher, H. Sailer, U. Dersch, and C. Holfeld. "EUVL mask manufacturing: technologies and results," *Proc. SPIE* Vol. **5992**, p. 59922A, 2005.

[12] T. Liang, E. Frendberg, D. J. Bald, M. Penn, and A. R. Stivers. "E-beam mask repair: fundamental capability and applications," *Proc. SPIE* Vol. **5567**, pp. 456 – 466, 2004.

[13] The Center for X-Ray Optics (CXRO) at Lawrence Berkeley National Laboratory has a convenient database of optical properties at EUV and x-ray wavelengths. http://cxro.lbl.gov/

[14] K. Otaki, "Asymmetric properties of the aerial image in extreme ultraviolet lithography," *Jpn. J. Appl. Phys. Pt.* 1, **39**(12B), pp. 6819 – 6826 (2000).

[15] S. B. Bollepalli, M. Khan, and F. Cerrina, "Image formation in extreme ultraviolet lithography and numerical aperture effects," *J. Vac. Sci. Technol. B* **17**(6), pp. 2992 – 2997 (1999).

[16] E. van Setten, D. Oorschot, C. Man, M. Dusa, R. de Kruif, N. Davydova, K. Feenstra, et al. "EUV mask stack optimization for enhanced imaging performance," *Proc. SPIE* Vol. **7823**, p. 78231O, 2010.

[17] T. Kamo, K. Tawarayama, Y. Tanaka, Y. Arisawa, H. Aoyama, T. Tanaka, and O. Suga. "Light-shield border impact on the printability of extreme-ultraviolet mask." *Journal of Micro/Nanolithography, MEMS, and MOEMS* **10**, no. 2 (2011): 023001.

[18] G. Watanabe, N. Fukugami, T. Komizo, Y. Kodera, and T. Nishi. "EUV mask with advanced hybrid black border suppressing EUV and DUV OOB light reflection," *Proc. SPIE* **10807**, p. 108070N, 2018.

[19] R. E. Hrdina, B. Z. Hanson, P. M. Fenn, and R. Sabia, "Characterization and characteristics of an ULE glass tailored for the EUVL needs," *Proc. SPIE* **4688**, pp. 454 – 461 (2002).

[20] I. Mitra, M. J. Davis, J. Alkemper, R. Müller, L. Aschke, E. Mörsen, S. Ritter, H. Hack, and W. Pannhorst, "Thermal expansion behavior of proposed EUVL substrate materials," *Proc. SPIE* **4688**, pp. 462 – 468 (2002).

[21] H. J. Levinson and K. B. Nguyen. "Extreme ultraviolet lithography reflective mask." U.S. Patent 6, 159, 643, issued December 12, 2000.

[22] J. Choi, D. S. Nam, B. G. Kim, S-G. Woo, and H. K. Cho, "Resist charging effect in photomask: its impact on pattern placement error and critical dimension," *J. Vac. Sci. Technol. B* **26**(6), pp. 2345 – 2350 (2008).

[23] T. Kamo, Y. Tanaka, T. Tanaka, I. Nishiyama, O. Suga, T. Abe, T. Takikawa, H. Mohri, T. Shoki, and Y. Usui. "Thin-absorber extreme-ultraviolet lithography mask with light-shield border for full-field scanner: flatness and image placement change through mask process." *Journal of Micro/Nanolithography, MEMS, and MOEMS* **9**, no. 2 (2010): 023005.

[24] N. Nakayamada, S. Wake, T. Kamikubo, H. Sunaoshi, and S. Tamamushi, "Modeling of charging effect and its correction by EB mask writer EBM-6000," *Proc. SPIE* **7028**, 20280C (2008).

[25] G. C. Rider, "Current understanding of the electrostatic risk to reticles used in microelectronics and similar manufacturing processes." *Journal of Micro/Nanolithography, MEMS, and MOEMS* **17**, no. 2 (2018): 020901.

[26] J. G. Hartley, S. Raghunathan, and A. Govindaraju, "Electrical characterization of

multilayer masks for extreme ultraviolet lithography," *Journal of Vacuum Science & Technology B: Microelectronics and Nanometer Structures Processing, Measurement, and Phenomena* **23**, no. 6 (2005): 2891 - 2895.

[27] S. Hau-Riege, A. Barty, P. Mirkarimi, S. Baker, M. A. Coy, M. Mita, V. E. Robertson, T. Liang, and A. Stivers, "Repair of phase defects in extreme-ultraviolet lithography mask blanks," *J. Appl. Phys.*, pp. 6812 - 6821 (2004).

[28] H. J. Levinson, "Impact of reticle imperfections on integrated circuit processing," *Proc. Third Annual Sym. Bay Area Chrome Users Soc.* (BACUS), September 14 and 15, 1983, Sunnyvale, California, as described in Semicond. Int., pp. 22 - 23 (December, 1983).

[29] Z. J. Qi, J. Rankin, E. Narita, and M. Kagawa, "Viability of pattern shift for defect-free EUV photomasks at the 7 nm node," *Proc. SPIE* **9635**, p. 96350N, 2015.

[30] R. Jonckheere, T. Yamane, Y. Morikawa, and T. Kamo, "Blank defect coverage budget for 16 nm half-pitch single EUV exposure," *Proc. SPIE* **10807**, p. 108070H, 2018.

[31] S. Stokowski, J. Glasser, G. Inderhees, and P. Sankuratri, "Inspecting EUV mask blanks with a 193 nm system," *Proc. SPIE* **7636**, p. 76360Z, 2010.

[32] E. Verduijn, P. Mangat, O. Wood, J. Rankin, Y. Chen, F. Goodwin, R. Capelli, et al., "Printability and actinic AIMS review of programmed mask blank defects," *Proc. SPIE* **10143**, p. 101430K, 2017.

[33] K. D. Badger, Z. J. Qi, E. Gallagher, K. Seki, and G. McIntyre. "Illuminating EUVL mask defect printability," *Proc. SPIE* **8522**, p. 85220I, 2012.

[34] C. C. Walton, P. A. Kearney, P. B. Mirkarimi, J. M. Bowers, C. Cerjan, A. L. Warrick, K. Wilhelmsen, E. Fought, C. Moore, C. Larson, S. Baker, S. C. Burkhart, and S. D. Hector, "Extreme ultraviolet lithography — reflective mask technology," *Proc. SPIE* 3997, pp. 496 - 507 (2000).

[35] C. Fu, D. H. Dameron, and A. McCarthy. "Elimination of mask-induced defects with vote-taking lithography." *In Optical Microlithography V*, vol. **633**, pp. 270 - 277, 1986.

[36] T. A. Brunner, M. Ozlem, G. Han, J. Rankin, O. Wood, and E. Verduijn. "Vote-taking for EUV lithography: a radical approach to mitigate mask defects," *Proc. SPIE* Vol. **10143**, p. 1014313, 2017.

[37] J. Bekaert, P. De Bisschop, C. Beral, E. Hendrickx, M. A. van de Kerkhof, S. Bouten, M. Kupers, G. Schiffelers, E. Verduijn, and T. A. Brunner. "EUV vote-taking lithography: crazy. . . or not?," *Proc. SPIE* **10583**, p. 105830I, 2018.

[38] J. Bekaert, P. De Bisschop, C. Beral, E. Hendrickx, M. A. van de Kerkhof, S. Bouten, M. Kupers, G. Schiffelers, E. Verduijn, and T. A. Brunner. "EUV vote-taking lithography for mitigation of printing mask defects, CDU improvement, and stochastic failure reduction," *Journal of Micro/Nanolithography, MEMS, and MOEMS* **17**, no. 4 (2018): 041013.

[39] S. Jeong, L. Johnson, Y. Lin, S. Rekawa, P. Yan, P. Kearney, E. Tejnil, J. Underwood, and J. Bokor, "Actinic EUVL mask blank defect inspection system," *Proc. SPIE* **3676**, pp. 298 - 308 (1999).

[40] Y. Tezuka, M. Ito, T. Terasawa, and T. Tomie, "Actinic detection of multilayer defects on EUV mask blanks using LPP light source and dark-field imaging," *Proc. SPIE* **5374**, pp. 271 - 280 (2004).

[41] T. Kamo, T. Terasawa, T. Yamane, H. Shigemura, N. Takagi, T. Amano, K. Tawarayama, et al. "Evaluation of EUV mask defect using blank inspection, patterned mask inspection, and wafer inspection." *Proc. SPIE*, vol. **7969**, p. 79690J. 2011.

[42] A. Tchikoulaeva, H. Miyai, K. Takehisa, T. Suzuki, Haruhiko Kusunose, H. Watanabe, I. Mori, and S. Inoue. "EUV actinic blank inspection: from prototype to production," *Proc. SPIE*, vol. **8679**, p. 86790I. 2013.

[43] S. D. Hector, "EUVL masks: requirements and potential solutions," *Proc. SPIE* **4688**,

pp. 134 - 149 (2002).

[44] International Technology Roadmap for Semiconductors (2013).

[45] S. Yoshitake, S. Tamamushi, and M. Ogasawara. "Desired IP control methodology for EUV mask in current mask process." *European Mask and Lithography Conference (EMLC)* (2008).

[46] Y. Tanaka, T. Kamo, K. Ota, H. Tanaka, O. Suga, M. Itoh, and S. Yoshitake. "Overlay accuracy of EUV1 using compensation method for nonflatness of mask," *Proc. of SPIE* Vol, vol. **7969**, pp. 796936 - 1. 2011.

[47] V. Ramaswamy, R. L. Engelstad, K. T. Turner, A. R. Mikkelson, and S. Veeraraghavan, "Distortion of chucked extreme ultraviolet reticles from entrapped particles," *J. Vac. Sci. Technol. B* **24**(6), pp. 2829 - 2833 (2006).

[48] Y. Arisawa, T. Terasawa, and H. Watanabe, "Impact of EUV mask roughness on lithography performance," *Proc. SPIE* **8679**, p. 86792S, 2013.

[49] P. P. Naulleau, S. A. George, and B. M. McClinton, "Mask roughness and its implications for LER at the 22-and 16 nm nodes," *Proc. SPIE* **7636**, p. 76362H, 2010.

[50] X. Chen, E. Verduijn, O. Wood, T. Brunner, R. Capelli, D. Hellweg, M. Dietzel, and G. Kersteen, "Evaluation of EUV mask impacts on wafer line-edge roughness using aerial and SEM image analyses," *Proc. SPIE* **10583**, p. 105830J, 2018.

[51] P. P. Naulleau and G. G. Gallatin, "Line-edge roughness transfer function and its application to determining mask effects in EUV resist characterization," *Appl. Optic.* **42** (17), pp. 3390 - 3397 (2003).

[52] H. Tanabe, G. Yoshizawa, Y. Liu, V. L Tolani, K. Kojima, and N. Hayashi, "LER transfer from a mask to wafers," *Proc. SPIE* **6607**, 66071H (2007).

[53] C. Klein, H. Loeschner, and E. Platzgummer. "MBMW-201: The next generation multi-beam mask writer (Conference Presentation)," *Proc. SPIE* **10958**, p. 109580K, 2019.

[54] H. Hiroshi, H. Kimura, T. Tamura, and K. Ohtoshi. "Multi-beam mask writer MBM-1000," *Proc. SPIE* **10958**, p. 109580J, 2019.

[55] H. Tanabe, T. Abe, Y. Inazuki, and N. Hayashi, "Short-range electron backscattering from EUV masks," *Proc. SPIE* **7748**, p. 774823, 2010.

[56] H. J. Levinson and C. F. Lyons, Advanced Micro Devices, Inc., "Pellicle for use in EUV lithography and a method of making such a pellicle," U.S. Patent 6, 623, 893 (2003).

[57] H. J. Levinson, "EUV Lithography at the Threshold of High Volume Manufacturing," *EUVL Workshop*, 2018, https://www. euvlitho. com/2018/2018% 20EUVL% 20Workshop% 20Proceedings.pdf

[58] B. Turkot, "EUVL readiness for high volume manufacturing," *in Int. Workshop on EUV Lithography*. 2016.

[59] C. Zoldesi, K. Bal, B. Blum, G. Bock, D. Brouns, F. Dhalluin, N. Dziomkina, J. D. A. Espinoza, J. de Hoogh, S. Houweling, M. Jansen, M. Kamali, A. Kempa, R. Kox, R. de Kruif, J. Lima, Y. Liu, H. Meijer, H. Meiling, I. van Mil, M. Reijnen, L. Scaccabarozzi, D. Smith, B. Verbrugge, L. de Winters, X. Xiong, and J. Zimmerman, "Progress on EUV pellicle development," *Proc. SPIE* **9048**, 90481N (2014).

[60] C. Zoldesi, K. Bal, B. Blum, G. Bock, D. Brouns, F. Dhalluin, N. Dziomkina, et al. "Progress on EUV pellicle development," *Proc. SPIE* **9048**, p. 90481N, 2014.

[61] D. L. Goldfarb, M. O. Bloomfield, and M. Colburn. "Thermomechanical behavior of EUV pellicle under dynamic exposure conditions," *Proc. SPIE* **9776**, p. 977621, 2016.

[62] P. J. Van Zwol, M. Nasalevich, W. Pim Voorthuijzen, E. Kurganova, A. Notenboom, D. Vles, M. Peter, et al., "Pellicle films supporting the ramp to HVM with EUV," *Proc. SPIE* **10451**, p. 104510O, 2017.

[63] H. Shin and H. Oh, "Extreme-ultraviolet pellicle durability comparison for better lifetime," *Proc. SPIE* **11147**, p. 111470U, 2019.

[64] M. Kang, S. Lee, E. Park, and H. Oh, "Thermo-mechanical behavior analysis of extreme-ultraviolet pellicle cooling with H2 flow," *Proc. SPIE* **10450**, p. 104501N, 2017.

[65] U. Okoroanyanwu, K. Dittmar, T. Fahr, T. Wallow, B. La Fontaine, O. Wood, C. Holfeld, K. Bubke, and J. Peters, "Analysis and characterization of contamination in EUV reticles," *Proc. SPIE* **7636**, p. 76361Y, 2010.

[66] J. Doh, C. Y. Jeong, S. Lee, J. U. Lee, H. Cha, J. Ahn, D. G. Lee, S. S. Kim, H. K. Cho, and S. Rah, "Determination of the CD Performance and Carbon Contamination of an EUV Mask by Using a Coherent Scattering Microscopy/In-situ Contamination System," *Journal of the Korean Physical Society 57*, no. 6 (2010): 1486 – 1489.

[67] Y. Fan, L. Yankulin, P. Thomas, C. Mbanaso, A. Antohe, R. Garg, Y. Wang, et al., "Carbon contamination topography analysis of EUV masks," *Proc. SPIE* **7636**, p. 76360G, 2010.

[68] U. Okoroanyanwu, E. Langer, T. Wallow, O. Wood, B. La Fontaine, C. Holfeld, J. H. Peters, M. Bender, M. Rossinger, S. Trogisch, F. Goodwin, G. Denbeaux, Y. Fan, A. Antohe, L. Yankulin, R. Garg, K. Goldberg, and P. Naulleau, "EUV reticle contamination and cleaning," *presented at the 2008 International Symposium on Extreme Ultraviolet Lithography.*

[69] Y. Hyun, J. Kim, K. Kim, S. Koo, S. Kim, Y. Kim, C. Lim, and N. Kwak, EUV mask particles adders during scanner exposure, *Proc. SPIE* **9422**, 94221U-1 – 94221U-7 (2015).

[70] Y. Ono, K. Kohmura, A. Okubo, D. Taneichi, H. Ishikawa, and T. Biyajima, "Development of a novel closed EUV pellicle for EUVL manufacturing," *Proc. SPIE*, pp. 99850B – 99850B (2016).

[71] D. L. Goldfarb, "Fabrication of a full-size EUV pellicle based on silicon nitride," *Proc. SPIE Photomask Technology*, pp. 96350A – 96350A (2015).

[72] M.Goldstein, Y. Shroff, and D. Tanzil, "Pellicle, methods of fabrication and methods of use for extreme ultraviolet lithography." U.S. Patent 7, **666**, 555 (2010).

[73] E. E. Gallagher, J. Vanpaemel, I. Pollentier, H. Zahedmanesh, C. Adelmann, C. Huyghebaert, R. Jonckheere, and J. U. Lee, "Properties and performance of EUVL pellicle membranes," *Proc. of SPIE* **9635**, 96350X-1 – 96350X-8 (2015).

[74] U. Okoroanyanwu and R. Kim. "EUV pellicle and method for fabricating semiconductor dies using same." *U.S. Patent* 7, 767, **985** (2010).

[75] I. Mochi, M. Timmermans, E. Gallagher, M. M. Juste, I. Pollentier, R. Rajeev, P. Helfenstein, S. Fernandez, D. Kazazis, and Y. Ekinci, "Experimental evaluation of the impact of EUV pellicles on reticle imaging," *Proc. SPIE* **10810**, p. 108100Y, 2018.

[76] M. Y. Timmermans, I. Pollentier, J. U. Lee, J. Meersschaut, O. Richard, C. Adelmann, C. Huyghebaert, and E. E. Gallagher, "CNT EUV pellicle: moving towards a full-size solution" *Proc. SPIE* **10451**, p. 104510P, 2017.

[77] D. E. Aspnes, A. A. Studna, and E. Kinsbron. "Dielectric properties of heavily doped crystalline and amorphous silicon from 1.5 to 6.0 eV." *Physical Review B* **29**, no. 2 (1984): 768.

[78] D. Brouns, A. Bendiksen, P. Broman, E. Casimiri, P. Colsters, D. de Graaf, H. Harrold, et al., "NXE pellicle: development update," *Proc. SPIE* **9985**, p. 99850A, 2016.

[79] S. Moon, S. Y. Chu, D. Y. Shin, S. Jeon, and J. D. You, "Fully Automated EUV Pellicle Mask Shop Tools for HVM," *presented at SPIE Photomask Technology Conference*, 2019.

[80] D. Smith, "ASML NXE pellicle update," http://ieuvi.org/TWG/Mask/2016/20160221/1_Pellicle_TWG2016_NXE_Pellicle_fx.pdf

[81] Y. Ono, K. Kohmura, A. Okubo, D. Taneichi, H. Ishikawa, and T. Biyajima, "Development of closed-type EUV pellicle," *Proc. SPIE* **10807**, 108070I, 2018.

[82] A. Ishikawa, H. Tanaka, Y. Ono, A. Okubo, and K. Kohmura, "Development of the breathable frame for closed EUV pellicle," *Proc. SPIE* **11178**, p. 111780N, 2019.

[83] K. Bubke, B. Alles, E. Cotte, M. Sczyrba, and C. Pierrat, "Pellicle-induced aberrations and apodization in hyper-NA optical lithography," *Proc. SPIE* **6283**, 628318 (2006).
[84] M. K. Yang, R. H. French, and E. W. Tokarsky, "Optical properties of Teflon® AF amorphous fluoropolymers," *J. Micro/Nanolith, MEMS, MOEMS* **7**(3), 033010 (2008).
[85] Many optical properties of materials can be found on the CRXO database at http://www.cxro.lbl.gov
[86] P. Evanschitzky and A. Erdmann. "Efficient simulation of EUV pellicles," *Proc. SPIE* **10450**, p. 104500B, 2017.
[87] H-R. No, S.-G. Lee, S.-H. Oh, and H.-K. Oh. "Pattern degradation with larger particles on EUV pellicle," *Proc. SPIE* **10809**, p. 108091G, 2018.
[88] K. Ota, M. Yonekawa, T. Taguchi, and O. Suga. "Evaluation results of a new EUV reticle pod based on SEMI E152," *Proc. SPIE* **7636**, p. 76361F, 2010.
[89] SEMI Standard E152 — Specification for Mechanical Features of EUV Pod for 150 mm EUVL Reticles.
[90] Entegris White Paper, "Enabling Advanced Lithography: The Challenges of Storing and Transporting EUV Reticles," www.entegris. com
[91] http://www.gudeng.com/index. php/en/euv-pod-4
[92] L. He, S. Wurm, P. Seidel, K. Orvek, E. Betancourt, and J. Underwood, "Status of EUV reticle handling solution in meeting 32 nm hp EUV lithography," *Proc. SPIE* **6921**, p. 69211Z, 2008.
[93] This figure was provided by Mr. Preston Williamson of Entegris.
[94] O. Wood II, S. Raghunathan, P. Mangat, V. Philipsen, V. Luong, P. Kearney, E. Verduijn, et al., "Alternative materials for high numerical aperture extreme ultraviolet lithography mask stacks," *Proc. SPIE* **9422**, p. 94220I, 2015.
[95] S. K. Patil, S. Singh, U. Okoroanyanwu, and P. J. S. Mangat. "Mask structures and methods of manufacturing." U.S. Patent 9, 195, 132, issued November 24, 2015.
[96] V. Luong, V. Philipsen, E. Hendrickx, K. Opsomer, C. Detavernier, C. Laubis, F. Scholze, and M. Heyns. "Ni-Al alloys as alternative EUV mask absorber." *Applied Sciences* **8**, no. 4 (2018): 521.
[97] V. Jindal, H. N. G. Fong, B. Varghese, S. Liu, and A. Rastegar. "Extreme Ultraviolet Mask Absorber Materials." U.S. Patent Application 16/512, 693, filed January 23, 2020.
[98] K. Rook, N. Srinivasan, V. Ip, M. Lee, and T. Henry. "Ion beam etch for the patterning of advanced absorber materials for EUV masks," *Proc. SPIE* **11178**, p. 111780G, 2019.
[99] O. R. Wood, D. L. White, J. E. Bjorkholm, L. E. Fetter, D. M. Tennant, A. A. MacDowell, B. LaFontaine, and G. D. Kubiak. "Use of attenuated phase masks in extreme ultraviolet lithography." *J. Vac. Sci. Technol.* **B15**, no. 6 (1997): 2448 - 2451.
[100] B. La Fontaine, A. R. Pawloski, O. Wood, Y. Deng, H. J. Levinson, P. Naulleau, P. E. Denham, et al. "Demonstration of phase-shift masks for extreme-ultraviolet lithography," *Proc. SPIE* **6151**, p. 61510A, 2006.
[101] B. La Fontaine, A. R. Pawloski, Y. Deng, C. Chovino, L. Dieu, O. R. Wood II, and H. J. Levinson, "Architectural choices for EUV lithography masks: patterned absorbers and patterned reflectors," *Proc. SPIE* **5374**, pp. 300 - 310, 2004.
[102] S. Schwarzl, F. Kamm, S. Hirscher, K. Lowack, W. Domke, M. Bender, S. Wurm, et al. "Comparison of EUV mask architectures by process window analysis," *Proc. SPIE* 5751, pp. 435 - 445, 2005.
[103] T. Schmoeller, J. K. Tyminski, J. Lewellen, and W. Demmerle, "The impact of mask design on EUV imaging," *Proc. SPIE* **7379**, p. 73792H, 2009.
[104] A. R. Pawloski, B. La Fontaine, H. J. Levinson, S. Hirscher, S. Schwarzl, K. Lowack, F. Kamm, et al. "Comparative study of mask architectures for EUV lithography," *Proc. SPIE* **5567**, pp. 762 - 773, 2004.

[105] M. Burkhardt, "Investigation of alternate mask absorbers in EUV lithography," *Proc. SPIE* **10143**, p. 1014312, 2017.

[106] M. van Lare, F. J. Timmermans, and J. Finders, "Alternative reticles for low-k1 EUV imaging," *Proc. SPIE* **11147**, 111470D, 2019.

[107] T. Shoki, M. Ootsuka, M. Sakamoto, T. Asakawa, R. Sakamoto, H. Kozakai, K. Hamamoto, et al. "Improvement of defects and flatness on extreme ultraviolet mask blanks," *Journal of Micro/Nanolithography, MEMS, and MOEMS* **12**, no. 2 (2013): 021008.

[108] L. Van Look, V. Philipsen, E. Hendrickx, G. Vandenberghe, N. Davydova, F. Wittebrood, R. de Kruif, et al., "Alternative EUV mask technology to compensate for mask 3D effects," *Proc. SPIE* **9658**, p. 96580I, 2015.

[109] Y. Deng, B. M. La Fontaine, H. J. Levinson, and A. R. Neureuther. "Rigorous EM simulation of the influence of the structure of mask patterns on EUVL imaging," *Proc. SPIE* **5037**, pp. 302 – 313, 2003.

# 第 5 章 EUV 光刻胶

迄今为止,大多数用于 EUV 光刻的光刻胶都是基于 KrF 和 ArF 光刻胶平台的化学放大光刻胶(尽管新的材料也正在被认真考虑)。然而,在某些关键方面,EUV 光刻胶的需求与 DUV 波长下使用的光刻胶的需求有所不同。由于 EUV 光刻用于产生超出 ArF 光刻分辨率限制的特征线宽,因此 EUV 光刻胶必须具有非常高的分辨率和较低的线边缘粗糙度(LER)。同时,如第 2 章所述,EUV 光源的能量输出较准分子激光相比低很多,所以 EUV 光刻胶对灵敏度也有更高的需求。对于 DUV 光刻胶,其灵敏度是通过化学放大得到的,光酸扩散和脱保护的程度越大,光刻胶曝光所需的光子也就越少。然而,大量的扩散会显著地模糊图像,降低分辨率。为了在曝光后烘焙(post-exposure bake,PEB)之后依然保持较高分辨率图像,有一条经验是使化学放大光刻胶中光酸的扩散长度小于图形间距的约 16%[1]。依照这个经验法则,对于 20 nm 半间距的技术节点,扩散长度应小于 6 nm,并且后续节点必须更小。除了对分辨率和 LER 有更严格的要求之外,EUV 光刻胶的辐射化学机制与光学光刻胶也不同,EUV 光刻胶的这些机制将在本章的第一部分中进行讨论。

## 5.1 EUV 化学放大光刻胶的曝光机制

在 KrF 和 ArF 化学放大光刻胶中,入射光子被光致产酸剂(photoacid generators, PAG)吸收,这种光吸收的直接结果是产生酸[2]。EUV 光刻胶中的辐射化学涉及不同的机制。EUV 光子具有高能量(约 92 eV),因此光吸收通常会导致光电子的产生。酸是电子与 PAG 碰撞的结果[3-6]。这些电子可以是未散射的光电子,也可以是弹性散射的电子,甚至可以是由非弹性碰撞产生的能量较低的电子。如图 5-1 所示,能量为 $h\nu$ 的 EUV 光子的光吸收将产生能量为 $h\nu-I_e$ 的光电子,其中 $I_e$ 是产生光电子的光刻胶分子的电离能。光电子可以非弹性散射,在散射过程中会损失一些能量。这种散射可以产生更多的离子和电子,其过程一直持续到产生的电子的能量低于阈值 $E_{th}$,低于该阈值则不会发生进一步的电离。重要的是,能量足够高的电子和 PAG 之间的碰撞会导致光酸的产生。

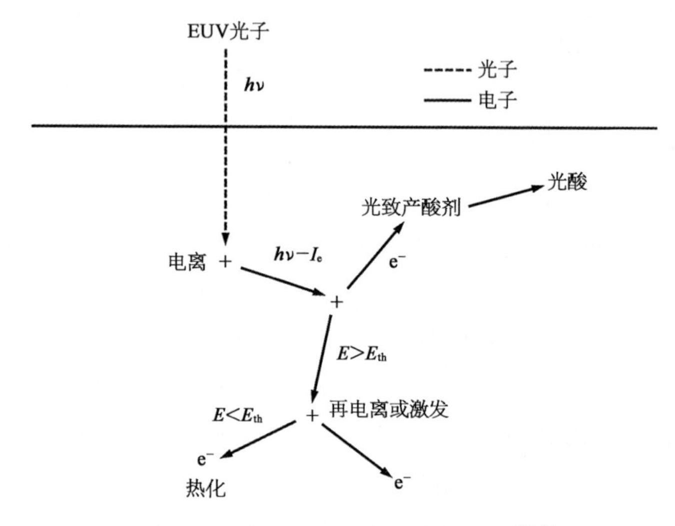


图 5-1 EUV 光刻胶的辐射化学机理示意图[7,8]

如图 5-1 所示,光电子从其起点传播并随后散射,进而产生额外的高能电子。这些二次电子中也具有诱导化学反应的潜力。因此,EUV 光刻胶的量子效率实际上可以超过 1.0[9],量子效率定义为

$$量子效率 = \frac{光酸产生数量}{光子吸收数量} \tag{5-1}$$

这与 DUV 光刻不同,后者的量子效率通常小于 1.0。

光电子和二次电子在被散射之前会传播一段距离。散射前的平均距离称为平均自由程。结果,即使在曝光后烘焙之前,光刻胶中的原始光学图像也会模糊。尽管能量约为 100 eV 的电子在有机材料中的平均自由程小于 1 nm[10,11],但可能存在多次散射事件,导致光酸产生的范围可能远大于初始光子吸收点的 1 nm。这种情况比较复杂,因为 EUV 光刻胶中的电子是通过电离产生的,电离产生的正离子会吸引电子,从而约束电子的运动范围。EUV 光刻胶中实际光电

子范围的确定仍然是一个活跃的研究领域[12,13]，其答案将帮助人们了解EUV光刻的最终分辨率能力。深入了解光电子和二次电子模糊的本质有助于找到减小其影响分辨率的方法。

尽管现有数据不完整，但已通过使用EUV干涉光刻的曝光确定了受光电子限制的分辨率上限。干涉光刻可实现比投影光刻更高对比度的空间像（所有间距的NILS=π），这样最终图像对比度的受限将来自光刻胶工艺而不是空间像。通过干涉光刻，可以获得半间距为10 nm的线空图形，这表明如果没有光电子模糊的影响，EUV光刻技术可以扩展到这个线宽[14]。

由于EUV光子相对于DUV光子具有更高的能量而可能出现的另一个问题是聚合物交联（polymer cross-linking），辐射能量越高，交联程度往往也越大。因此，光刻胶可以同时在低至中等剂量下表现出正光刻胶特性，以及在较高剂量下表现出负光刻胶特性如图5-2所示，这是与EUV光刻胶相关的另一个令人担忧的问题，应值得被注意。图5-2所示为用KrF光和EUV光曝光的光刻胶的实验特性曲线。当用KrF光曝光时，光刻胶在整个曝光范围内都显示出正光刻胶特性。然而，当用EUV曝光时，光刻胶在低等和中等剂量下表现出正胶的特性，在较高剂量下表现出明显的负胶特性。这种负光刻胶行为归因于形成光刻胶的聚合物的交联。

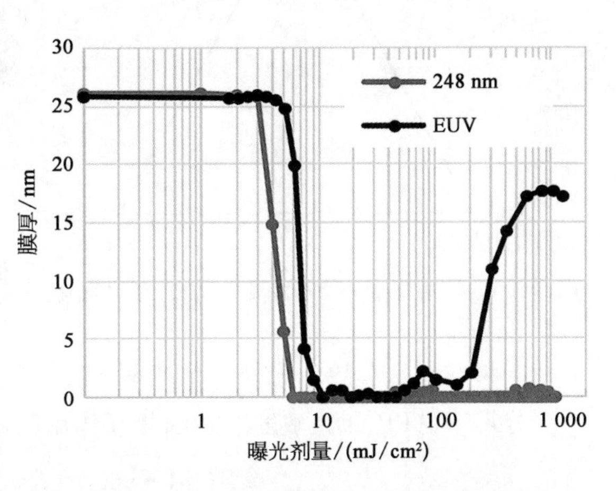


图5-2 用KrF(248 nm波长)光和EUV(13.5 nm波长)光分别曝光的单一类型光刻胶的特性曲线[15]

EUV光刻胶辐射化学的细节非常重要，因为量子级现象会影响光刻胶的特性，这些特性对EUV光刻，特别是对20 nm及以下的特征图形，有着显著的影响。第一个被公认重要的量子级特性是线边缘粗糙度（LER），它会影响线宽控制并限制EUV光刻对关键层（例如晶体管栅极和金属层）的适用性。随着针对EUV光刻的LER问题的深入研究，人们认识到引起LER概率变化的潜在物理机制同时有可能引起缺陷[16]。概率变化的物理过程通常被称为随机现象。下一节将更详细地讨论随机现象。《光刻原理》中第3章详细讨论了表征LER的指标[17]。

分辨率是光刻胶量子级现象的另一个特征。在EUV光刻的发展过程中，人们发现显影光刻胶图案能获得的分辨率远低于光学分辨率极限。对该问题的进一步研究使人们认识到光刻胶图案的分辨率受到曝光后烘焙期间光酸扩散的制约[18]。为了解决这一问题,EUV 光刻胶供应商更改了光刻胶组成,让 PAG 产生的光酸扩散长度更短[19],并增加碱性淬灭剂(base quencher)的用量[20],结果发现 EUV 光刻所获得的分辨率有显著提高。

然而,减少光酸扩散虽然可以实现更高的分辨率,但并非没有缺点。随着扩散的减少,每个光酸的脱保护量减少,导致需要更高的曝光剂量。此外,光刻胶中的扩散有助于减轻线边缘粗糙度,这种效果已经在 KrF[21] 和 ArF[22] 光刻中得到过证实。光酸扩散越少,LER 就越大。这一经验导致人们认识到分辨率、线边缘粗糙度和光刻胶曝光剂量敏感性三者之间存在权衡,这被称为 RLS 三角,如图 5-3 所示[23]。人们通常希望三角形中的所有三个量都同时减小,但实际上减小一个角的参数通常会导致另外一个或两个参数的增加。

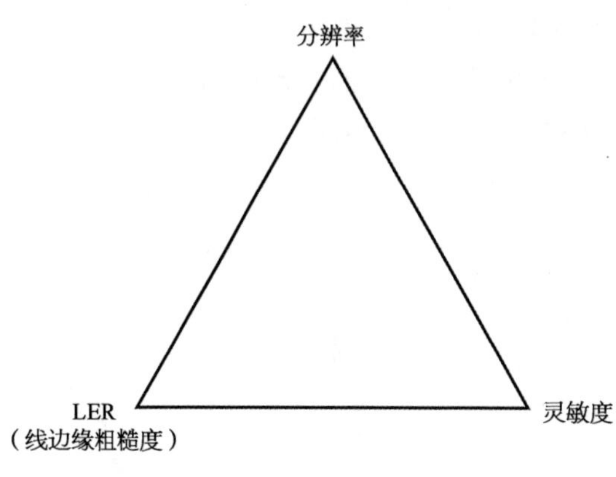

图 5-3 RLS 三角形(其中 R=分辨率、L=LER、S=灵敏度)

分辨率、LER 和灵敏度之间的相互作用已用单一指标表示,即 $Z$ 因子[24]:

$$Z(\mathrm{mJ} \cdot \mathrm{nm}^3) = R^3 \times L^2 \times S \tag{5-2}$$

式中,$R$ 为半间距分辨率,nm;$L$ 为 LER,nm;$S$ 为曝光剂量,$\mathrm{mJ/nm^2}$。单个参数 $Z$ 因子考虑了分辨率、LER 和曝光剂量之间的权衡(trade-off)。$Z$ 越小越好,典型取值约为 $2\times10^{-8}\mathrm{mJ} \cdot \mathrm{nm}^3$[25]。

需要注意的是,构成 $Z$ 因子的三个参数不能随意调整。首先,光刻技术针对特定技术节点,因此给定的节点的分辨率是固定的。此外,集成技术的要求将对 LER 规定上限,这样,曝光剂量灵敏度成为唯一不受电路级技术限制的参数。正如第 9 章将进一步讨论的,曝光剂量是与晶圆成本相关的一个问题。

## 5.2 EUV 光刻中的随机效应

尽管光学光刻中一直有关于 LER 的研究,但在 EUV 光刻中 LER 受到了更大的关注[21],原因之一就是 EUV 光刻的目标特征图形尺寸比光学光刻小得多,而对 LER 的要求通常是与特征尺寸成正比。这可以通过考虑相关尺度大小来理解。光刻胶由分子组成,光刻胶分子的颗粒将包含在光刻工艺产生的特征图案中。例如,分子量为 10 000 原子质量单位(atomic mass unit,amu)的分子的直径约为 3 nm[26]。用这种尺寸的分子制造光刻胶会导致光刻胶图案中有纹理表面,尽管这种现象会因聚合物显影后的构象变化而有所缓和。光刻胶长期以来一直由这种尺寸的分子组成,但在 7 nm 节点处有 20 nm 的图形半间距,分子尺寸是 EUV 光刻关注的特征尺寸的重要部分。尽管 EUV 光刻的目标尺寸较小,增加了对 LER 的担忧,但是更令人担忧的是 EUV 光源的功率输出较低而会直接导致 LER。

弱光源会导致光子散粒噪声,即一束光中光子数量的波动。光子散粒噪声源自基本的量子统计学,其中光子数的均方根(rms)$\sigma_n$变化与光子数$\langle n\rangle$的平均数相关,表达式如下[27]:

$$\frac{\sigma_n}{\langle n\rangle}=\frac{1}{\sqrt{\langle n\rangle}} \tag{5-3}$$

式(5-3)表述了光子数量的可变性,也可以被认为是曝光剂量的有效波动,这反过来又会导致线边缘位置在纳米尺度上的变化,即 LER。线边位置的变化 $\Delta x$ 和空间像 $I(x)$ 的关系可以表示为[28]

$$\Delta x=\frac{\Delta E}{E}\left(\frac{1}{I}\frac{\mathrm{d}I}{\mathrm{d}x}\right)^{-1} \tag{5-4}$$

$$\Delta x=\frac{1}{NIS}\frac{\Delta E}{E} \tag{5-5}$$

式中,$\Delta E/E$ 是剂量 $E$ 的百分比变化,$NIS$ 是归一化的图像斜率。如果光子散粒噪声被认为是剂量的有效波动($\Delta E$),那么光刻胶图案的边缘将根据式(5-4)和式(5-5)变化。从这些式子还可以看出,较大的边缘图像斜率可以减小光子散粒噪声对 LER 的影响。

光子散粒噪声对 EUV 的影响要比对光学光刻显著得多,在光刻中典型的表征光束的强度单位为 mJ/cm²。一个波长为 $\lambda$ 的光子能量 $E$ 为

$$E=hc/\lambda \tag{5-6}$$

EUV 光子的能量为 $1.471\times10^{-14}$ mJ。如果一束光的能量为 10 mJ/cm²,通过

1 cm×1 cm 横截面的光子数为 6.8×1 014。然而,在光刻中考虑的面积要小得多。例如,对于 10 mJ/cm$^2$ 的剂量通过 2 nm×2 nm 横截面的 EUV 光子数约为 27。从光刻的角度去思考这件事,这个数字意味着进入 2 nm×2 nm×$t$ 体积($t$ 为光刻胶厚度)的曝光剂量,其波动为

$$\frac{\sigma_n}{\langle n \rangle} = \frac{1}{\sqrt{27}} = 0.19 \tag{5-7}$$

式(5-7)所得的剂量波动还是非常大的,这也是光子散粒噪声对 EUV 光刻中 LER 的重要影响的原因。

由于曝光剂量通常以 mJ/cm$^2$ 为单位测量,因此与能量较低的光子束相比,具有高能量的光子束在单位 mJ/cm$^2$ 能量中所包含的光子数目更少。由于光子能量和波长成反比,单位剂量下 ArF 光束包含的光子数将是 EUV 光束的 193/13.5≈14 倍。如图 5-4 所示,在 10 mJ/cm$^2$ 的剂量下 EUV 光子被稀疏地吸收。光刻胶曝光区域之间有较大的空隙,因而存在粗糙度。

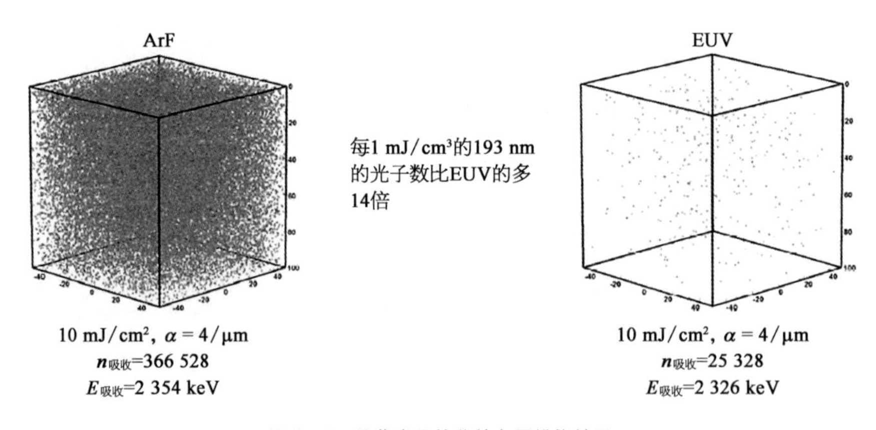


图 5-4 吸收光子的蒙特卡罗模拟结果

假设 ArF 和 EUV 曝光之间的吸收和剂量相等[29],EUV 光刻中更为稀疏的吸收位点导致比 ArF 光刻更高的 LER

除了光子散粒噪声之外,光刻过程中还有一些其他成分会波动。这些机制一直存在于光刻工艺中,但经过数十年的线宽尺寸缩放后,它们变得越来越重要了。例如,LER = 8 nm 是 250 nm 特征尺寸的 3.2%,而更小的 LER = 4 nm 对于首次引入 EUV 进行量产的 20 nm 特征尺寸而言已经是 20%。3.2%水平可以说对器件性能的影响很小(虽然不能忽略),而 20%却是相当显著了。

另一个看待该问题的角度是考虑长度尺度。碳-碳键长度约为 0.14 nm,占

20 nm 的 0.7%,而分子,即使是小分子,所占的比例也要大得多(图 5-5)。实现仅占 20 nm CD 百分之几的 LER 则需要在分子水平考虑问题。

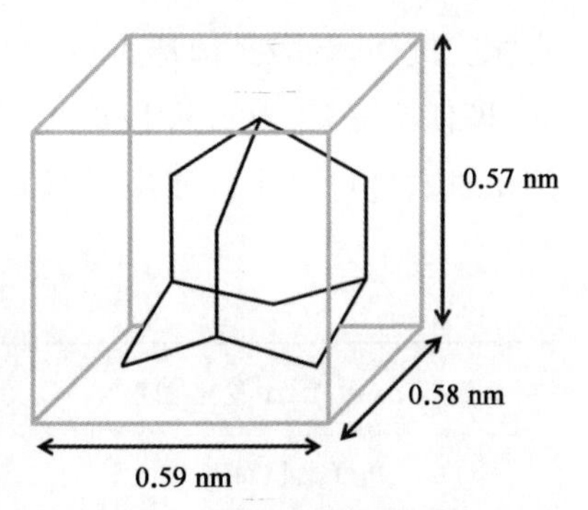


图 5-5　分子有限尺寸的示意图

该图中的分子是金刚烷,通常用于化学放大光刻胶中以提高抗刻蚀性

当研究人员查看 LER 与曝光剂量的关系图时,除了光子散粒噪声之外的 LER 来源也被识别出来(图 5-6)。如果 LER 的唯一来源是光子散粒噪声,那么 LER 应与 1/dose 成正比。从图 5-6 中可以看出,这种比例似乎是在低剂量下的情况,但在较高剂量下,实际 LER 达到了一个下限并且不会降低到某个水平以下。这表明 LER 在低曝光剂量下由光子散粒噪声支配,而高剂量时光子散粒噪声效应变小,这时其他机理变得更加突出。

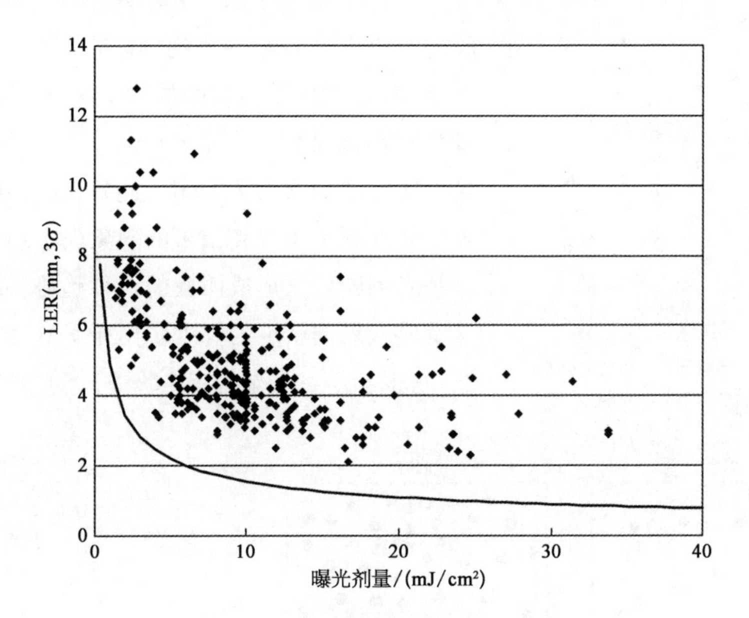


图 5-6　在劳伦斯伯克利国家实验室的 0.3NA 微视场曝光工具上曝光的各种 EUV 光刻胶的线边缘粗糙度与曝光剂量的关系

钻石符号是各款光刻胶的测量结果[17],并对掩模吸收层和多层膜粗糙度对 LER 的贡献进行了校正[31];图中的实线曲线是纯粹由散粒噪声产生的 LER 模型仿真产生的

近年来,除了光子散粒噪声之外,影响 LER 的因素也存在于光刻模型中,包括解析模型和蒙特卡罗模型。表 5-1 中列出了化学放大光刻胶的许多此类贡献因素。在各种建模研究中,有时实际上只有表 5-1 中的一部分参数在统计上发生了

变化。例如,光酸扩散通常被认为是整体模糊而不是真正的随机游走。尽管如此,即使不完善,这种模拟也提供了有效的理解和学习。统计光刻胶模型在商用仿真软件已经可以使用,例如 Prolith[29] 和 Sentaurus Lithography(S-Litho)[32]。

表 5-1 化学放大光刻胶的统计变化因素

| 统计变化因素 | 统计变化因素 |
|---|---|
| 光子散粒噪声 | 光酸产生 |
| 光子吸收 | 淬灭剂分解 |
| 光致产酸剂浓度/分布 | 光酸扩散 |
| 淬灭剂浓度/分布 | 淬灭剂扩散 |
| 电子散射,弹性和非弹性 | 脱保护反应 |

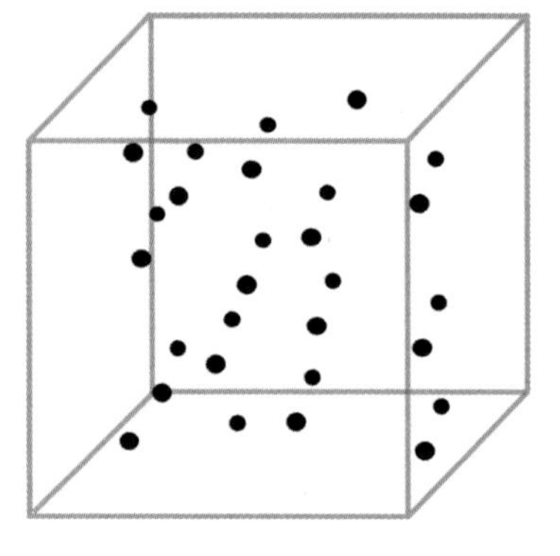

图 5-7 多组分光刻胶成分分布不均匀的示意图

在分子水平上,PAG 和碱性淬灭剂等光刻胶的组成成分分布并不均匀。在高浓度的情况下,PAG 之间的平均间距约为 1.7 nm(图 5-7),LER 将在该尺度上产生。PAG 分子之间间距的简单统计波动增大了 LER。此外,还在化学放大胶中观察到了聚合和偏析的现象(图 5-8)。聚合是光刻胶分子形成团簇的一种趋势,而偏析则涉及成分局部密度的梯度。由于 PAG 的极性特性,它很容易发生聚合(图 5-9)。

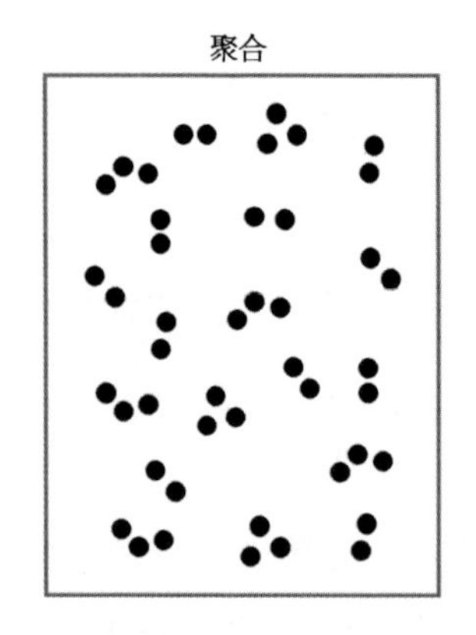


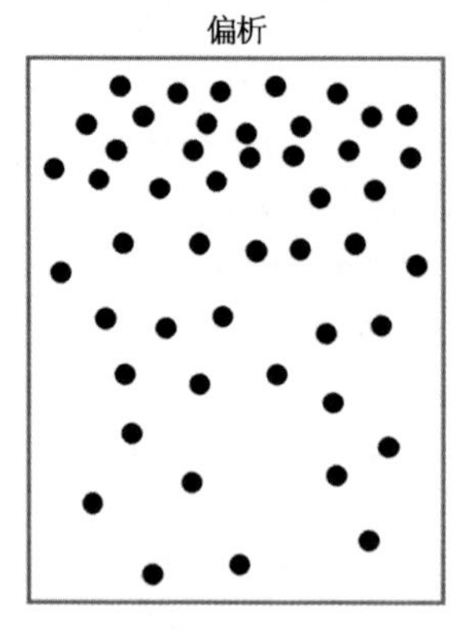


图 5-8 光刻胶中聚合和偏析的示意图

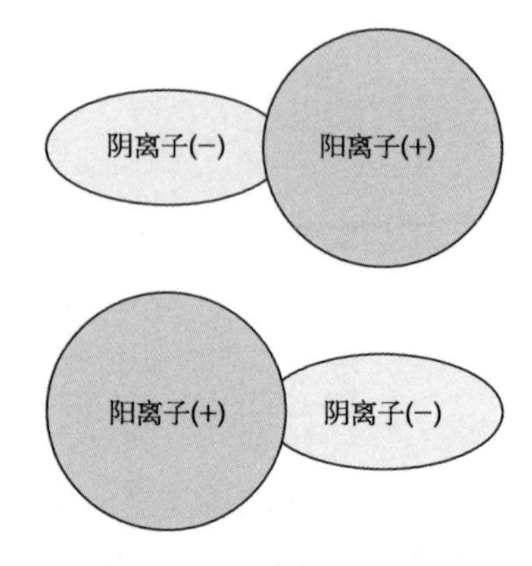


图 5-9 可导致聚合的 PAG 的极性特征

化学放大胶中的 PAG 聚合已经通过团簇二次离子质谱法实验观察到[33]，在该方法中光刻胶膜层被团簇的金原子轰击(图 5－10)。当 PAG 分子均匀分布时,由溅射薄膜的发射中检测到多个 PAG 分子的事件水平会比较低。然而,当观察到大量 PAG－PAG 共发射事件,则表明存在聚合。仿真表明聚合会增加 LER。因此,PAG 通常与抗性聚合物结合[34],从而抑制聚合,降低 LER[35]。

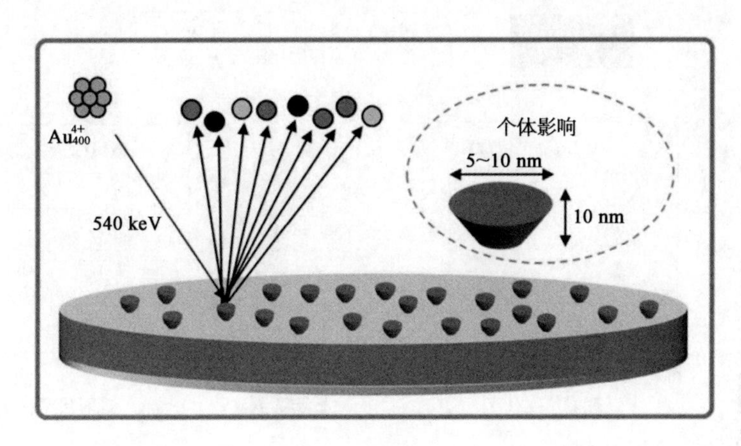


图 5－10　团簇(Massive-cluster)二次离子质谱[33]

长期以来,根据在图形化的薄光刻胶膜中观察到的特性,人们推测在化学放大光刻胶中会发生偏析。线空图形中通常有 10～15 nm 的顶部损耗,这表明光刻胶顶部的 PAG 浓度更高,这一假设与模型一致[36]。此外,随着光刻胶膜层变得非常薄,LER 也会有很大的增加[37]。晶圆加工过程中,涉及光刻胶膜图形化的情况可能会因基底而变得更加复杂,因为基底可能产生胺,会耗尽光刻胶膜底部的光酸。最近,人们用谐振软 X 射线反射测量了化学放大胶在涂胶后晶圆表面法向的偏析[38,39]。单一均匀薄膜或双层薄膜的假说,均无法与数据获得良好的拟合,但使用三层模型可以获得很好的拟合(图 5－11)。这表明材料的偏析,特别发生在光刻胶膜的顶部和底部。

光吸收对曝光后光酸分布也有影响。对于成分分布均匀的光刻胶,由于光从光刻胶膜层的顶部传播到底部时会衰减,因此更多的光诱发化学反应发生在光刻胶的顶部。

光吸收对随机效应也有影响。当曝光能量为 $E_0$时,厚度为 $T$ 的光刻胶吸收的光能量为

$$E_0(1 - e^{-\alpha T}) = E_0\left[\alpha T - \frac{1}{2}(\alpha T)^2 + \cdots\right] \tag{5-8}$$

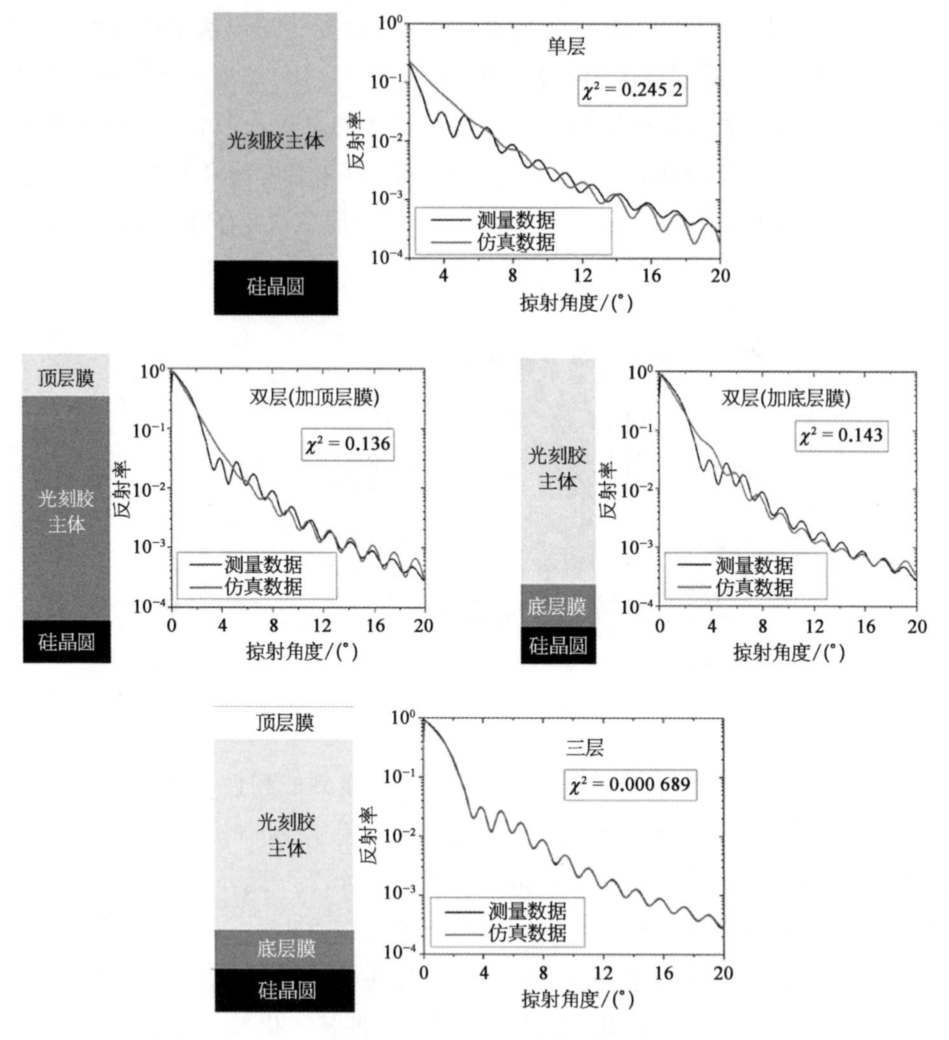


图 5-11 使用共振软 X 射线测量反射率(参见文末彩图)

当假设光刻胶膜层仅含一层或两层时难以获得良好的数据拟合[39]

考虑式(5-8)的一阶近似,在曝光剂量和光刻胶的吸收率之间存在直接的权衡。虽然曝光剂量、吸收和随机性之间的详细关系通常很复杂,但式(5-8)表明光子散粒噪声的影响可以通过增加光刻胶的吸收来抵消。

化学放大胶的溶解度取决于光酸的密度,这种密度的变化 $\Delta\rho$ 大致上正比于:

$$\Delta\rho = \frac{1}{\sqrt{\langle n_{\text{photoelectrons}} \rangle}} \tag{5-9}$$

式中,$n_{\text{photoelectrons}}$是光电子产生的密度。该光电子密度取决于光子通量和吸收,并且随着光刻胶材料的光吸收增加,其统计变化减小。这意味着可以在不单纯增加曝光剂量的情况下降低 LER。因此，在制备波长 13.5 nm EUV 光刻胶时使用高吸收率的材料是有益的。如图 1－3 所示，某些金属和碘在 EUV 波长有很高的吸收率，因此它们是 EUV 光刻胶的良好候选材料。

增加 EUV 光刻胶的光吸收需要慎重进行。如果加入的高吸收成分稀疏且不均地分散在光刻胶中，则会形成随机分散的高吸收中心，这将增加随机效应。如果加入对 EUV 光强吸收的元素，并能使其均匀分布在整个光刻胶中，则会降低随机效应。这是 EUV 光刻胶另一个需要在分子尺度上考虑的例子。

在 EUV 光刻研发初期，较低的光吸收被认为是 EUV 光刻胶的理想选择，因为较高的光吸收会导致显影后的光刻胶特征图形有较大的侧壁坡度。随着 EUV 光刻进入大规模量产的目标节点从 45 nm 转移到 7 nm，该关注点则发生了变化。在较小的特征尺寸，为了避免图案倒塌，光刻胶做得更薄。为了使光刻胶吸收相同比例的入射光，其光吸收率必须增加。随着节点的缩小，人们越来越关注 LER，这为提高光刻胶的吸收率提供了额外的动力。

除了粗糙度之外，随机效应也会导致缺陷，其示例如图 5－12 所示。这种缺陷限制了光刻能力。例如，对于 NA＝0.33、36 nm 间距代表的 $k_1$ 为 0.44，按说这对于通常的光刻标准是比较高的，但在 EUV 光刻中却需要大量的工作来保证该间距的线空图形达到量产要求。

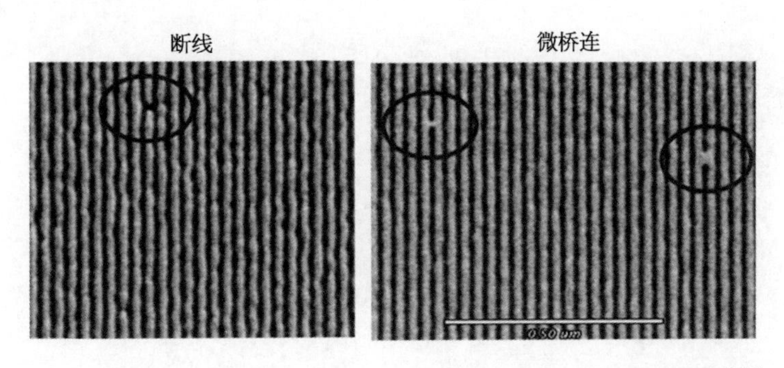


图 5－12　使用 EUV 光刻成形 30 nm 间距的线空图形中随机效应引起的缺陷[40]

随机缺陷显著限制光刻能力表现为缺陷密度对特征尺寸的指数依赖，如图 5－13 所示。平均尺寸只变小了几纳米，缺陷密度却增加了几个数量级。在先进的逻辑芯片中，量产复杂逻辑电路要求缺陷密度非常低。例如，AMD 的 Ryzen9 3900X 微处理器，它拥有约 99 亿个晶体管。每个晶体管通常有三个触点，这种微处理器所需的触点故障率要求小于 $3\times10^{-11}$。正如第 7 章将要讨论的，随机缺陷对工艺控制有重大影响。

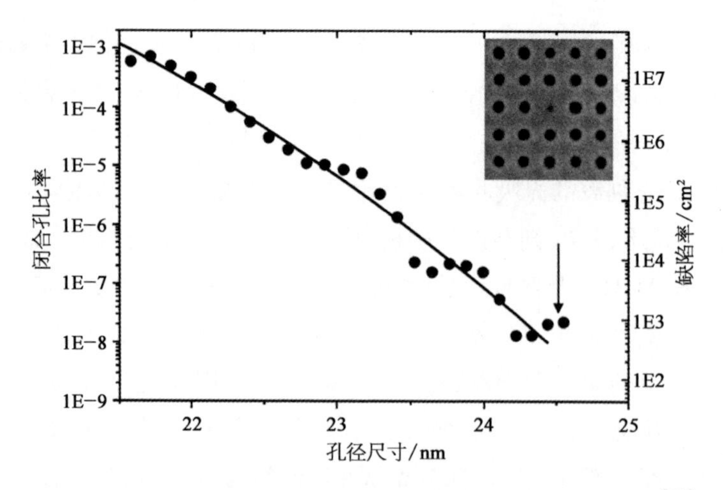


图 5-13 48 nm 间距的接触孔的缺陷密度(右侧纵轴)随孔径尺寸的变化[41]

左侧纵轴的 NOK_missing 是闭合(以及几乎闭合)的孔的数量与测量总数的比率;圆点代表刻蚀后的晶圆上的测量值,CD 代表是光刻后的线宽;实线是用 $\log_{10}(\mathrm{NOK}) = a+b\mathrm{CD}+c\mathrm{CD}^2$ 对实测数据的拟合

Hiroshi Fukuda 博士对缺陷密度与特征尺寸的指数依赖性做了深入研究,他指出光电子和二次电子轨迹可以朝着单一方向对齐,而不是在初始光激发点附近进行局部散射(图 5-14)[72-75],对于光酸扩散也有类似的考虑。如果电子在某个方向散射(或光酸扩散)的概率为 $p$,则在 $N$ 个连续步骤中的散射概率为 $p^N$。如果单个散射事件的平均距离为 $\Delta x$,那么传播 $x$ 距离的概率为(图 5-15)

$$p^N = p^{x/\Delta x} \quad (5-10)$$

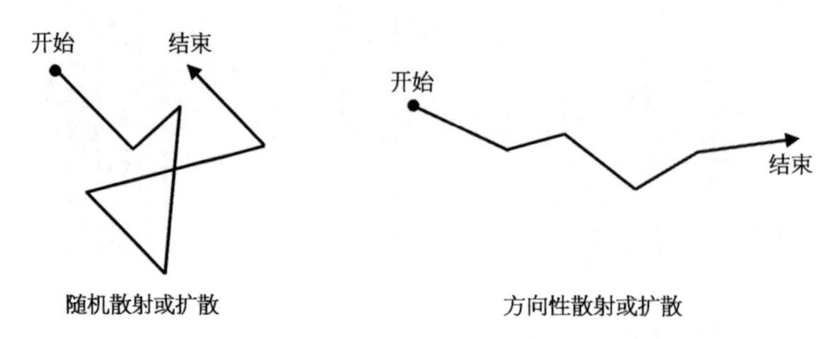


图 5-14 不同类型的散射(朝一个方向的连续散射和扩散可能导致缺陷)

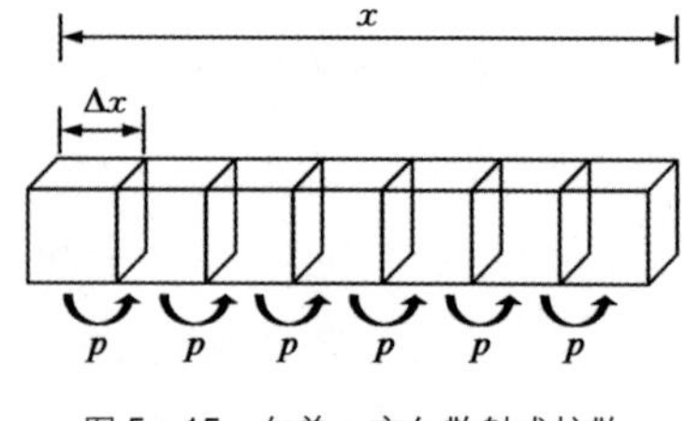


图 5-15 向单一方向散射或扩散

如图 5-15 所示,这是一个随距离呈指数变化的量。当诸如电子散射和光酸扩散之类的事件横跨某一线形图案,就会产生缺陷。例如,跨过正型光刻胶图形,因为产生脱(去)保护聚合物的路径,会导致断线的缺陷。

随机现象是缺陷的来源之一，增加了减少缺陷的复杂性，因为这使得识别缺陷的来源更加困难。光刻胶工艺过程中出现许多类型的缺陷，例如显影和冲洗后留在晶圆上的残留物，以及光刻胶中的杂质颗粒，这些在EUV光刻胶中都有，而要减少这些类型的缺陷需要将它们与随机产生的缺陷区分开来。人们已经注意到，随机效应引起的缺陷尺寸都非常小，而且几乎总是只影响单个特征图形[42]。因此，涉及多条线桥连或多个孔闭合的缺陷，表明缺陷的起源不是光刻胶随机效应，这将在第7章中进行更详细地讨论。

人们尝试分辨LER多少是由光子散粒噪声造成的，多少是由光刻胶材料造成的[43,44]，这很大程度上取决于曝光剂量。如前所述，LER在低剂量下由光子散粒噪声支配，但光刻胶材料在高曝光剂量下对LER有很大贡献。在一组有趣的仿真模拟中，利用阶跃函数的空间像来消除空间像轮廓的影响。虽然这样的空间像在物理上是不可实现的，但可以在仿真中采用。即使有无限锐利的空间像，仿真中也观察到了随曝光剂量变化的LER。从图5-16中可以看出，即使在最高剂量下，由光子散粒噪声引起的LER与其他贡献的LER相当，至少在所示剂量范围内是这样。材料优化也很重要，减少光子散粒噪声并不一定能确保低LER。

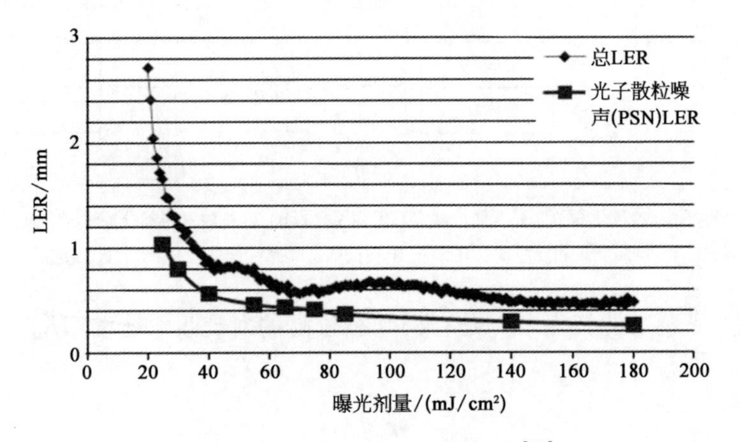


图5-16　使用清晰空间像仿真的LER[43]

图中曲线是总LER和仅由光子散粒噪声(PSN)产生的LER，曲线显示的非单调特性是由于对每个剂量的统计噪声采用了有限数量的仿真

图5-2所示负型光刻胶行为在较高曝光剂量下可能会变得复杂，这抵消了光子散粒噪声的减少，尽管这种行为可能不是所有光刻胶化学平台的特征。可能在一些较低剂量的光刻胶中会发生这种负光刻胶行为，光子散粒噪声会产生高剂量的局部区域，从而导致微桥。这种负型光刻胶表现也可能发生在一些低剂量光刻胶情形中，光子散粒噪声产生了局部区域的高剂量，进而产生了微桥。

## 5.3 化学放大光刻胶的新概念

正如上一节中描述的问题,人们正在探索用于 EUV 光刻的传统化学放大光刻胶的替代品。目标是获得满足尺寸均匀性和 LER 要求的光刻胶,同时避免极高的曝光剂量。其中一些替代概念仍然基于化学放大,本节将讨论这些概念。

其中一个被探索的新概念涉及多重触发光刻胶,如图 5-17 所示[45]。对于传统的化学放大光刻胶,PAG 在通过 EUV 曝光产生的电子诱导时直接产生光酸。在多重触发光刻胶中,有两种成分会发生辐射诱导的化学反应。这种辐射化学的副产品本身不会导致光刻胶脱保护。然而,如果密度足够高,这两种副产物会相互反应产生最终导致脱保护的分子。

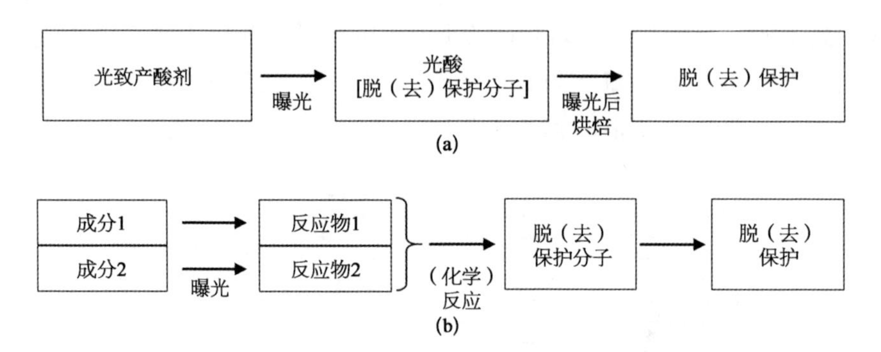


图 5-17 (a) 传统化学放大光刻胶的曝光和反应路径;(b) 多重触发光刻胶的曝光和反应路径
在高剂量曝光区域,反应物 1 和反应物 2 将结合,但在低剂量曝光区域,它们相距太远,无法产生这种结合

多触发光刻胶的特点之一是它们具有较高的对比度(图 5-18),对比度 $C$ 的定义是:

$$C = \frac{I_{\max} - I_{\min}}{I_{\max} + I_{\min}} \tag{5-11}$$

很多年前,梯度度量就取代了对比度,成为空间像和化学轮廓的重要表征,占据主导地位。虽然梯度很重要,但对比度不足的后果可以在图 5-12 中看到。较大的 $I_{\min}$ 会增加断线缺陷的可能性(对于正型光刻胶),因为光子散粒噪声导致光刻胶在显影后本该保留的部位局部超过剂量阈值的概率较高。

另一个新概念是光敏化学放大光刻胶™(photo-sensitized chemically amplified resist™,PSCAR™)[46,47]。在这种方法中,曝光区域的光酸数量会增大,成像也

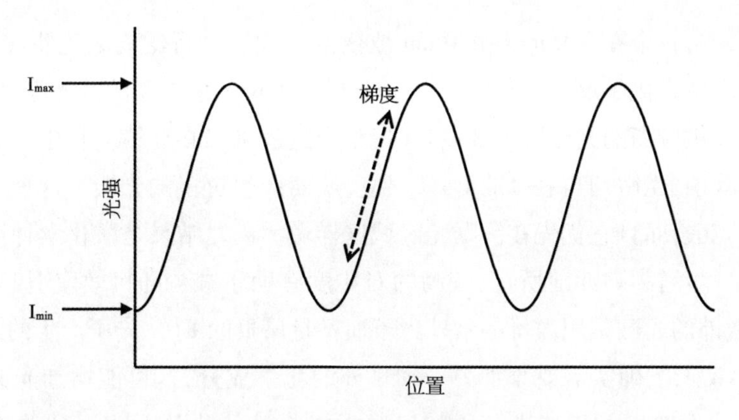


图 5－18　空间像中的对比度示意图

比仅靠增加光刻胶中 PAG 数量这种方法得到的图像更清晰。这是通过向光刻胶中添加一种光敏前体成分来实现的。图 5－19 概述了 PSCAR 过程。在曝光步骤中，PSCAR 光刻胶的行为方式与传统的化学放大光刻胶相同：PAG 被转化为光酸，与光分解碱（photodecomposable base，PDB）有效中和。

| 步骤 | 反应物 | | 产物 |
|---|---|---|---|
| 成形曝光 | PAG | ----------→ | 酸 |
| | PDB | ----------→ | 灭活 |
| | PP | ----------→ | PP |
| | 聚合物 | ----------→ | 聚合物 |
| 第一次曝光后烘焙 | PAG | ----------→ | PAG |
| | 酸+PDB | ----------→ | PAG |
| | 酸+PP | ----------→ | 光敏剂+酸 |
| | 酸+聚合物 | ----------→ | 脱保护聚合物+酸 |
| 紫外光泛曝光 | 光敏剂+PAG | ----------→ | 光敏剂+酸 |
| | 光敏剂+PDB | ----------→ | 光敏剂 |
| | PP | ----------→ | PP |
| | 聚合物 | ----------→ | 聚合物 |
| 第二次曝光后烘焙 | PAG | ----------→ | PAG |
| | 酸+PDB | ----------→ | PAG |
| | 酸+PP | ----------→ | 光敏剂+酸 |
| | 酸+聚合物 | ----------→ | 脱保护聚合物+酸 |

图 5－19　PSCAR 工艺概要

显示了重要的反应物和副产物；使用以下首字母缩略词：光致产酸剂（PAG）、光可分解碱（PDB）和光敏剂前体（photosensitizer precursor，PP）

这里有两个曝光后烘焙步骤。在第一次曝光后烘焙期间，有一些聚合物脱保护，而且重要的是光分解碱（主要在未曝光区域）中和酸，锐化了酸的化学分布。同样在第一次 PEB 过程中，光敏剂前体被酸转化为光敏剂。因此，光敏剂的分布遵循被锐化后的酸分布。

接下来是一个在 350 mm ~ 420 nm 波段紫外线下进行泛光曝光步骤,使 PAG 不会对光产生光化学反应。Tokyo Electron 提供了均匀紫外光的泛光曝光模块,因此当使用该供应商的光刻胶处理设备时,整个过程可以在连续流程中完成。在泛光曝光步骤中,光敏剂与剩余的 PAG 反应,从而产生更多的光酸。这个工艺充分地放大了光酸,而且它优先在高曝光区域这样做。最终结果是酸化学梯度和化学对比度进一步增高。如前所述,较高的对比度有助于减少随机效应引起的缺陷。应注意,额外的光酸是用廉价的紫外光子而不是昂贵的 EUV 光子产生的。

PSCAR 工艺确实需要添加另一种额外的化学成分,这可能增加光刻胶的化学随机性从而增加 LER。进一步的研究工作将确认化学对比度的改进能否抵消光刻胶额外成分增加的随机性。

## 5.4 金属氧化物 EUV 光刻胶

由于与化学放大光刻胶存在诸多问题,人们正在考虑基于不同辐射化学类型的光刻胶。一类基于金属氧化物的新型光刻胶受到了广泛的关注。这种光刻胶具有连接有机配体的金属氧化物核。二次电子或光子直接将这些配体转化为活性位点,从而使两个相邻的核发生化学键合(图 5 - 20)。最终形成不溶于有机溶剂的键合物。显然这是一种负型光刻胶,所以它不太适合用于成像接触孔和通孔,但很适合用于线形图案。对于金属核,常用的是锡元素[49],但锆和铪也会被考虑[50]。这类金属对 EUV 有很高的吸收率(图 1 - 3),这对 EUV 光刻是一个有利的特性。将金属加入光刻胶中也可以减少电子散射的平均自由程,从而减少图像模糊,并减少 5.2 节中描述的机制引起的随机缺陷。

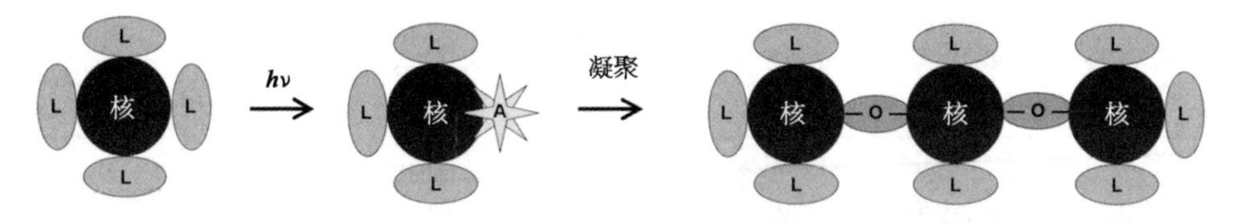


图 5 - 20 金属氧化物光刻胶的凝聚机理[51]

掺入金属有助于增强刻蚀选择性,但是,过高的刻蚀选择性也可能成为缺陷的来源,因为极少量的不溶于显影剂中的光刻胶残留会抑制刻蚀。在金属氧化物光刻胶中刻蚀后的缺陷水平高于显影后的水平,这推迟了这类光刻胶在大批量生产中的使用。

在一项研究中显示,与使用化学放大光刻胶的情况相比,使用金属氧化物光刻胶的套刻误差更高[52]。结果表明，金属氧化物光刻胶图形中有晶粒形成，导致光学套刻测量的噪声。

## 5.5　断裂式光刻胶

另一类正型光刻胶是基于高能辐射导致聚合物链断裂的物理机制，即高分子量聚合物转化为更易溶于显影剂的小分子。此类中最常用的光刻胶是聚甲基丙烯酸甲酯（PMMA）。由于 PMMA 不敏感且抗离子刻蚀性差，目前还没有被大规模量产，但它提供了良好的分辨率，有利于对光刻的探索性研究。

由于已经认识到 EUV 光刻胶中的曝光是由电子介导的，因此考虑对用于电子束曝光的光刻胶进行改性以适于 EUV 光刻似乎是合理的，这已在一种断裂式电子束光刻胶中得到了验证。虽然电子束光刻胶通常是化学放大平台，Nippon Zeon 公司生产的电子束正胶 ZEP520A[53] 由丙烯酸酯和苯乙烯组成的聚合物构成（图 5－21）。在曝光辐射下，这些聚合物会发生断裂，从而改变材料在有机显影溶剂中的溶解度。苯乙烯单体的使用也提高了耐刻蚀性。这种电子束光刻胶已被改良用于 EUV 光刻[54]。由于这些断裂式光刻胶的成分很少，因此分子水平上的随机变化概率可能较小。

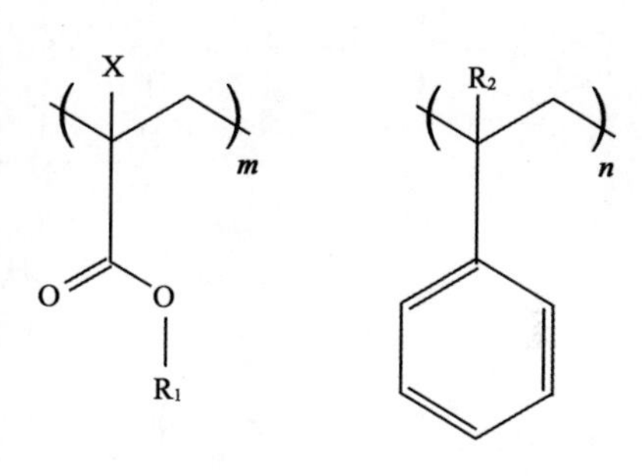


图 5－21　形成 ZEP520A 光刻胶的两种聚合物的化学结构[53]（左图的聚合物是丙烯酸酯基聚合物，右图是苯乙烯基聚合物）

## 5.6　真空沉积光刻胶

最近，有通过化学气相沉积（chemical vapor deposition，CVD）的 EUV 光刻胶中创建图形，并采用干法显影[55]。这种光刻胶工艺具有一些潜在优势，例如在显影过程中对图案倒塌的敏感性要低得多，并且真空沉积在晶圆上得到的光刻胶膜层比旋涂更加均匀。主要基于有机硅[56,57]或硫系化合物化学性质[58,59]的干法光刻胶工艺，在过去已经被探索过。但这种光刻胶曾经的应用场景并不多，其中一个例子是在需要将光刻胶保形地覆盖在形貌变化较大的表面上，此时采用旋涂光刻胶很难实现[60]。然而，随着其他类型的 EUV 光刻胶遇到了受限于分辨率和 LER 的情况，沉积光刻胶正在被重新考量。

早期的真空沉积光刻胶的化学成分是基于有机硅,目的是用于 DUV 曝光,如图 5-22 所示。这种光刻胶是负型的,并且由此产生氧化物需要氧气和/或水的存在。使用卤素化学物质可以进行干显影,从而在掺入氧气的光刻胶和未掺入氧气的光刻胶之间提供选择性。将这种方法应用于 EUV 光刻,包括氧化步骤,需要小心处理气体引入曝光系统的问题,或也可以在曝光中激活光刻胶,并在随后的步骤中,于曝光腔外发生氧化。

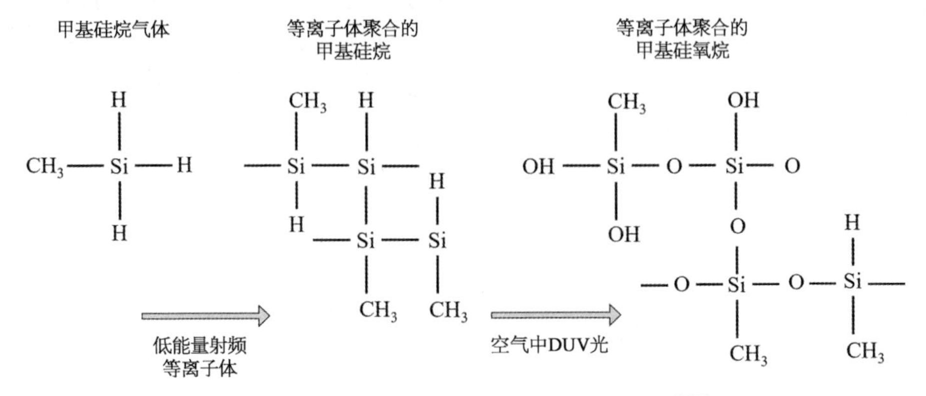


图 5-22 基于有机硅的真空沉积光刻胶的工艺概要[56]

近期,真空沉积光刻胶的 EUV 曝光结果已经公布。虽然这些 EUV 沉积光刻胶的具体成分尚未公布或呈现[55],但从中等曝光剂量($35\sim50\ mJ/cm^2$) 可以推断,其组成元素具有 EUV 波段(图 1-3)较高的吸收率(图 5-23)。

| 参数 | 32 nm间距 | | 26 nm间距 | |
|---|---|---|---|---|
| 显影 | 湿 | 干 | 湿 | 干 |
| 曝光剂量/($mJ/cm^2$) | 47 | 42 | 39 | 39 |
| 最大曝光宽容度/% | 24 | 35 | 20 | 26 |
| 线宽粗糙度/nm | 3.4 | 3.0 | 2.9 | 3.0 |
| Z因子/($10^{-8}\ mJ/nm^3$) | 2.3 | 1.6 | 0.72 | 0.77 |
| 关键线宽/nm | 16.3 | 16.1 | 13.1 | 12.9 |
| | | | | |

图 5-23 在 20 nm 厚的光刻胶中成形的图案

光刻胶以真空沉积的工艺沉积在旋涂的碳(SOC)衬底上,曝光在 0.33NA NXE:3400 光刻胶上进行[55];曝光宽容度(EL)采用±10%的线宽尺寸控制;请注意,32 nm 间距和 26 nm 间距的线的方向不同,因此掩模 3D 效果的影响是不同的(参见第 6 章)

## 5.7　光刻胶衬底材料

长期以来，使用光刻技术对半导体器件进行成形，涉及由包括平坦层和抗反射层在内的多层膜组成的复杂堆叠。对于 EUV 光刻，光刻胶下层的反射通常很少，因此 EUV 光刻不需要抗反射层。（只有经过精心设计的膜层堆叠，例如用于 EUV 掩模和光学器件上的 Mo/Si 多层膜，在 EUV 波段才具有可观的反射率）。但是，人们已经认识到，紧邻光刻胶下方的薄膜对图案成形确实有显著的影响。例如，用于 EUV 光刻的光学放大胶容易受胺污染的影响，正如先前在 DUV 光刻中发现的那样。因此，非常重要的一点是光刻胶下面的膜层不能是胺的来源，它甚至可能需要充当一个不可渗透的化学屏障以防止下方薄膜的污染。衬底是碱或酸来源的程度会影响曝光剂量，并且已经发现剂量与尺寸的比率取决于衬底材料组成[61-63]。甚至发现用六甲基二硅氮烷（hexamethyl disilazane，HMDS）[17]作为基底，基板附近光刻胶的显影速率会有所降低。随机效应产生的缺陷数量也受光刻胶衬底膜层的影响（图 5-24）[64]。

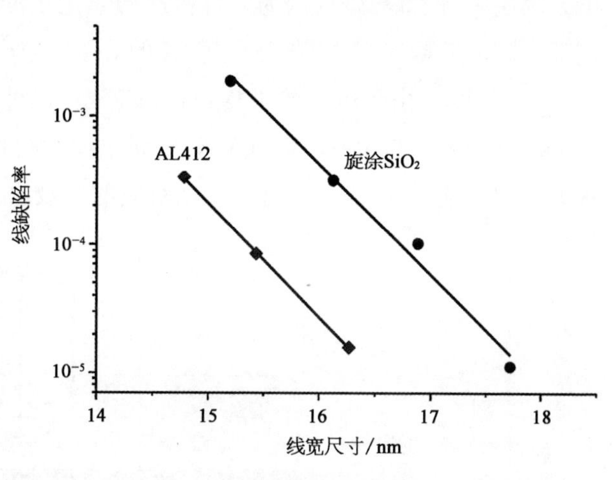


图 5-24　以正型化学放大光刻胶成形的 36 nm 间距的线宽尺寸两条曲线代表两种不同的衬底[41]，曲线的值（纵轴）PixNOK 表示微桥缺陷的比率；AL412 是 Brewer Science 公司的旋涂衬底材料[65]

如前所述，PAG 可以在旋涂过程中分离[36]。如果这种分离导致光刻胶与衬底界面附近 PAG 分子减少[62]，则显影后会出现浮渣。这种情况发生的程度取决于 PAG 分子和衬底相互作用的能量，并且这种作用的变化范围很大[61]。这意味着 EUV 光刻胶工艺的工程实现需要光刻胶材料和衬底材料的协同优化，这大大增加了工艺开发的复杂性。

过去，线边缘粗糙度的测量通常显示有衬底的影响。人们后来认识到，SEM 的测量噪声对测量粗糙度有显著的影响。如果采用了解决 SEM 噪声问题的方法,就可以正确解释 LER 和衬底的依赖关系。尽管变化范围比以前小,但这一依赖关系依然存在[66,67]。

光刻胶必须很好地黏附在衬底上。除了解决与附着力相关的传统问题(如刻蚀过程中的底部内切)之外,人们发现改善附着力可以减少图案倒塌,这对 EUV 光刻非常有意义。

此外,还发现在金属氧化物光刻胶膜层下使用的旋涂碳层的成分对刻蚀后的缺陷水平有显著的影响[68]。这在很大程度上是因为有机材料和光刻胶的无机化合物之间的刻蚀速率相差很大。对于金属氧化物光刻胶,必须避免金属化合物的化学反应或吸附到曝光区域的衬底膜层上,因为即使是非常少量的残留光刻胶也会阻止衬底的刻蚀。

已经有提议将在 EUV 波段下把具有高吸收性的元素添加到紧贴光刻胶的下方膜层中(图 5-25),因为来自衬底的光电子或二次电子会传播到光刻胶的底部,从而使曝光区域光刻胶膜层的顶部和底部之间化学反应的梯度变小[69,70]。然而,由于电子的平均自由程较短,这种方法的好处仅限于光刻胶膜底部的几纳米。将 PAG 和 EUV 敏化剂添加到衬底中是收集 EUV 光子的另一种方法[71]。这种方法还受益于增加衬底的光吸收。

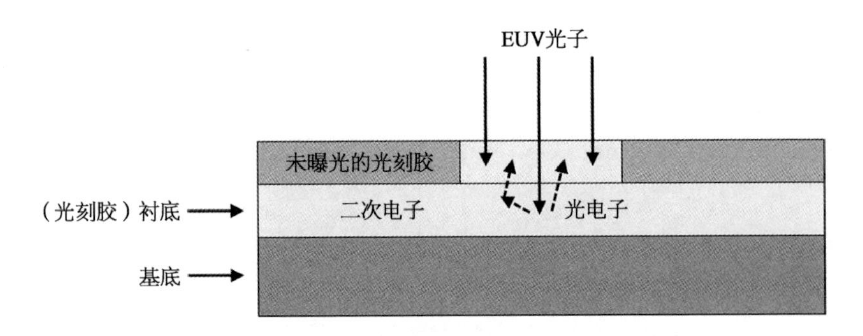


图 5-25 在衬底层产生的光电子和二次电子传播到光刻胶中

## 习题

5.1 假设光刻胶厚度为 $T$,到达光刻胶底部的总光强为 $E_0$,一个线空图形显影后初始的边缘的位置为 $x$,忽略曝光期间的光刻胶漂白效应,根据下式证明像边缘的位置偏移到 $x+\Delta x$:

$$\Delta x = \frac{1}{NIS}\alpha\Delta T, \tag{5-12}$$

式中，$NIS = \frac{1}{E_0}\frac{dE}{dx}$；$\alpha$ 为光刻胶的吸收率。

## 参考文献

[1] U. Okoroanyanwu, "Resist road to the 22 nm node," *Future Fab Int.* **17** (2004).

[2] J. F. Cameron, N. Chan, K. Moore, and G. Pohlers, "Comparison of acid generating efficiencies in 248 and 193 nm photoresists," *Proc. SPIE* **4345**, pp. 106-118 (2001).

[3] R. L. Brainard, C. Henderson, J. Cobb, V. Rao, J. F. Mackevich, U. Okoroanyanwu, S. Gunn, J. Chambers, and S. Connolly, "Comparison of the lithographic properties of positive resists upon exposure to deep- and extreme-ultraviolet radiation," *J. Vac. Sci. Technol. B* **17** (6), pp. 3384-3389 (1999).

[4] R. L. Brainard, G. G. Barclay, E. H. Anderson, and L. E. Ocola, "Resists for next-generation lithography," *Microelectron. Eng.* 61-62, pp. 707-715 (2002).

[5] T. Kozawa, Y. Yoshida, M. Uesaka, and S. Tagawa, "Study of radiation induced reactions in chemically amplified resists for electron beam and x-ray lithography," *Jpn. J. Appl. Phys.* **31**, pp. L1574-L1576 (1992).

[6] R. Brainard, E. Hassanein, J. Li, P. Pathak, B. Thiel, F. Cerrina, R. Moore, M. Rodriguez, B. Yakshinskiy, E. Loginova, T. Madey, R. Matyi, M. Malloy, A. Rudack, P. Naulleau, A. Wüest, and K. Dean, "Photons, electrons, and acid yields in EUV photoresists: a progress report," *Proc. SPIE* **6932**, 693215 (2008).

[7] T. Kozawa, S. Tagawa, H. B. Cao, H. Deng, and M. J. Leeson, "Acid distribution in chemically amplified extreme ultraviolet resist," *J. Vac. Sci. Technol. B* **25**(6), pp. 2481-2485 (2007).

[8] Kozawa, Takahiro, and Seiichi Tagawa. "Radiation chemistry in chemically amplified resists." *Japanese Journal of Applied Physics* **49**, no. 3R (2010): 030001.

[9] R. L. Brainard, P. Trefonas, J. H. Lammers, C. A. Cutler, J. F. Mackevich, A. Trefonas, and S. W. Robertson, "Shot noise, LER and quantum efficiency of EUV photoresists," *Proc. SPIE* **5374**, pp. 74-85 (2004).

[10] S. Tanuma, C. J. Powell, and D. R. Penn, "Calculations of electron inelastic mean free paths V: data for 14 organic compounds over the 50-2000 eV range," *Surf. Interface Anal.* **21**, pp. 165-176 (1994).

[11] P. Pianetta in X-Ray Data Booklet, https://xdb.lbl.gov/xdb-new.pdf

[12] S. Grzeskowiak, J. Kaminsky, S. Gibbons, A. Narasimhan, R. L. Brainard, and G. Denbeaux. "Electron trapping: a mechanism for acid production in extreme ultraviolet photoresists." *Journal of Micro/Nanolithography, MEMS, and MOEMS* **17**, no. 3 (2018): 033501.

[13] I. Pollentier, Y. Vesters, J. Jiang, P. Vanelderen, and D. de Simone. "Unraveling the role of secondary electrons upon their interaction with photoresist during EUV exposure," *Proc. SPIE* Vol. **10450**, p. 104500H (2017).

[14] O. Yildirim, E. Buitrago, R. Hoefnagels, M. Meeuwissen, S. Wuister, G. Rispens, A. van Oosten, et al. "Improvements in resist performance towards EUV HVM," *Proc. SPIE* Vol. **10143**, p. 101430Q (2017).

[15] I. Pollentier, Y. Vesters, J. Jiang, P. Vanelderen, and D. de Simone. "Unraveling the role

of secondary electrons upon their interaction with photoresist during EUV exposure," *Proc. SPIE* **10450**, p. 104500H, 2017.

[16] P. De Bisschop, "Stochastic effects in EUV lithography: random, local CD variability, and printing failures." *Journal of Micro/Nanolithography, MEMS, and MOEMS* **16**, no. 4 (2017): 041013.

[17] H. J. Levinson, *Principles of Lithography*, $4^{th}$ Edition, SPIE Press, 2019.

[18] T. I Wallow, R. Kim, B. La Fontaine, P. P. Naulleau, C. N. Anderson, and R. L. Sandberg. "Progress in EUV photoresist technology," *Proc. 23rd European Mask and Lithography Conference*, pp. 1-9. VDE, 2007.

[19] J. W. Thackeray, R. A. Nassar, R. Brainard, D. Goldfarb, T. Wallow, Y. Wei, J. Mackey, P. Naulleau, B. Pierson, and H. H. Solak. "Chemically amplified resists resolving 25 nm 1 : 1 line: space features with EUV lithography," *Proc. SPIE* **6517**, p. 651719, 2007.

[20] T. Kozawa, S. Tagawa, J. Joseph Santillan, and T. Itani. "Quencher effects at 22 nm pattern formation in chemically amplified resists," *Japanese Journal of Applied Physics* **47**, no. 7R (2008): 5404.

[21] S. C. Palmateer, S. G. Cann, J. E. Curtin, S. P. Doran, L. M. Eriksen, A. R. Forte, R. R. Kunz, T. M. Lyszczarz, M. B. Stern, and C. M. Nelson-Thomas. "Line-edge roughness in sub-0.18-um resist patterns," *Proc. SPIE* **3333**, pp. 634-642, 1998.

[22] T. Azuma, K. Chiba, M. Imabeppu, D. Kawamura, and Y. Onishi, "Line-edge roughness of chemically amplified resists," *Proc. SPIE* **3999**, pp. 264-269, 2000.

[23] G. M. Gallatin, P. Naulleau, and R. Brainard. "Fundamental limits to EUV photoresist," *Proc. SPIE* **6519**, p. 651911, 2007.

[24] T. Wallow, C., R. Brainard, K. Petrillo, W. Montgomery, C. Koay, G. Denbeaux, O. Wood, and Y. Wei, "Evaluation of EUV Resist Materials for use at the 32 nm half-pitch node," *SPIE* **6921** (2008).

[25] X. Wang, Z. Tasdemir, I. Mochi, M. Vockenhuber, L. van Lent-Protasova, M. Meeuwissen, R. Custers, G. Rispens, R. Hoefnagels, and Y. Ekinci, "Progress in EUV resists towards high-NA EUV lithography," *Proc. SPIE* **10957**, p. 109570A, 2019.

[26] T. Yamaguchi, H. Namatsu, M. Nagase, K. Kurihara, and Y. Kawai, "Line-edge roughness characterized by polymer aggregates in photo-resists," *Proc. SPIE* **3678**, pp. 617-624 (1999).

[27] F. Reif, *Fundamentals of Statistical and Thermal Physics*, McGraw-Hill, New York (1965).

[28] H. J. Levinson and W. H. Arnold. "Focus: the critical parameter for submicron lithography." *Journal of Vacuum Science & Technology B: Microelectronics Processing and Phenomena* **5**, no. 1 (1987): 293-298.

[29] J. J. Biafore, M. D. Smith, C. A. Mack, J. W. Thackeray, R. Gronheid, S. A. Robertson, T. Graves, and D. Blankenship. "Statistical simulation of resist at EUV and ArF," *Proc. SPIE* 7273, p. 727343, 2009.

[30] S. Takechi, A. Kotachi, K. Nozaki, E. Yano, K. Watanabe, T. Namiki, M. Igarashi, Y. Makino, and M. Takahashi. "Chemically amplified resist compositions and process for the formation of resist patterns," U.S. Patent 6, 329, 125, issued December 11, 2001.

[31] Dr. Patrick Naulleau has estimated that 1.43 nm of LER results from the mask absorber LER, and this has been factored out of the data by assuming that the measured LER is the root sum of squares of the mask LER and the LER due to all other factors. It is the LER due to nonmask sources that is plotted. See P. P. Naulleau, D. Niakoula, and G. Zhang, "System-level line-edge roughness limits in extreme ultraviolet lithography," *J. Vac. Sci. Technol. B* **26**(4), pp. 1289-1293 (2008).

[32] W. Gao, A. Philippou, U. Klostermann, J. Siebert, V. Philipsen, E. Hendrickx, T.

Vandeweyer, and G. Lorusso. "Calibration and verification of a stochastic model for EUV resist," *Proc. SPIE* 8322, p. 83221D, 2012.

[33] X. Hou, M. Li, M. J. Eller, S. V. Verkhoturov, E. A. Schweikert, and P. Trefonas. "Understanding photoacid generator distribution at the nanoscale using massive cluster secondary ion mass spectrometry." *Journal of Micro/Nanolithography, MEMS, and MOEMS* **18**, no. 3 (2019): 033502.

[34] R. A. Lawson and C. L. Henderson. "Mesoscale kinetic Monte Carlo simulations of molecular resists: the effect of PAG homogeneity on resolution, LER, and sensitivity," *Proc. SPIE* **7273**, p. 727341, 2009.

[35] C. Lee, C. L. Henderson, M. Wang, K. E. Gonsalves, and W. Yueh, "Effects of photoacid generator incorporation into the polymer main chain on 193 nm chemically amplified resist behavior and lithographic performance," *Journal of Vacuum Science & Technology B: Microelectronics and Nanometer Structures Processing, Measurement, and Phenomena* **25**, no. 6 (2007): 2136 – 2139.

[36] B. Rathsack, K. Nafus, S. Hatakeyama, Y. Kuwahara, J. Kitano, R. Gronheid, and A. Vaglio Pret. "Resist fundamentals for resolution, LER, and sensitivity (RLS) performance tradeoffs and their relation to micro-bridging defects," *Proc. SPIE* **7273**, p. 727347, 2009.

[37] G. R. Amblard, R. D. Peters, J. L. Cobb, and K. Edamatsu. "Development and characterization of 193-nm ultra-thin resist process," *Proc. SPIE* **4690**, pp. 287 – 298, 2002.

[38] C. Wang, T. Araki, B. Watts, S. Harton, T. Koga, S. Basu, and H. Ade, "Resonant soft X-ray reflectivity of organic thin films." *Journal of Vacuum Science & Technology A: Vacuum, Surfaces, and Films* **25**, no. 3 (2007): 575 – 586.

[39] T. Ishiguro, J. Tanaka, T. Harada, and T. Watanabe, "Resonant Soft X-ray Reflectivity for the Chemical Analysis in Thickness Direction of EUV Resist," *J. Photopolym. Sci. Technol.*, **32**, 333 – 337 (2019).

[40] H. J. Levinson, "EUV Lithography at the Threshold of High Volume Manufacturing," *EUVL Symposium*, 2018, https://www.euvlitho.com/2018/P1.pdf

[41] P. De Bisschop and E. Hendrickx, "Stochastic printing failures in EUV lithography," *Proc. SPIE* **10957**, p. 109570E, 2019.

[42] Y. Kamei, S. Kawakami, M. Tadokoro, Y. Hashimoto, T. Shimoaoki, M. Enomoto, K. Nafus, A. Sonoda, and P. Foubert, "Improvement of CD stability and defectivity in resist coating and developing process in EUV lithography process," *Proc. SPIE* **10809**, p. 1080924, 2018.

[43] A. Chunder, A. Latypov, J. J. Biafore, H. J. Levinson, and T. Bailey. "Systematic assessment of the contributors of line edge roughness in EUV lithography using simulations," *Proc. SPIE* **10583**, p. 105831N, 2018.

[44] C. A. Mack, "Metrics for stochastic scaling in EUV lithography," *Proc. SPIE* **11147**, p. 111470A, 2019.

[45] C. Popescu, G. O'Callaghan, A. McClelland, J. Roth, T. Lada, and A. P. G. Robinson, "Performance enhancements with the high opacity multi-trigger resist," *Proc. SPIE* **11326**, p. 1132611, 2020.

[46] S. Tagawa, S. Enomoto, and A. Oshima. "Super high sensitivity enhancement by photo-sensitized chemically amplified resist (PS-CAR) process." *Journal of Photopolymer Science and Technology* **26**, no. 6 (2013): 825 – 830.

[47] S. Nagahara, M. Carcasi, H. Nakagawa, E. Buitrago, O. Yildirim, G. Shiraishi, Y. Terashita, et al. "Challenge toward breakage of RLS trade-off for EUV lithography by Photosensitized Chemically Amplified Resist (PSCAR) with flood exposure," *Proc. SPIE* **9776**, p. 977607, 2016.

[48] S. Nagahara, C. Q. Dinh, G. Shiraishi, Y. Kamei, K. Nafus, Y. Kondo, M. Carcasi, et al.

"PSCAR optimization to reduce EUV resist roughness with sensitization using Resist Formulation Optimizer (RFO)," *Proc. SPIE* **10960**, p. 109600A, 2019.

[49] J. Stowers, J. Anderson, B. Cardineau, B. Clark, P. De Schepper, J. Edson, M. Greer, et al. "Metal oxide EUV photoresist performance for N7 relevant patterns and processes," *Proc. SPIE* Vol. **9779**, p. 977904 (2016).

[50] L. Wu, M. Baljozovic, G. Portale, D. Kazazis, M. Vockenhuber, T. Jung, Y. Ekinci, and S. Castellanos. "Mechanistic insights in Zr-and Hf-based molecular hybrid EUV photoresists," *Journal of Micro/Nanolithography, MEMS, and MOEMS* **18**, no. 1 (2019): 013504.

[51] W. D. Hinsberg and S. Meyers. "A numeric model for the imaging mechanism of metal oxide EUV resists," *Proc. SPIE* Vol. **10146**, p. 1014604 (2017).

[52] R. Gronheid, S. Higashibata, O. Demirer, Y. Tanaka, D. Van den Heuvel, M. Mao, M. Suzuki, S. Nagai, W. Li, and P. Leray. "Overlay error investigation for metal containing resist (MCR)," *Proc. SPIE* **10959**, p. 1095905, 2019.

[53] M. A. Mohammad, K. Koshelev, T. Fito, D. A. Z. Zheng, M. Stepanova, and S. Dew, "Study of Development Processes for ZEP-520 as a High- Resolution Positive, and Negative Tone Electron Beam Lithography Resist," *Jpn. J. Appl. Phys.* **51** 06FC05 (2012).

[54] A. Shirotori, Y. Vesters, M. Hoshino, A. Rathore, D. De Simone, G. Vandenberghe, and H. Matsumoto, "Development of main chain scission type photoresists for EUV lithography," *Proc. SPIE* **11147**, p. 111470J, 2019.

[55] M. Alvi, D. Dries, R. Gottscho, K. Gu, B. Kam, S. Kanakasabapathy, D. Li, J. Marks, K. Nardi, T. Nicholson, Y. Pan, D. Peters, A. Schoepp, N. Shamma, E. Srinivasan, S. Tan, C. Thomas, B. Volosskiy, T. Weidman, R. Wise, W. Wu, J. Xue, J. Yu, C. Fouquet, R. Custers, J. G. Santaclara, M. Kubis, G. Rispens, L. van Lent-Protasova, M. Dusa, P. Jaenen, and A. Pathak, "Lithographic performance of the first entirely dry lithographic process, presented at the EUVL Workshop, 2020.

[56] O. P. Joubert, D. Fuard, C. Monget, P. Schiavone, O. Toublan, A. Prola, J. M. Temerson, et al. "Process optimization of a negative-tone CVD photoresist for 193-nm lithography applications," *Proc. SPIE* **3678**, pp. 1371-1380, 1999.

[57] C. Y. Lee, S. Das, J. W. Yang, T. W. Weidman, D. Sugiarto, M. P. Nault, D. Mui, and Z. A. Osborne. "Feasibility of a CVD-resist-based lithography process at 193-nm wavelength," *Proc. SPIE* **3333**, pp. 625-663, 1998.

[58] A. P. Kovalskyy, J. Cech, M. Vlcek, C. M. Waits, M. Dubey, W. R. Heffner, and H. Jain. "Chalcogenide glass e-beam and photoresists for ultrathin grayscale patterning." *Journal of Micro/Nanolithography, MEMS, and MOEMS* 8, no. 4 (2009): 043012.

[59] V. Dan'ko, I. Indutnyi, V. Myn'ko, M. Lukaniuk, and P. Shepeliavyi, "The nanostructuring of surfaces and films using interference lithography and chalcogenide photoresist." *Nanoscale Research Letters* 10, no. 1 (2015): 1-6.

[60] S. Yoshida, M. Esashi, T. Kobayashi, and M. Kumano. "Conformal coating of poly-glycidyl methacrylate as lithographic polymer via initiated chemical vapor deposition." *Journal of Micro/Nanolithography, MEMS, and MOEMS* **11**, no. 2 (2012): 023001.

[61] A. De Silva, K. Petrillo, L. Meli, J. C. Shearer, G. Beique, L. Sun, I. Seshadri, et al. "Single-expose patterning development for EUV lithography," *Proc. SPIE* **10143**, p. 101431G, 2017.

[62] D. L. Goldfarb, M. Glodde, A. De Silva, I. Sheshadri, N. M. Felix, K. Lionti, and T. Magbitang. "Fundamentals of EUV resist-inorganic hardmask interactions." *Proc. SPIE* **10146**, p. 1014607, 2017.

[63] A. De Silva, I. Seshadri, A. Arceo, K. Petrillo, L. Meli, B. Mendoza, Y. Yao, M. Belyansky, S. Halle, and N. M. Felix, "Study of alternate hardmasks for extreme ultraviolet patterning." *J. Vac. Sci. Techno.* **B34**, no. 6 (2016): 06KG03.

[64] R. Gronheid, A. Vaglio Pret, B. Rathsack, J. Hooge, S. Scheer, K. Nafus, H. Shite, and J. Kitano, "EUV RLS performance tradeoffs for a polymer bound PAG resist," *Proc. SPIE* **7639**, p. 76390M, 2010.

[65] T. Ouattara, C. Washburn, A. Collin, V. Krishnamurthy, D. Guerrero, and M. Weigand, "EUV assist layers for use in multilayer processes," *Proc. SPIE* **8322**, p. 83222E, 2012.

[66] V. Constantoudis, G. Papavieros, G. Lorusso, V. Rutigliani, F. Van Roey, and E. Gogolides. "Line edge roughness metrology: recent challenges and advances toward more complete and accurate measurements." *Journal of Micro/Nanolithography, MEMS, and MOEMS* **17**, no. 4 (2018): 041014.

[67] V. Rutigliani, G. F. Lorusso, D. De Simone, F. Lazzarino, G. Papavieros, E. Gogolides, V. Constantoudis, and C. A. Mack. "Setting up a proper power spectral density and autocorrelation analysis for material and process characterization." *Journal of Micro/Nanolithography, MEMS, and MOEMS* **17**, no. 4 (2018): 041016.

[68] E. Gallagher, "EUV Lithography and Materials that Propel if Forward," *presented at the EUVL Workshop*, 2020.

[69] M. P. Belyansky, R. K. Bonam, A. Desilva, and S. Halle. "Resist having tuned interface hardmask layer for EUV exposure." U.S. Patent 9, 929, 012, issued March 27, 2018.

[70] A. De Silva, J. Church, D. Metzler, L. Meli, N. M. Felix, P. Friddle, B. Nagabhirava, S. Kanakasabapathy, and R. Wise, "High-Z metal-based underlayer patterning for improving EUV stochastics (Conference Presentation)," *Proc. SPIE* **11323**, p. 113230M, 2020.

[71] H. Xu, J. M. Blackwell, and T. R. Younkin, and K. Min. "Underlayer designs to enhance the performance of EUV resists," *Proc. SPIE* **7273**, p. 72731J., 2009.

[72] H. Fukuda, "Localized and cascading secondary electron generation as causes of stochastic defects in extreme ultraviolet projection lithography." *Journal of Micro/Nanolithography, MEMS, and MOEMS* **18**, no. 1 (2019): 013503.

[73] H. Fukuda, "Cascade and cluster of correlated reactions as causes of stochastic defects in extreme ultraviolet lithography." *Journal of Micro/Nanolithography, MEMS, and MOEMS* **19**, no. 2 (2020): 024601.

[74] H. Fukuda, "Stochastic defect generation in EUV lithography analyzed by spatially correlated probability model, reaction-limited and scattering-limited?." *In International Conference on Extreme Ultraviolet Lithography 2019*, vol. **11147**, p. 1114716. International Society for Optics and Photonics, 2019.

[75] H. Fukuda, "Impact of asymmetrically localized and cascading secondary electron generation on stochastic defects in EUV lithography," *Proc. SPIE* **10957**, 2019.

# 第 6 章　EUV 计算光刻

早期的 EUV 光刻主要涉及成形 $k_1$ 值较大的图形，这与多年来光学光刻的常规做法是一样的。例如，7 nm 节点的量产引入了 EUV 光刻，图形的半节距为 20 nm，$k_1$ 值为 0.49。但是对逻辑芯片，从 32 nm 节点开始 $k_1$ 值已经大幅低于 0.4 了。尽管有一些早期研究表明，准确地描述 EUV 光刻成像相当复杂，但是多数的难点发生在 $k_1$ 值较低的情况下。EUV 光刻的计算仿真可以解决许多问题，但多年来它受到的重视远不如 EUV 技术的其他方面。然而，为了满足 5 nm 及以下节点的要求，需要进行许多 EUV 光刻的计算仿真，特别是近期，有很多工作在开展中。

先进 EUV 光刻的计算光刻比光学光刻的更复杂，其原因有几个。首先，用于 EUV 光刻的 OPC 仍然具有传统光学 OPC 的所有要求，例如需要确保在最佳工艺条件下的目标尺寸的准确，以及整个工艺窗口的良好尺寸控制和良率，包括考虑到掩模的误差。由于 EUV 光刻应用于最先进的节点，因此精度要求必然比光学光刻更严格。用于 EUV 光刻的常规 OPC 与用于光学光刻的 OPC 之间存在一些差异。例如，对两种光刻技术而言，重要的是确保曝光图像的 NILS 不能低于一定的值，但是该度量标准可能会在 EUV 光刻中更为重要。如第 5 章所述，可以通过保持较大的 NILS 来减少光刻胶随机效应的影响，因此在 OPC 优化过程中，对 NILS 这一成像度量的权重会更高。

除了在延续传统 OPC 基础上加以更严格的容许误差之外，倾斜照明加上 EUV 掩模的特殊结构，使得 EUV 需要具有比光学光刻更严格的模型准确度，以便空间像的计算达到必要的精度。EUV 光刻的杂散光和像差也比光学光刻更重要，因此需要更多关注。这些附加因素对于 EUV 光刻都很重要，本章将对此一一进行讨论。实际中，要同时考虑所有这些不同的物理现象，这是非常具有挑战性的。

## 6.1　传统光学邻近校正的考量因素

光学邻近校正(OPC)的目的是调整掩模上的图形尺寸,以补偿非线性和光学邻近效应相关的成像失真,从而在晶圆上实现所需的尺寸。在 EUV 光刻中,这仍然是 OPC 的一个重要目标,但其过程比光学光刻更复杂。如第 4 章所述,掩模上垂直于入射平面的特征图形会被吸收层遮挡,而平行于入射平面的特征图形则不会,从而导致水平和垂直图形的尺寸偏差。校正水平-垂直线宽差异很早就被认为是 EUV 光刻 OPC 特有的一项重要功能。

实际情况比简单的水平-垂直线宽差异要复杂一些,因为入射平面在曝光狭缝上是有所变化的,在第 3 章中对此有所描述。其结果是除了位于狭缝中心的特征图形(图 6-1),其他入射平面既不严格垂直也不严格水平于曼哈顿图形。因此,水平-垂直校正将在整个曝光狭缝中变化。

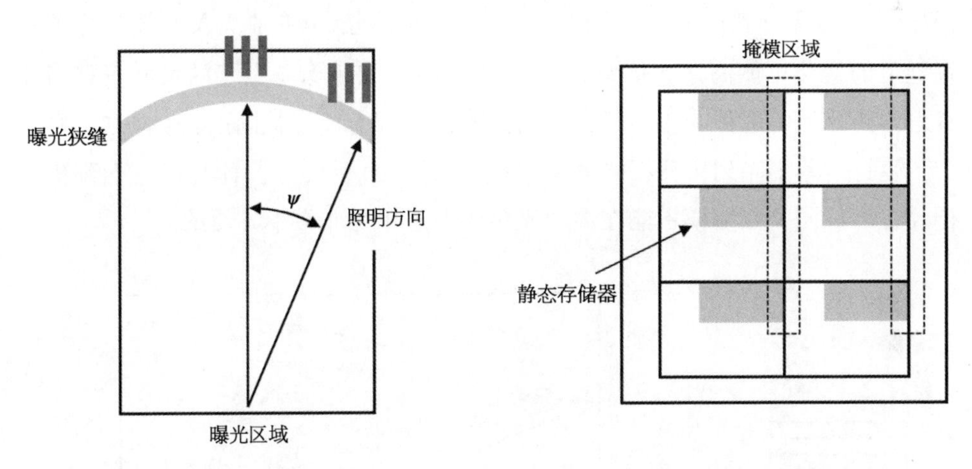


图 6-1　照明的方位角分量(该分量在曝光狭缝的不同位置是略有变化的)

图 6-2　考虑曝光狭缝带来的跨缝变化而无法继续采用版图设计的层次结构

对于 OPC,曝光狭缝上的这些变化的一个重要后果是设计图形的层次结构会遭到破坏,如图 6-2 所示,考虑制造在掩模板上以两列和三行排列的微处理器。假设每个微处理器在芯片的右上角都有 SRAM。对于掩模板左侧区域的 SRAM,照明将几乎垂直或平行于其中的特征图形。对于位于掩模板右侧区域的芯片,照明将呈一定斜角。这意味着为掩模板左侧区域的芯片生成的 OPC 不能直接应用于右侧区域的芯片,这与光学光刻中遇到的情况非常不同。在确保

OPC 准确性的情况下,这种层次结构的破坏会大大增加 OPC 的运算时间。

在几十年的过程中,光学光刻曝光系统中的物镜有显著的改进。结果是,物镜像差和杂散光仅对非常低的工艺因子 $k_1$(<0.3)才有实质影响。而 EUV 光刻的情况则大不相同。当形成图像的光线不是全部处于理想的相位时,就会产生像差,其大小与波长有关。要使 EUV 光刻具有与光学光刻相同的像差水平,意味着 EUV 透镜需要在绝对(纳米尺度)水平上比光学透镜提高 193/13.5 = 14.3 倍。镜头制造商尽管已经取得了长足的进步,但还没有达到这个水平。因此,即使对于 $k_1$>0.3 的工艺,像差对 EUV 光刻的影响也是不可忽略的。

图 6-3 显示了彗形像差对成像影响的一个示例。众所周知,彗形像差会影响有限线阵列中线的 CD[1]。EUV 曝光工具的总像差水平为 10~15 毫波长(mλ) rms[2]。如果假设像差 Z8 大约是总波像差 rms 水平的 1/2,那么从图 6-3 中可以看出,彗差将对有限线阵列中贡献 0.2~0.3 nm CD 变化。为了进一步说明这种变化,国际半导体设备与系统路线图(International Roadmap for Devices and Systems, IRDS)预计在 2025 年对金属层关键尺寸的控制要求为 1.8 nm ($3\sigma$)[3]。像差导致的 CD 变化仅占总量的一小部分,但并非无关紧要。像差在狭缝上的变化可能高达 5 倍[4],因此,通过 OPC 校正像差引起的尺寸偏移需要考虑到狭缝上的这种变化。每台光刻机的像差都有所不同,因此这种方法必然会产生针对单个光刻机独特的解决方案,并且每个掩模将仅针对特定光刻机进行校正[5]。同一张掩模不能在多个光刻机上通用是非常不方便的。

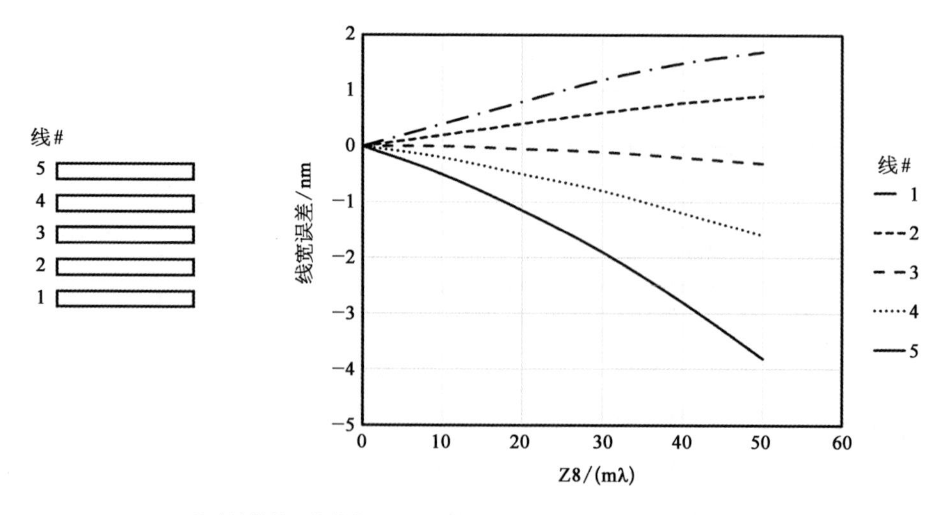


图 6-3 仿真计算的 5 线结构(左图)的每个线宽尺寸的误差随 Z8(彗差)像差的变化

该结构是 16 nm 半间距的线空图形,成像采用了 0.33NA 和四极照明[6]

如图 6-4 所示，像差不仅会影响 CD 也会影响图形放置误差[7]。由于套刻精度要求非常严格，因此图形放置误差是 EUV 光刻的一个重要考虑因素。下一章将讨论使用 OPC 补偿图案放置误差。

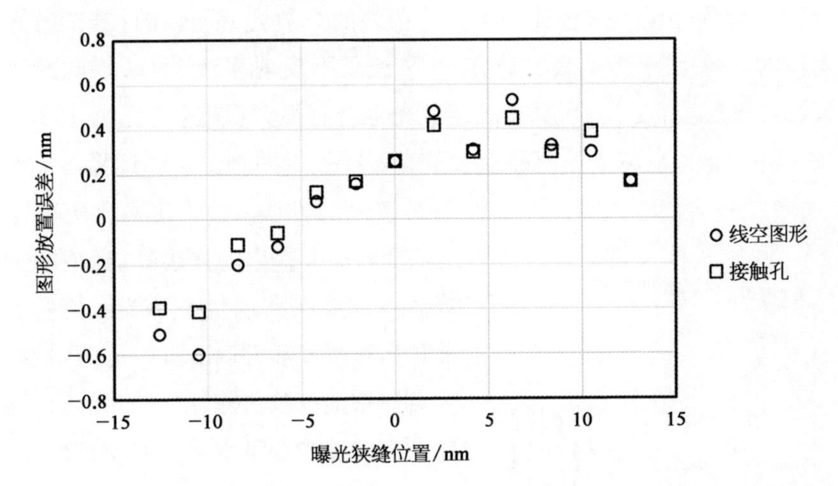


图 6-4　基于 NXE:3300B EUV 光刻机的测量像差计算出的图形在曝光狭缝不同位置的放置误差[8]

计算的设置条件包括：环形照明，线空间图案在 $y$ 方向上的间距为 40 nm，接触孔图案在 $y$ 方向上的间距为 40 nm，在 $x$ 方向上的间距为 56 nm

如第 3 章所述，EUV 镜头相对于光学光刻镜头具有更高的杂散光水平。对于 7 nm 节点，EUV 光刻的主要应用是接触孔层和通孔层，杂散光的影响较小。但是，对于后期节点，EUV 光刻将应用于具有更大亮区的线空图形，必须对杂散光进行补偿。重要的是，空间像的准确计算必须考虑掩模板的布局密度。

如图 3-10 所示，光学系统中的杂散光是光从粗糙镜面散射的结果。由于这种散射可以在一定角度范围内发生，因此产生的杂散光将在一定距离范围内发生。大角度散射导致远距离杂散光，通常被视为均匀的背景光，叠加在空间像上。远程杂散光的总量是掩模上反射区域总量的函数。短程散射和掩模布局密度细节更为相关，因为短程和中程散射的量将是吸收体局部覆盖的掩模区域百分比的函数。杂散光对距离范围和图案密度的依赖性早已公认，并且在使用 EUV 光刻制造首个集成电路时就对此进行了校正[9]。

评估杂散光 $I_S$ 的一种方法是在成像区域内使用一系列高斯函数卷积没有杂散光的空间像强度 $I$：

$$I_S(x,y) = I_{DC} + \sum_{i=1}^{N} \frac{a_i}{r_i^2} \iint_{\text{Field}} I(x',y')\, e^{-\frac{(x-x')^2+(y-y')^2}{r_i^2}} \mathrm{d}x'\mathrm{d}y' \qquad (6-1)$$

式中，$I_{DC}$为恒定的杂散光背景；$N$ 为考虑杂散光的空间范围的数量。在 ArF 光刻中的杂散光研究中，选择了三个范围，空间范围 $r_i$跨越 3～6 800 μm[10]，这种方法也可以应用于 EUV 光刻。在没有光谱过滤的情况下，DUV 波段的光可以从 EUV 光源传输到晶圆。这种光被看作是额外的杂散光，需要在计算杂散光补偿时考虑在内[11]。由于钽基吸收体在 DUV 波长下反射率约 15%，因此即使大部分掩模被吸收层覆盖[12]，DUV 光对杂散光也会有很大贡献。

在一定的空间距离范围内补偿杂散光需要相应的测量。已经提出了各种测量杂散光的方法[13]，大多数常见的方法都是在 Joe Kirk 提出的方法基础上的改进[14]，光刻胶需要在高剂量下曝光。掩模上的吸收体区域曝光后，其相应的晶圆区域在正型光刻胶中应该被清除（显影后），可以通过确定所需的曝光剂量水平来测量杂散光的量。这种方法适用于光学光刻[15]，但它很难应用于 EUV 光刻，因为在正光刻胶中高曝光剂量时可能发生负光刻胶行为，如第 3 章所述。适用于 EUV 光刻的一种替代方法是带状环近似法（ZRAM），该方法通过测量被一系列变化的透明区域所包围的、能感知杂散光的特征图形来评估杂散光（图 6－5）。

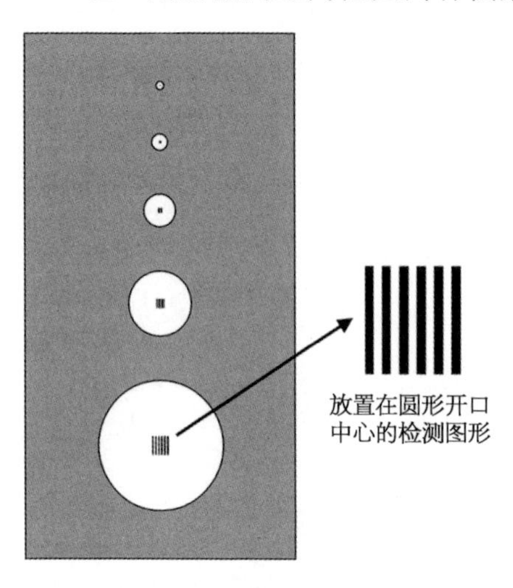


图 6－5　环带近似结构示意图

用于测量杂散光和距离的关系，环的直径呈对数变化[16]

杂散光会降低空间像的 NILS（参见习题 6.2）并增加工艺偏差[17,18]。即使 OPC 在最佳剂量和焦点处校正了 CD，杂散光也会增加工艺变化带宽（PVbands），尤其是在考虑随机效应的情况下，进行工艺窗口的 OPC 时需要考虑到这一点。

在考虑掩模 CD 的变化对工艺窗口的影响时，掩模误差增强因子（MEEF）是一个重要的考虑因素。EUV 让光刻回归到单次曝光，对密集图案而言，MEEF 就可能很高。长期以来，某些特征图形，例如线端对线端（图 6－6），在光学光刻中可以通过使用切割层（cut layer）或遮挡层（block layer）的单独曝光来构造，因此，这些特征图形较大的 MEEF 值并没有造成严重的后果。针对图 6－6 所示设计布局中的各种图形进行了优化研究，结果总结见表 6－1。可以发现，线端对线端特征图案是最具挑战性的，它往往是整体的工艺窗口的瓶颈。值得注意的是，在光源掩模优化（SMO）中加入亚分辨率辅助图形（sub-resolution assistant feature，SRAF）能很大程度地扩大工艺窗口[20]。SMO 和反演光刻技术（ILT）将在 6.4 节中进一步讨论。

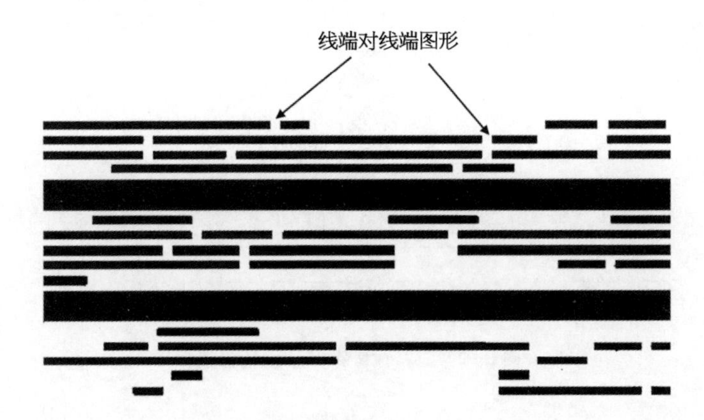


图 6-6　5 nm 技术节点处的第二金属层版图示例[19]（金属线间距为 32 nm，线端对线端的尺寸为 25 nm）

表 6-1　图 6-6 所示图案的 MEEF 范围

| 图形类别 | 未加 SRAFs 的 MEEF | 加了 SRAFs 的 MEEF |
|---|---|---|
| 线空图形 | 1.0~2.7 | 0.7~2.7 |
| 线端对线端图形 | 2.0~8.0 | 1.8~4.8 |

如本节所述，EUV 光刻也需要解决光学光刻中 OPC 的常见问题，尽管某些因素的权重可能在更先进的技术节点上有所不同，但在应用于 EUV 光刻时精度需要更高。与光学光刻相比，下一节要讨论的内容则对 EUV 光刻更为重要。

## 6.2　EUV 掩模的三维效应

光学光刻和 EUV 光刻的空间像建模之间的主要区别在于：掩模的三维（3D）效应对成像的影响程度。虽然已知这种效应也会影响光学光刻，但是薄掩模模型和完整 3D 模型计算的图像之间的差异很小，通常可以用有效的近似值来考虑 3D 效应。在 EUV 光刻方面，掩模 3D 效应则十分显著，用无限薄的吸收体和反射体的理想薄掩模模型，其精度远远不够。通常不能将掩模 3D 效应简单地视作一种对薄掩模成像模型的扰动。实际情况更为复杂，如图 6-7、图 6-8 所示，由于吸收体材料并非完全不透明，因此有一些光会透过吸收体（如第 4 章所述，基于钽的吸收体的衰减长度约为 25 nm）。对于多层膜反射镜，堆叠中的每个界面都有反射，这会导致掩模上相当复杂的相互作用。

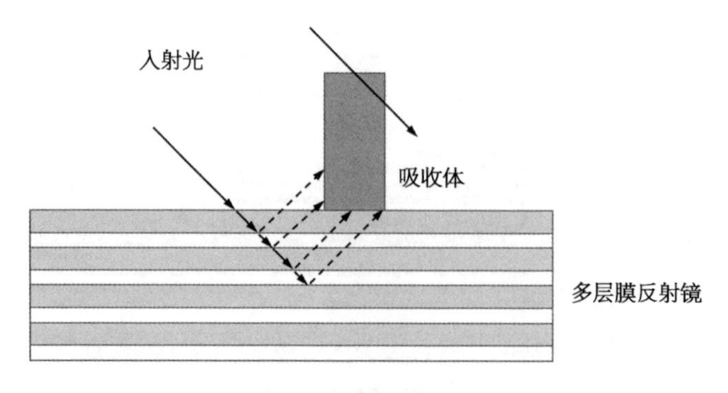


图 6-7　EUV 成像的 3D 效应示意图

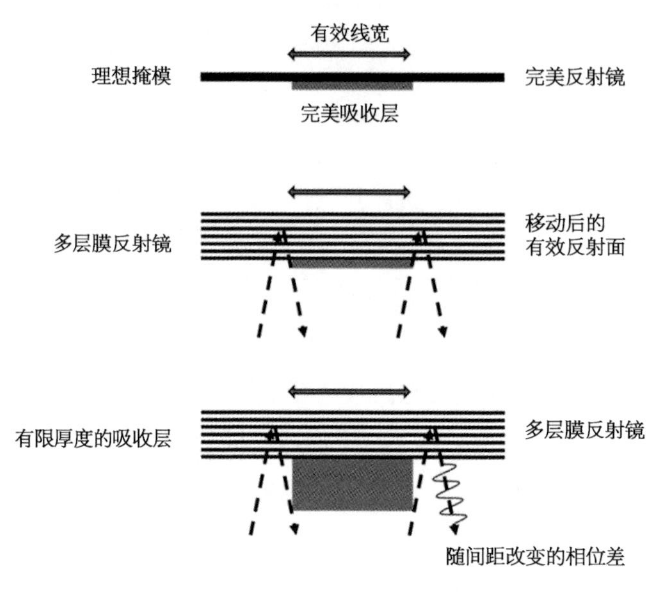


图 6-8　有限厚度的吸收层和多层膜反射镜的影响示意图

正如本章接下来将会介绍到的，EUV 光的斜入射与掩模结构之间相互作用的 3D 特性，会导致不同间距的最佳焦面偏移、成像模糊和成像放置误差等效应。在多层膜和吸收体中使用光学吸收系数更大的材料可以减少这些不良影响，但其空间像的计算一定需要 3D 模型。

考虑到 EUV 光与掩模相互作用的 3D 属性，不仅涉及应用复杂的模型来精确计算空间像，还需要考虑与光学 OPC 相同的因素来调整掩模上图形的尺寸。EUV 光刻的早期严格仿真研究表明，即使没有球面像差，最佳聚焦平面也是图形间距(pitch)的函数[21]。这项研究的结果可以在图 6-9 中看到，一系列图形间距之间的最佳焦点范围有 40 nm。在光学光刻中，无像差是不会看到如此大的焦点对间距的依赖性。如果不采取措施来减轻随间距而变化的焦点，那么可用的工艺窗口将被这种物理效果大大限制。在最初生成图(图 6－9)中所示数据时,人们认为 EUV 光刻可能会在最小间距为 160 nm 时引入[22,23],在这种情况下,焦点偏移范围将小于 40 nm,因为大部分焦点变化发生在较小的图形间距。请注意,160 nm 间距的 $k_1$值(约 1.5@ NA = 0.25)相当大。由于 EUV 光刻的实际引入点是在间距为 40 nm($k_1$ = 0.49@ NA = 0.33)上,因此,焦面随间距的变化成为量产中使用 EUV 光刻的一个不可忽视的问题。

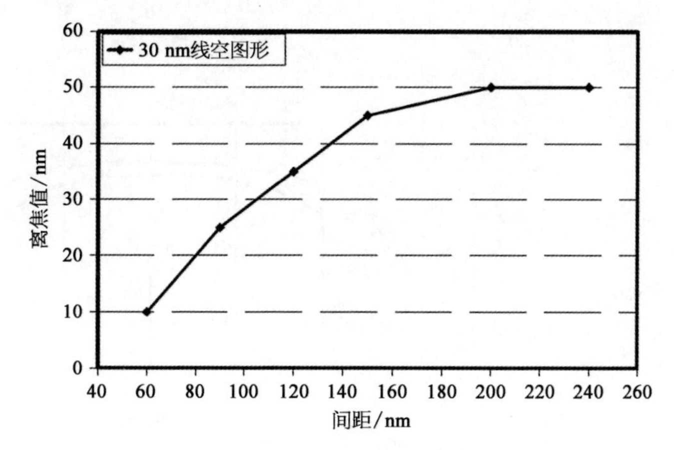


图 6－9　对线宽为 30 nm 的线空图形的离焦和间距的仿真结果[21]

仿真条件包括:掩模吸收层由 28 nm $SiO_2$ 缓冲层及上面 100 nm 厚的 TaN 组成,NA 为 0.25[21]

最佳焦面受 EUV 掩模 3D 效应影响的另一种情况为图 6－10 中所示两线结构(2 bar 结构)。当使用对称的双极照明成像时,上线和下线的最佳焦面相差甚大。对于 32 nm 间距的结构,在仿真中发现两条线的最佳焦面相隔超过 50 nm(图 6－11)。这种情况可以通过调节照明来改善。使用重新设计的对称照明,两条线可以具有相同的最佳聚焦平面。使用这种改进的对称照明,即使在最佳焦面上两条线的 CD 仍然存在一定差异,但是可以通过调整掩模上的图形尺寸(即通过 OPC)来纠正。或者,使用非对称照明也可以改善这种情况,使两条线的最佳焦面重合,并曝光出相同的 CD[24]。在这个例子中,尽管掩模图案是对称的,但是整体对称性已被 EUV 的倾斜照明破坏,导致上下两条线的最佳焦面不同或成像的 CD 不同。EUV 光刻的 OPC 和 SMO 需要解决这些影响,并找到适用于各类特征图形和各种间距的全局解决方案。

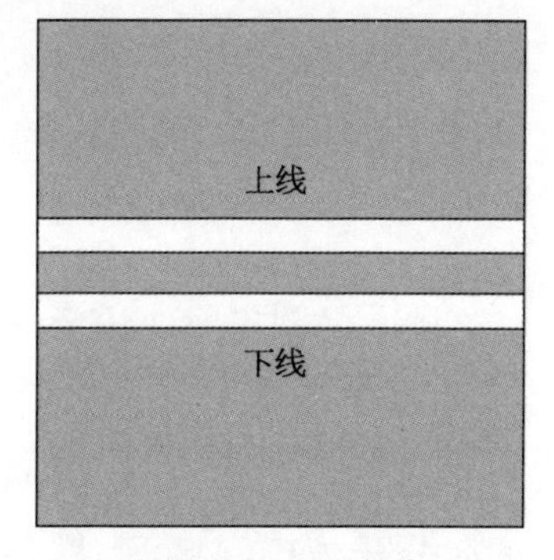


图 6－10　2 bar 结构

2 bar 结构由两条线组成,相互之间的间距较小,但与其他图形相对隔离

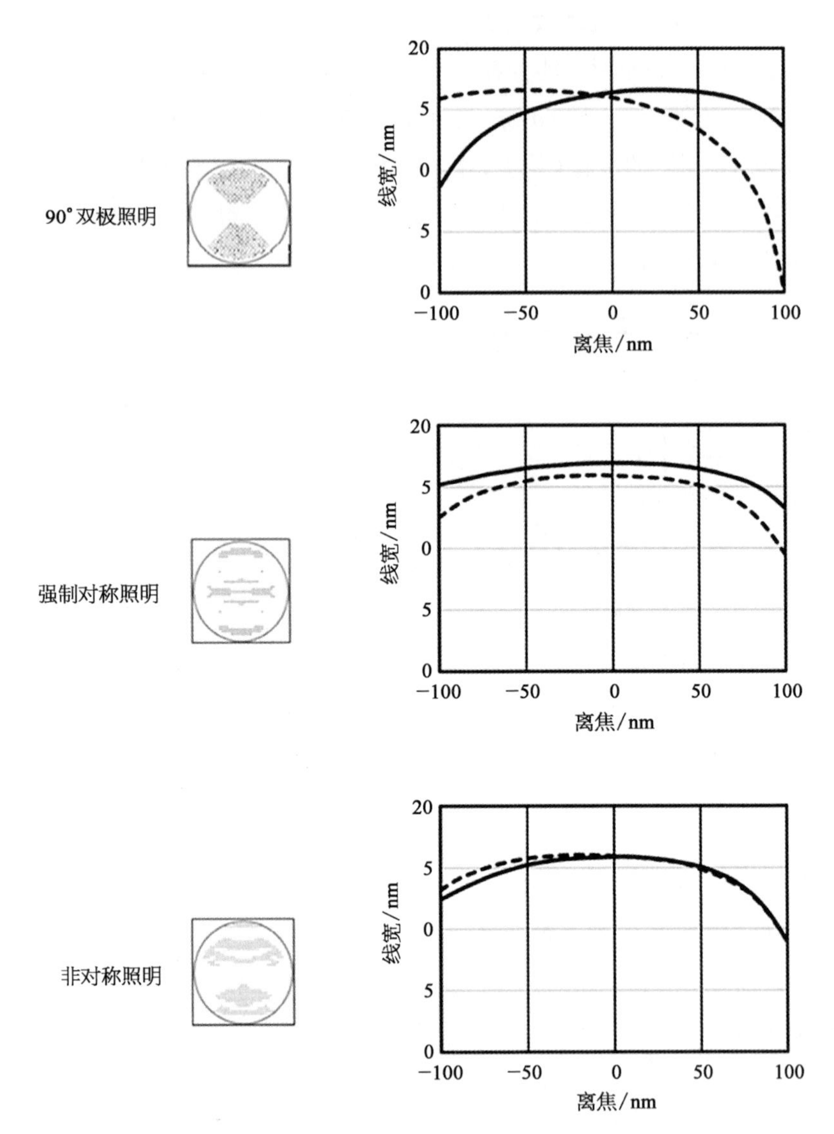


图 6-11 2 bar 结构在对称和非对称照明下的成像线宽

实线代表间距为 32 nm 的 2 bar 结构下线的仿真线宽(暗场结构)[24]

随着晶圆焦面变化,特征图形发生横向移动是另一个早期发现的与焦面相关的 EUV 掩模 3D 效应[25-27]。由于图案成像位置与焦面有关,通常将其称为晶圆非远心度误差(nontelecentricity)。应该将其与投影光学系统掩模侧的非远心度区分开,如第 4 章所述,后者的图案位置随掩模的平面而变化。由于图形偏移量在典型的离焦范围内呈线性变化,因此晶圆非远心度误差可用一个无量纲数表示,等于图案偏移量除以离焦,这两个量均以 nm 为单位。参考图 6-12 所示等高线图,质心位置,即图案位置,随焦点而变化。这种变化近似线性,其影响的大小以角度 $\theta$ 来度量,因此,非远心度的单位通常也用毫弧度(milliradian,简称 mrad)。

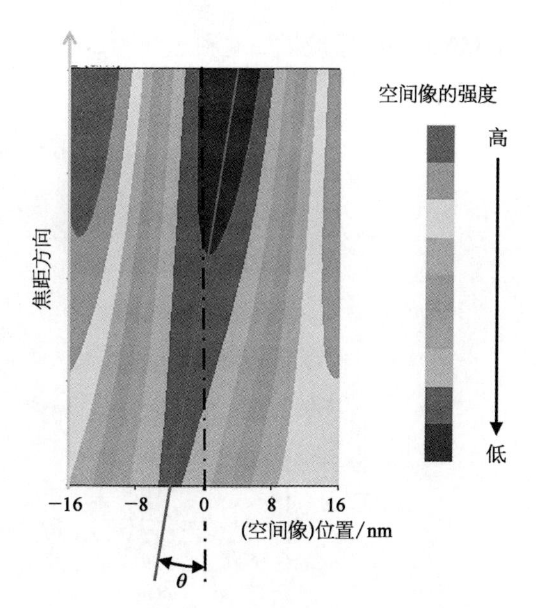


图 6 - 12　仿真的空间像的强度等高线图(仿真是在 0.42NA 和 32 nm 间距线空图形进行的[25])(参见文末彩图)

图 6 - 13 显示了由于掩模 3D 效应导致的非远心误差的结果,不同的图形间距,其位置偏移随离焦的变化也有所不同。2020 年的 IRDS 提出,对 2025 年的逻辑芯片的套刻精度要求为 2.0 nm。如果以离焦而导致的最大位置偏移量来算,它会占据很大一部分总套刻精度的预算。由于最大的位置偏移发生在较大的离焦值,因此焦面控制能力好就可以将非远心度的影响最小化。此外,图形间距变化范围较大就会导致较大的位置范围偏移,因此也可以使用亚分辨率辅助图形(SRAF)来减少这些偏移。

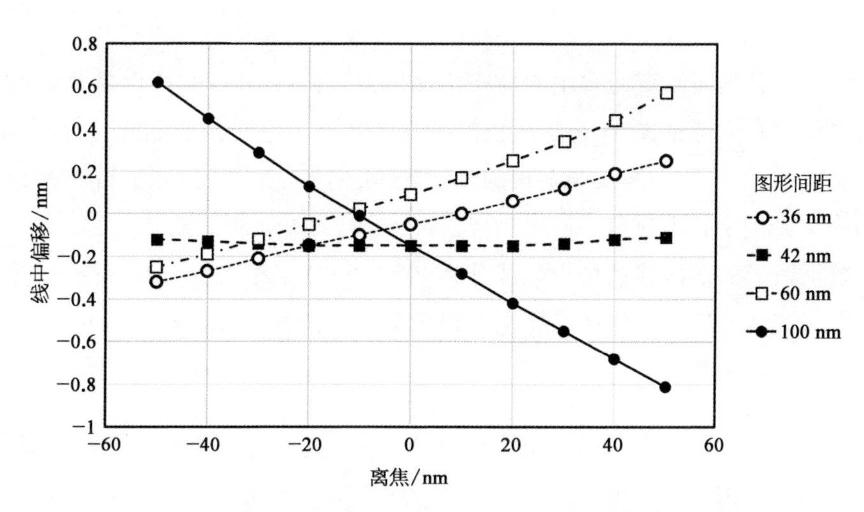


图 6 - 13　不同间距图形的全焦程图形偏移误差[28]

测量晶圆上绝对的图形偏移并非易事。然而,晶圆非远心度误差因图形间距而异,因此可以测量间距之间图形偏移的差异。在一项研究中发现,0.33NA 光学系统下不同间距的非远心度差异最大为 11 mrad(图 6 - 14)。对于

0.33NA EUV系统[29]，瑞利焦深为±62 nm。在此离焦范围内，引起的相对图形放置误差将为

$$11 \times 10^{-3} \times 62\ \text{nm} = 0.68\ \text{nm} \tag{6-2}$$

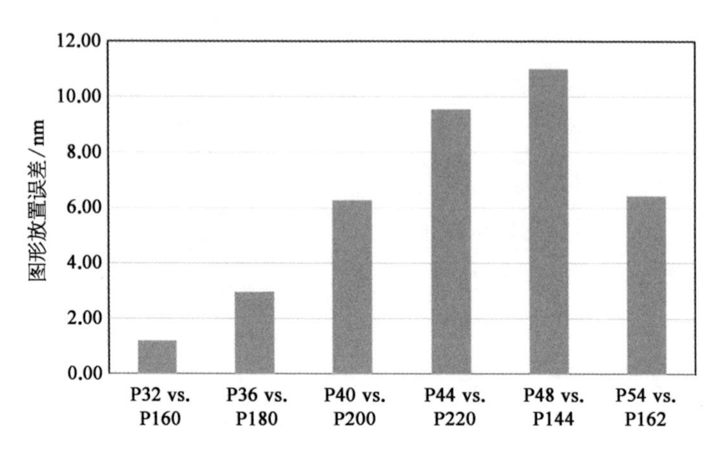


图 6-14　对不同间距的水平方向线空图形所测量的非远心度误差
曝光在 0.33NA EUV 光刻机上完成，掩模的吸收层为 70 nm 厚的 TaN[29]

这是 7 nm 及以下技术节点的套刻精度预算的很大一部分。对于 EUV 光刻，这意味着需要根据套刻精度的要求而更严格地控制焦面，而不仅是考虑 CD 的要求。

这种随着焦面改变而发生的横向移动对工艺窗口 OPC 会产生显著影响，其将需要同时考虑特征图形中心线和边缘线的移动。这个示例说明了不能简单地把 EUV 光刻等同于波长非常短的光学光刻，例如这种中心线偏移的现象在传统的光学光刻中并不显著。

特征图形的横向移动会影响成像质量和套刻。考虑图 6-15 所示情况，其中由单极光源照明的光栅图像将由两极衍射光之间的干涉形成。图 6-15 所示两条衍射光的振幅由下式给出：

$$A = A_0 e^{ik_x x + i\phi_0} + A_1 e^{-ik_x x + i\phi_1} \tag{6-3}$$

干涉强度由下式给出：

$$I = A_0^2 + A_1^2 + 2A_0 A_1 \sin(k_x x + \Delta\phi) \tag{6-4}$$

其中，

$$\Delta\phi = \phi_1 - \phi_0 \tag{6-5}$$

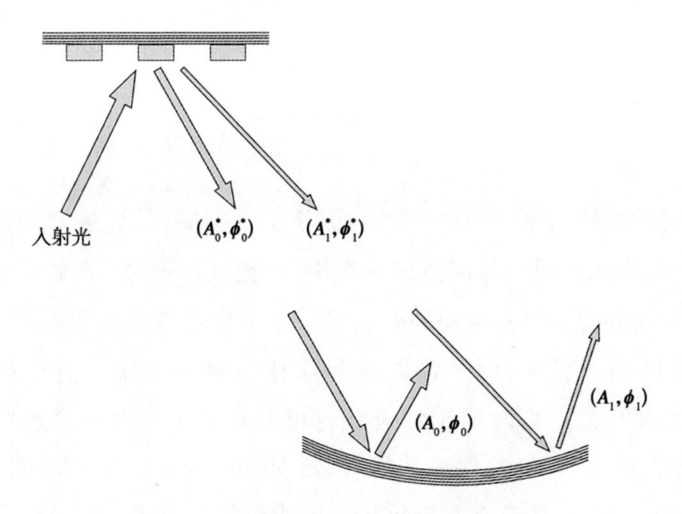


图 6－15　不同强度($A_i$)和相位($\phi_i$)的衍射光线

在光学光刻中,±1 阶衍射光的强度是平衡的,并且在不考虑像差的投影光学系统中,它们在晶圆面上具有相等的相位。对于 EUV 光刻,光线穿过吸收体和多层膜之后能量有差异,导致光强不平衡。产生的成像对比度

$$C = \frac{I_{\max} - I_{\min}}{I_{\max} + I_{\min}} = \frac{2(A_1/A_0)}{1 + (A_1/A_0)^2} \tag{6-6}$$

从式(6－6)可以看出,当 $A_0 \neq A_1$ 时,对比度下降(参见习题 6.1)。此外,由于存在相位差 $\Delta\phi$[式(6－4)],图像会发生偏移。对于单极照明,可以通过 OPC 校正此偏移。但是通常曝光并不使用单极照明,因为它会导致较大的非远心误差,即图案成像位置随离焦而发生偏移。如果使用双极照明,则所得强度为两个单极照明下的干涉强度之和,注意两者[式(6－4)]中的相位差符号不同。因此,对称双极照明的干涉强度为[30]

$$\begin{aligned}\frac{I + I'}{2} &= A_0^2 + A_1^2 + A_0A_1\sin(k_x x + \Delta\phi) + A_0A_1\sin(k_x x - \Delta\phi) \\ &= A_0^2 + A_1^2 + 2A_0A_1\sin(k_x x)\cos(\Delta\phi)\end{aligned} \tag{6-7}$$

照明的两个极强度不平衡和系数 $\cos(\Delta\phi)$ 进一步降低了对比度,总图像是两个相反方向移动的图像之和的结果。其中,系数 $\cos(\Delta\phi)$ 代表了总图像为向相反方向偏移的两极的干涉图像之和:

$$C = \frac{I_{\max} - I_{\min}}{I_{\max} + I_{\min}}$$
$$= \frac{2(A_1/A_0)}{1 + (A_1/A_0)^2}\cos(\Delta\phi) \tag{6-8}$$

在此示例中,照明光源中两个点的成像位置不同,并导致整体成像的对比度降低。由于实际光源的几何范围是有限的,因此由掩模3D效应引起的图像模糊是EUV光刻的一个基本问题。如果采用非常薄的掩模吸收层[31],可以缓解这种图像模糊的影响,但所需的薄吸收体材料必须比目前使用的TaN和TaBN的吸收率更高。衰减型相移掩模也可能有益于缓解这个影响。多层膜也会导致图案偏移,但通过使用替代材料(如Ru/Si),可以稍微减少(但不能消除)该影响[32-34]。甚至有人提出将一些像差特意引入投影光学系统中以减少图像模糊。由于在离焦条件下图像模糊会变得更糟[35],因此非常严格的焦面控制是极其重要的[30]。

由于EUV掩模上的非远心照明特性,掩模中光场的3D电磁相互作用对成像带来很强的影响。这种影响因多层膜反射镜而呈现出对角度显著的依赖性。如第1章所述,多层膜反射镜通常很难理想地制备,因为钼和硅会发生混合,如图1-9所示。这种混合降低了多层膜反射镜的总反射率,并且还发现改变了反射率对掩模入射角的依赖关系。如图6-16所示,理想多层膜的反射率在9°以

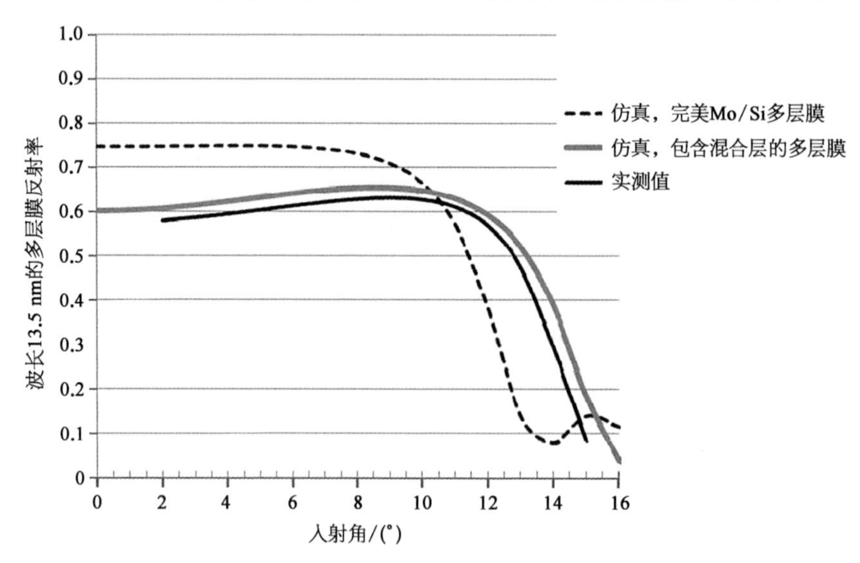


图6-16 Mo/Si多层膜反射镜的反射率

其中仿真的曲线分别为包含和没有包含Mo-Si混合层的情况[37]

下的入射角几乎没有变化,但在角度增大时急剧下降。然而,对于 0.33NA 系统,钼硅混合的多层堆叠在 10.7°的范围内反射率变化都很小。由于反射率会随入射角而显著地变化,因此成像中可能会出现明显的切趾效应。这种切趾的幅度大小主要取决于 Mo/Si 多层膜偏离理想多层膜的程度[36],EUV 成像的精确计算需要对掩模上多层膜的反射特性有详细的了解。由于形成小特征尺寸图像的光线通常以大角度衍射,因此在最大角度下反射率的变化至关重要。

计算掩模的 3D 效应就需要进行严格的电磁场仿真。上面所引用的参考文献的作者使用了各种仿真软件,例如 Panoramic Technology 的 HyperLith、EM-Suite 仿真工具[38] 以及 Dr. LiTHO[39,40]。但是,直接采用诸如有限差分时域(finite-difference time-domain,FDTD)和严格耦合波分析(rigorously coupled wave analysis,RCWA)之类的严格仿真工具[41],其计算速度较慢,并不能适用于直接 OPC 计算。因此,已经开发出一些方法来提高计算速度,虽然这些方法采用了一些近似处理,但仍然能够捕获基本的物理原理。这些方法已在诸如 Tachyon M3D[42] 和 FastLitho[43] 等仿真软件中使用。

## 6.3　光刻胶的物理机理

无论是采用严格的仿真以达到准确性,还是应用基于近似模型的 OPC,光刻胶模型都必须能够考虑光刻胶的基本物理特性,以获得有用的结果。早期 OPC 工具的“光刻胶模型”是对空间像进行的细微调整,以提高对测量数据的拟合度。随着时间的推移,这种拟合不断改进,可以更加接近光刻胶的实际物理特性。如第 3 章所述,有化学放大性质的光刻胶的光化学特性非常复杂。由于化学放大光刻胶长期用于光学光刻,因此许多光化学性质并非 EUV 光刻所独有,因此这里将不详细讨论化学放大光刻胶的建模。然而,有一个方面值得被关注。

将经过曝光后烘焙的化学梯度与形成图案的空间像的归一化斜率进行比较时,可以观察到光酸的扩散通常会导致化学梯度比空间像的斜率小[44]。这意味着光刻胶边缘对数斜率(resist-edge log-slopes,RELSs)小于空间像对数斜率(image log-slopes,ILSs),并且通常认为光酸的扩散造成了空间像模糊。最近,对包含光可分解碱的化学放大光刻胶的详细建模显示出更为复杂的现象。当碱的扩散长度较短时,在严格的仿真中会在一定图形间距范围内看到这种空间像模糊;但是当碱的扩散长度较长时,经后烘焙后,有一些间距的成像被锐化(图6-17)。在这种情况下,曝光后烘焙过程中的扩散效果无法通过简单的模糊来充分描述。这种现象并不是EUV光刻所独有的,但确实增加了EUV光刻的计算问题的复杂性。光酸和碱扩散的正确计算对于在光学光刻中获得准确的OPC很重要,但在EUV光刻中更为重要,因为EUV需要更高的精度(纳米级),而且,相对于光学光刻材料,EUV光刻胶的光致产酸剂和光可分解碱的浓度更高。

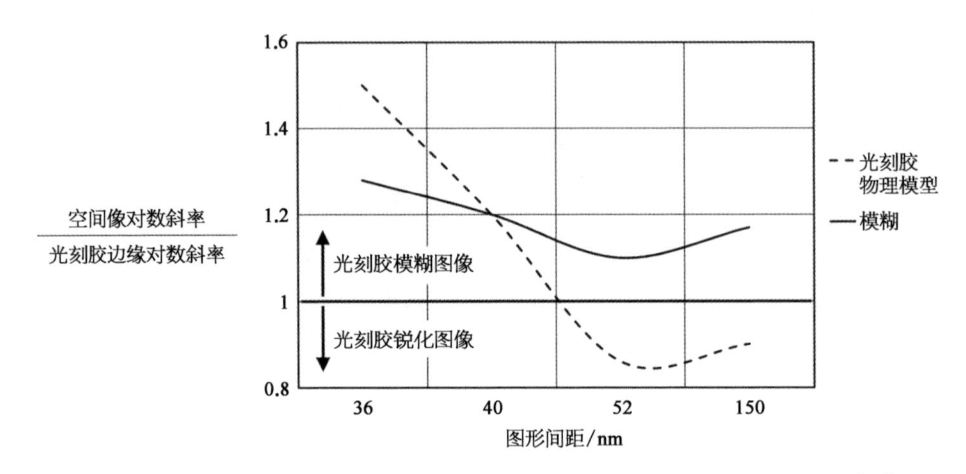


图6-17 化学放大光刻胶的严格仿真中18 nm宽沟槽图形空间像的斜率和化学梯度之比[45]

如第3章所述,业界正在考虑在EUV光刻中使用化学放大光刻胶的替代品。其中的某些金属氧化物光刻胶,其物理模型似乎比化学放大光刻胶更简单。在曝光后烘焙期间,在没有多种成分(如光酸和光分解碱)扩散的情况下,曝光后的化学分布非常接近原始空间像。

光刻胶的随机效应对于EUV光刻技术也极为重要,在进行OPC时必须考虑其影响。光刻胶随机性最明显的表现之一是工艺变化带(PVband)的宽度增加。在某些情况下,这种增加会导致工艺失败[46]。如图6-18所示,其中传统的PVband计算(包括离焦、曝光剂量和掩模尺寸的可变性)表明在工艺条件变化范围内成形效果良好。但是如果考虑随机效应后,甚至在最佳焦面和剂量条件下也会出现某些成形失败。

蒙特卡洛(Monte Carlo)方法可能涉及数十万次迭代计算,它只适于计算小面积区域的随机PVband[47],如图6-18所示,但不适于整个芯片的工艺窗口OPC。解决随机效应问题的第一步是在做OPC优化时保持较大的图像对数斜率(ILS),因为较大的ILS可以帮助减轻LER,特别是减轻来自光子散粒噪声产

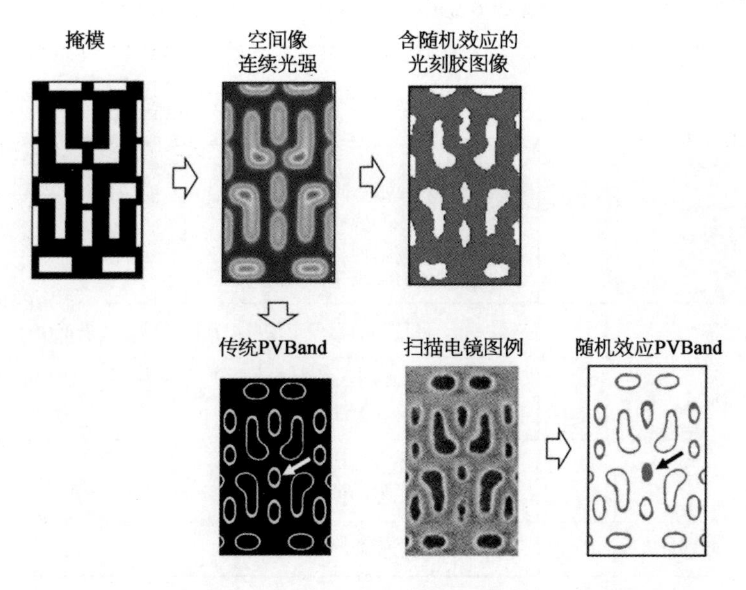


图 6－18　包含随机效应的工艺变化带(PV bands)仿真示意图(参见文末彩图)

仿真计算采用 Prolith™,所示 SEM 图来自 0.25－NA EUV 光刻机的实验图形[46]

生的影响的部分。如果将光子散粒噪声的影响认为是有效曝光剂量的变化,则可以通过增加 ILS 来减少 LER,因为众所周知,随着 ILS 的增大,曝光宽容度(exposure latitude,EL)会增加[48]。对于光学光刻的 OPC,通常会确保 ILS 不会太小即可,但是 EUV 光刻可接受的最小 ILS 必须比光学光刻更大,而且权重更大。随机效应对 PVband 的贡献已经用更复杂的关于 ILS 或 NILS 的方程进行评估[45]。这在低曝光剂量下特别有效,在该剂量下,光子散粒噪声是随机变化效应的主要因素。正如将在下一章更详细描述的那样,随机变化经常具有非正态分布,使得应用解析方法来评估随机效应对 PVband 的影响变得复杂。这个研究课题目前备受关注。

## 6.4　EUV 光刻的成像优化

6.2 节中介绍了几种掩模的 3D 效应,包括这些效应以及与 OPC 和工艺窗口优化相关的其他问题,例如复杂的光刻胶物理性质和随机效应等,总结在表 6－2 中。每个参数都是可控的,实操中它们需要同时考量。因此,OPC 方案的确定和 EUV 光刻的优化非常复杂。

表 6-2 计算 OPC 或优化掩模和照明时需要考虑的参数汇总

| 现　　象 | 要　　求 |
| --- | --- |
| 传统的 OPC 考量 | 在适当的工艺窗口内 CD 满足要求 MEEF<4 |
| 掩模 3D 效应 | 较小的全间距范围的最佳焦点差异<br>线端和两线(2 bar)的最佳焦点差异<br>成像模糊<br>随着焦点变化的图形放置误差 |
| 光刻胶模型 | 将复杂的物理现象考虑到高效的计算模型中 |
| 随机效应 | 保持较大的 NILS<br>维持在 PVband 中 |
| 像差 | 跨狭缝的像差考量<br>跨机器的像差考量 |
| 带外光和杂散光 | 包括在 OPC 模型中 |

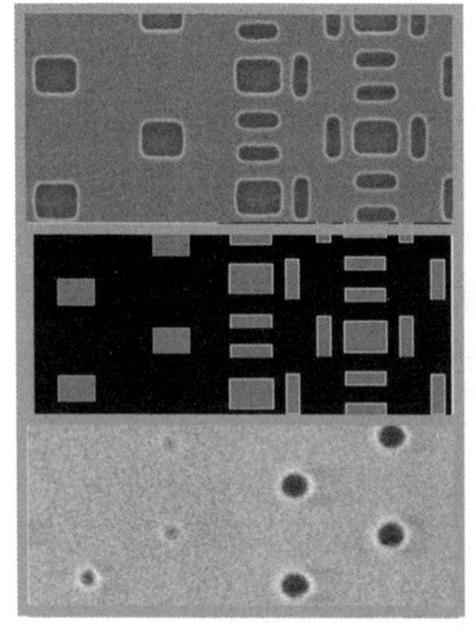


图 6-19　间距为 64 nm、尺寸为 48 nm×34 nm 接触孔的掩模、设计版图和晶圆的图案

晶圆结果来自采用 SEVR-165 光刻胶在 0.25NA EUV 光刻机上的曝光实验[50]

减少图形间距变化带来的差异的一种方法是使用亚分辨率辅助图形（SRAF）[49]。长期以来已经发现 SRAF 对光学光刻是有益的，特别是在 $k_1$ 值较低的情况下。由于 7 nm 节点的 EUV 光刻涉及的工艺因子相对较高，$k_1 \geqslant 0.49$，因此，即使观察到了使用 SRAF 的一些好处，SRAF 在 EUV 光刻中的应用尚还有限（图 6-19）。

随着 EUV 光刻应用于间距≤32 nm（$k_1 \leqslant 0.39$）的图形，SRAF 的使用越来越多。SRAF 在光刻胶中显影成形的风险一直是个问题，即使在光学光刻中也是如此，而在 EUV 光刻中情况则更为棘手。通常，这种成形不会穿过光刻胶的整个深度，这使得基于阈值的模型的预测变得困难[51]，并且随机效应使之更具有挑战性，它可能导致 SRAF 间歇性的、不确定性的显影成形。尽管如此，SRAF 通常对于解决许多 EUV 掩模 3D 效应问题相当重要，尤其是对于线空图形[52]。

由于第 5 章所述的光刻胶问题以及本章讨论的成像问题,事实证明实现 EUV 光刻的极限分辨率相当困难。因此,反演(逆向)光刻技术(ILT)以及 EUV 光刻的光源掩模协同优化(SMO)为提升成像性能提供了机会。使用传统的 OPC 计算设计特征图像,并根据这些计算对掩模布局进行修改,这本质上是物理学中的确定性问题:对于给定的掩模布局,在计算误差内以及特定光学模型背景下,只有一个可能的解。从数学上讲,这可以表示为[53]

$$\omega = f(\psi) \tag{6-9}$$

式中,$\psi$ 为掩模图案;$\omega$ 为晶圆图案;$f$ 为结合了光学和光刻胶物理原理的算子。然而,逆向问题是:

$$\psi^{*} = f^{-1}(\Phi) \tag{6-10}$$

式中,$\psi^{*}$ 为理想掩模函数;$\Phi$ 为目标晶圆图案。因此,逆向问题不是确定性的,可能会以局部优化而不是全局优化为最终结果(图 6-20)。此外,反演光刻的计算时间很长。

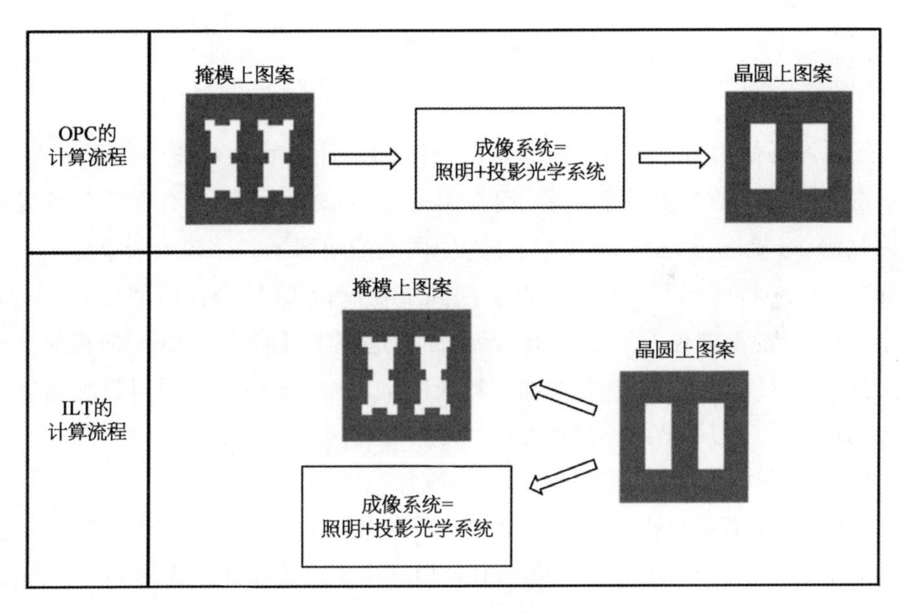


图 6-20　传统 OPC 和反演光刻(ILT)的不同计算方向

ILT 的基础建立于 20 世纪 80 年代[54,55],并在光学光刻中已应用了十多年[53,56]。由于计算时间长,ILT 通常仅应用于存储单元或少数逻辑单元,这些逻辑单元在使用常规 OPC 技术时获得的工艺窗口太小。原则上,可以将掩模上的图案划分为多个较小的分区,并且可以使用服务器阵列将 ILT 应用于许多分区。但是,这可能导致分区边界处的 ILT 解决方案不匹配(图 6-21)。每当 ILT 处理大于单个分区的区域时,就需要额外的计算时间来解决。另一种方法是,可以使用共同优化的基于 GPU 的计算平台和相关软件来实现全芯片(fullchip)、无拼接 ILT[57]。

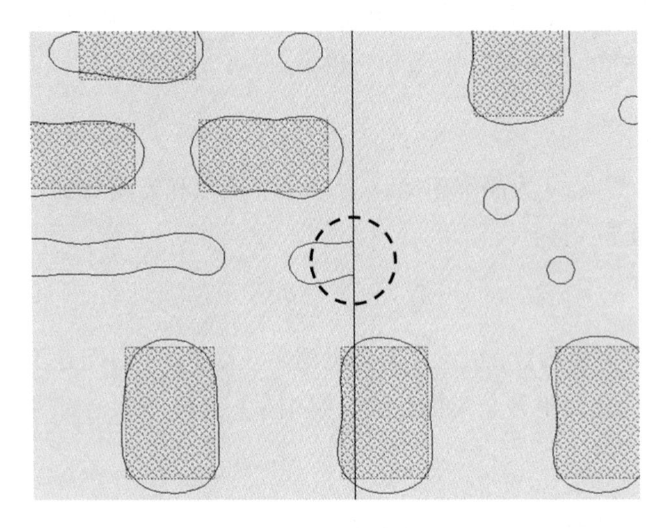

图 6-21 图形拼接的示例

其中一个 SRAF 位于布局的两个部分之间的边界,这两部分的反演光刻(ILT)是分别计算的[58]

经常发现使用 ILT 获得的掩模特征图形的最佳形状是弯曲的。多年来,弯曲图形对掩模制备来说是个问题,因为用矢量整形电子束(也有称之为可变电子束)(vector shaped-beam,VSB)制作弯曲图案的效率不高。多电子束掩模直写机解决了这个特殊问题。在第 4 章中提到了在制造 EUV 掩模时使用多电子束掩模直写,以提高掩模线宽和 LER 控制,因此这些工具解决了 EUV 掩模的这两个担忧[59]。最近的研究表明,弯曲的特征图案(主图案和 SRAF)可以显著地改善工艺窗口[60],尤其是当考虑到掩模尺寸的变化时[61]。

如 6.2 节所述,可以通过调整照明来减轻掩模 3D 效应带来的几种后果。然而,挑战性在于需要寻找一种适用于随机逻辑电路的不同间距和不同特性图形的共同解决方案。SRAF 的采用能够有效地减少了需要优化的图形间距范围。

## 习题

6.1 由式(6-1)证明最大的对比度发生在 $A_0=A_1$。

6.2　假设杂散光是某一图形的标准曝光量的 1/$f$,证明该图形的图像对数斜率被杂散光减小为原来的 1/$f$。

## 参考文献


[ 1 ]　T. A. Brunner, "Impact of lens aberrations on optical lithography." *IBM Journal of Research and Development* **41**, no. 1. 2 (1997): 57-67.

[ 2 ]　J. Miyazaki and A. Yen. "EUV Lithography Technology for High-volume Production of Semiconductor Devices." *Journal of Photopolymer Science and Technology* **32**, no. 2 (2019): 195-201.

[ 3 ]　https://irds.ieee.org/

[ 4 ]　M. Lam, C. Clifford, A. Raghunathan, G. Fenger, and K. Adam. "Enabling full field physics based OPC via dynamic model generation," *Proc. SPIE* **10143**, p. 1014316, 2017.

[ 5 ]　L. Yin, A. Raghunathan, G. Fenger, S. Shang, N. Lafferty, and J. Sturtevant, "Impact of aberrations in EUV lithography: metal to via edge placement control," *Proc. SPIE* **10583**, p. 105830Q, 2018.

[ 6 ]　J. Hwang, I. Kim, G. Kim, H. No, B. Kim, and H. Oh. "CD error caused by aberration and its possible compensation by optical proximity correction in extreme-ultraviolet lithography," *Proc. SPIE* **10143**, p. 101431U, 2017.

[ 7 ]　A. Raghunathan, G. Fenger, M. Lam, C. Clifford, K. Adam, and J. Sturtevant, "Edge placement errors in EUV from aberration variation," *Proc. SPIE* **10451**, p. 104510W, 2017.

[ 8 ]　Y. Chen, L. Liebmann, L. Sun, A. Gabor, S. Zhao, F. Luo, O. Wood II, et al., "Holistic analysis of aberration induced overlay error in EUV lithography," *Proc. SPIE* **10583**, p. 105830D, 2018.

[ 9 ]　B. La Fontaine, Y. Deng, R. Kim, H. J. Levinson, S. McGowan, U. Okoroanyanwu, R. Seltmann, C. Tabery, A. Tchikoulaeva, T. Wallow, O. Wood, J. Arnold, D. Canaperi, M. Colburn, K. Kimmel, C. Koay, E. McLellan, D. Medeiros, S. P. Rao, K. Petrillo, Y. Yin, H. Mizuno, S. Bouten, M. Crouse, A. van Dijk, Y. van Dommelen, J. Galloway, S. Han, B. Kessels, B. Lee, S. Lok, B. Niekrewicz, B. Pierson, R. Routh, E. Schmitt-Weaver, K. Cummings, and J. Word, "The use of EUV lithography to produce demonstration devices," *Proc. SPIE* **6921**, 69210P (2008).

[10]　J. Word, J. Belledent, Y. Trouiller, W. Maurer, Y. Granik, E. Sahouria, and Olivier Toublan. "Full-chip model-based correction of flare-induced linewidth variation," *SPIE* Vol. **5567**, pp. 700-710, 2004.

[11]　S. A. George, P. P. Naulleau, C. D. Kemp, P. E. Denham, and S. Rekawa, "Assessing out-of-band flare effects at the wafer level for EUV lithography," *SPIE* Vol. **7636**, p. 763626, 2010.

[12]　G. F. Lorusso, N. Davydova, M. Eurlings, C. Kaya, Y. Peng, K. Feenstra, T. H. Fedynyshyn, et al., "Deep ultraviolet out-of-band contribution in extreme ultraviolet lithography: predictions and experi- ments," *Proc. SPIE* **7969**, p. 796920, 2011.

[13]　L. Sun, O. R. Wood, E. A. Verduijn, M. Singh, W. Wang, R. Kim, P. J. Mangat, H. P. Koh, and H. J. Levinson. "Review of resist-based flare measurement methods for extreme ultraviolet lithography," *Journal of Micro/Nanolithography, MEMS, and MOEMS* **12**, no. 4 (2013): 042001.

[14]　J. P. Kirk, "Scattered light in photolithographic lenses," *Proc. SPIE* **2197**, pp. 566-572, 1994.

[15] B. M. La Fontaine, M. V. Dusa, A. Acheta, C. Chen, A. Bourov, H. J. Levinson, L. C. Litt, M. Mulder, R. Seltman, and J. van Praagh. "Flare and its impact on low-k1 KrF and ArF lithography," *Proc. SPIE* **4691**, pp. 44 – 56, 2002.

[16] I. Kim, H. Kang, C. Park, J. Park, J. Lee, J. Park, D. Goo, J. Yeo, S. Choi, and W. Han. "Methodology of flare modeling and compensation in EUVL." *Proc. SPIE* **7140**, p. 714009, 2008.

[17] L. Dong, R. Chen, T. Fan, R. Zhao, Y. Wei, J. Jia, Z. Levinson, et al. "Impact of flare on source mask optimization in EUVL for 7 nm technology node," *Proc. SPIE* **11323**, p. 113232E, 2020.

[18] S. H. Lee, Y. Shroff, and M. Chandhok. "Flare and lens aberration requirements for EUV lithographic tools," *Proc. SPIE* **5751**, pp. 707 – 714, 2005.

[19] A. Armeanu, V. Philipsen, F. Jiang, G. Fenger, N. Lafferty, W. Gillijns, E. Hendrickx, and J. Sturtevant, "Enabling enhanced EUV lithographic performance using advanced SMO, OPC, and RET," *Proc. SPIE* **10809**, p. 108090G, 2019.

[20] Y. Chen, L. Sun, Z. J. Qi, S. Zhao, F. Goodwin, I. Matthew, and V. Plachecki, "Tip-to-tip variation mitigation in extreme ultraviolet lithography for 7 nm and beyond metallization layers and design rule analysi." *Journal of Vacuum Science & Technology B, Nanotechnology and Microelectronics: Materials, Processing, Measurement, and Phenomena* 35, no. 6 (2017): 06G601.

[21] P. Yan, "Understanding Bossung curve asymmetry and focus shift effect in EUV lithography," *SPIE* Vol. **4562**, pp. 279 – 287, 2002.

[22] P. J. Silverman, "The Intel Lithography Roadmap." *Intel Technology Journal* **6**, no. 2, pp. 55 – 61 (2002).

[23] C. W. Gwyn and P. J. Silverman. "EUVL: transition from research to commercialization," *SPIE* Vol. **5130**, pp. 990 – 1004, 2003.

[24] T. Last, L. de Winter, P. van Adrichem, and J. Finders. "Illumination pupil optimization in 0.33-NA extreme ultraviolet lithography by intensity balancing for semi-isolated dark field two-bar M1 building blocks." *Journal of Micro/Nanolithography, MEMS, and MOEMS* **15**, no. 4 (2016): 043508.

[25] S. Raghunathan, O. R. Wood, P. Mangat, E. Verduijn, V. Philipsen, E. Hendrickx, R. Jonckheere, et al. "Experimental measurements of telecentricity errors in high-numerical-aperture extreme ultraviolet mask images," *J. Vac Sci. Technol.* Vol. **B32**(6), (2014): 06F801.

[26] A. Erdmann, T. Schmöller, and P. Evanschitzky. "Mask induced imaging artifacts in extreme ultraviolet lithography." In *2nd International SEMATECH EUVL Symposium*. 2003.

[27] O. Wood II, Y. Chen, P. Mangat, K. Goldberg, M. Benk, B. Kasprowicz, H. Kamberian, J. McCord, and T. Wallow, "Measurement of through-focus EUV pattern shifts using the SHARP actinic microscope," *SPIE* Vol. **10450**, p. 1045008, 2017.

[28] L. Van Look, I. Mochi, V. Philipsen, E. Gallagher, E. Hendrickx, G. McIntyre, F. Wittebrood, K. Lyakhova, L. de Winter, T. Last, T. Fliervoet, G. Schiffelers, J. Finders, P. van Adrichem, A. Lyons, B. Laenens, J. Liddle, and J. T. Neumann, "Mask 3D Effect Mitigation by Source Optimization and Assist Feature Placement," *Proceedings from the International Symposium on Extreme Ultraviolet Lithography*, Hiroshima (2016) http://euvlsymposium.lbl.gov/pdf/2016/Oral/Mon_S3-5.pdf

[29] V. Philipsen, E. Hendrickx, E. Verduijn, S. Raghunathan, O. Wood II, V. Soltwisch, F. Scholze, N. Davydova, and P. Mangat, "Imaging impact of multilayer tuning in EUV masks, experimental validation," *SPIE* Vol. **9235**, p. 92350J, 2014.

[30] M. Burkhardt, "Investigation of alternate mask absorbers in EUV lithography," *SPIE* Vol. **10143**, p. 1014312, 2017.

[31] J. Finders, E. van Setten, P. Broman, E. Wang, J. McNamara, and P. van Adrichem,

"EUV source optimization driven by fundamental diffraction considerations," *SPIE* Vol. **10450**, p. 104500C, 2017.

[32] M. Singh, "EUV mask for use during EUV photolithography processes." U. S. Patent 9, 075, 316, issued July 7, 2015.

[33] O. Wood II, S. Raghunathan, P. Mangat, V. Philipsen, V. Luong, P. Kearney, E. Verduijn, et al. "Alternative materials for high numerical aperture extreme ultraviolet lithography mask stacks," *Proc. SPIE* **9422**, p. 94220I, 2015.

[34] H. Mesilhy, P. Evanschitzky, G. Bottiglieri, E. van Setten, T. Fliervoet, and A. Erdmann, "Pathfinding the perfect EUV mask: the role of the multilayer," Proc. SPIE 11323, Extreme Ultraviolet (EUV) Lithography XI, 1132316 (23 March 2020); doi: 10.1117/12.2551870

[35] J. Franke, J. Bekaert, V. Blanco, L. Van Look, F. Wahlisch, K. Lyakhova, P. van Adrichem, M. J. Maslow, G. Schiffelers, and E. Hendrickx, "Improving exposure latitudes and aligning best focus through pitch by curing M3D phase effects with controlled aberrations," *SPIE* Vol. **11147**, p. 111470E, 2019.

[36] N. Davydova, E. van Setten, S. Han, M. van de Kerkhof, R. de Kruif, D. Oorschot, J. Zimmerman, et al. "Mask aspects of EUVL imaging at 27 nm node and below," *Proc. SPIE* **8166**, p. 816624, 2011.

[37] V. Philipsen, E. Hendrickx, R. Jonckheere, N. Davydova, T. Fliervoet, and J. T. Neumann, "Actinic characterization and modeling of the EUV mask stack," *Proc. SPIE* **8886**, p. 88860B, 2013.

[38] Panoramic Technology, http://www.panoramictech. com

[39] T. Fühner, T. Schnattinger, G. Ardelean, and A. Erdmann, "Dr. LiTHO: a development and research lithography simulator," *Proc. SPIE* **6520**, p. 65203F, 2007.

[40] A. Erdmann, D. Xu, P. Evanschitzky, V. Philipsen, V. Luong, and E. Hendrickx, "Characterization and mitigation of 3D mask effects in extreme ultraviolet lithography," *Advanced Optical Technologies* **6**, no. 3-4 (2017): 187 - 201.

[41] Erdmann, Andreas, and Peter Evanschitzky. "Rigorous electromagnetic field mask modeling and related lithographic effects in the low k1 and ultrahigh numerical aperture regime." *Journal of Micro/Nanolithography, MEMS, and MOEMS* **6**, no. 3 (2007): 031002.

[42] P. Liu, "Accurate prediction of 3D mask topography induced best focus variation in full-chip photolithography applications," *Proc. SPIE* **8166**, p. 816640, 2011.

[43] M. Yeung and E. Barouch, "Development of fast rigorous simulator for large-area EUV lithography simulation," *SPIE* Vol. **10957**, p. 109751D, 2019.

[44] A. R. Pawloski, A. Acheta, I. Lalovic, B. La Fontaine, and H. J. Levinson, "Characterization of line edge roughness in photoresist using an image fading technique," *Proc. SPIE* **5376**, pp. 414 - 425 (2004).

[45] S. G. Hansen, "Photoresist and stochastic modeling." *Journal of Micro/Nanolithography, MEMS, and MOEMS* **17**, no. 1 (2018): 013506.

[46] P. De Bisschop, "Stochastic effects in EUV lithography: random, local CD variability, and printing failures." *Journal of Micro/Nanolithography, MEMS, and MOEMS* **16**, no. 4 (2017): 041013.

[47] A. V. Pret, T. Graves, D. Blankenship, K. Bai, S. Robertson, P. De Bisschop, and J. J. Biafore. "Comparative stochastic process variation bands for N7, N5, and N3 at EUV," *Proc. SPIE* **10583**, p. 105830K, 2018.

[48] H. J. Levinson and W. H. Arnold, "Focus: the critical parameter for submicron lithography," *J. Vac. Sci. Technol. B* **5**, pp. 293 - 298 (1987).

[49] R. Kim, W. Gillijns, Y. Drissi, J. U. Lee, D. Trivkovic, V. M. Blanco Carballo, S. Larivière, et al. "EUV single patterning for logic metal layers: achievement and challenge (conference presentation)," *Proc. SPIE* **10450**, p. 1045004, 2017.

[50] D. Civay, E. A. Verduijn, C. H. Clifford, P. J. Mangat, and T. I. Wallow, "Subresolution assist features in extreme ultraviolet lithography." *Journal of Micro/Nanolithography, MEMS, and MOEMS* **14**, no. 2 (2015): 023501.

[51] P. De Bisschop, "Optical proximity correction: a cross road of data flows." *Japanese Journal of Applied Physics* **55**, no. 6S1 (2016): 06GA01.

[52] R. Sejpal, V. Philipsen, A. Armeanu, C. Wei, W. Gillijns, N. Lafferty, G. Fenger, and E. Hendrickx, "Exploring alternative EUV mask absorber for iN5 self-aligned block and contact layers," *Proc. SPIE* **11148**, p. 111481B, 2019.

[53] D. S. Abrams and L. Pang. "Fast inverse lithography technology," *Proc. SPIE* **6154**, p. 61541J, 2006.

[54] B. E. A. Saleh and S. I. Sayegh, "Reduction of errors of microphoto-graphic reproductions by optimal corrections of original masks," *Optical Engineering* **20**, no. 5 (1981): 205781.

[55] K. M. Nashold and Bahaa EA Saleh, "Image construction through diffraction-limited high-contrast imaging systems: an iterative approach." *JOSA A* **2**, no. 5 (1985): 635-643.

[56] A. E. Rosenbluth, S. J. Bukofsky, C. A. Fonseca, M. S. Hibbs, K. Lai, A. F. Molless, R. N. Singh, and A. K. K. Wong, "Optimum mask and source patterns to print a given shape." *Journal of Micro/Nanolithography, MEMS, and MOEMS* **1**, no. 1 (2002): 13-31.

[57] L. L Pang, P. J. Ungar, A. Bouaricha, L. Sha, M. Pomerantsev, M. Niewczas, K. Wang, B. Su, R. Pearman, and A. Fujimura, "TrueMask ILT MWCO: full-chip curvilinear ILT in a day and full mask multi-beam and VSB writing in 12 hrs for 193i," *Proc. SPIE* **11327**, p. 113270K, 2020.

[58] L. L. Pang, E. V. Russell, B. Baggenstoss, M. Lee, J. Digaum, M. Yang, P. J. Ungar, et al. "Study of mask and wafer co-design that utilizes a new extreme SIMD approach to computing in memory manufacturing: full-chip curvilinear ILT in a day." *Proc. SPIE* **11148**, p. 111480U, 2019.

[59] Efficient algorithms for generating curvilinear masks for optical lithography have been developed in recent years. See Pang, Ungar, Bouaricha, et al.

[60] K. Hooker, A. Kazarian, X. Zhou, J. Tuttle, G. Xiao, Y. Zhang, and K. Lucas, "New methodologies for lower-K1 EUV OPC and RET optimization," *Proc. SPIE* **10143**, p. 101431C, 2017.

[61] R. Pearman, J. Ungar, N. Shirali, A. Shendre, M. Niewczas, L. Pang, and A. Fujimura, "How curvilinear mask patterning will enhance the EUV process window: a study using rigorous wafer+ mask dual simulation," *Proc. SPIE* **11178**, p. 1117809, 2019.

# 第 7 章　EUV 光刻工艺控制

与光学光刻相比,诸多因素让 EUV 光刻具有一些特有且更为突出的工艺变化。本章将讨论与 EUV 光刻相关的套刻、线宽控制和缺陷等问题。最近,边缘放置误差(edge placement error,EPE)的概念受到了许多关注,它是 CD 和套刻误差相互叠加的结果[1]。尽管边缘放置误差是人们关注的基本量,但本章将分别就套刻和 CD 控制展开讨论,以便更清楚地理解造成工艺变化的原因。量测是工艺控制中的重要考虑因素,将是下一章讨论的主题。

EUV 光刻仅应用于非常先进的节点(7 nm 及以上),这意味着工艺控制要求会更为严格。表 7-1 列举了从 2020 年国际半导体设备和系统路线图(IRDS)中摘选的关于线宽尺寸和工艺要求。可以看出,控制需要达到纳米甚至亚纳米级,即分子尺度(参见第 5 章)。正如本章将要讨论的,满足这些要求是极具挑战性的,特别是一些引起工艺变化的机制,在光学光刻中并没有对应的机制。对先进工艺节点而言,仅十分之几纳米的改进都是意义重大的。例如,对于 5 nm 技术节点,将套刻精度改进 0.5 nm,就比目标提高了 17%。

表 7-1　从 2020 年国际半导体设备和系统路线图(IRDS)中摘选的关于线宽尺寸和工艺要求的参数

| 参　　数 | 要　　求 | | | | | |
|---|---|---|---|---|---|---|
| 模拟芯片厂商的技术节点命名/nm | "7" | "5" | "3" | "2.1" | "1.5" | "1.0" |
| 量产年份 | 2018 年 | 2022 年 | 2022 年 | 2025 年 | 2028 年 | 2031 年 |
| MPU/ASIC 最小金属层半间距/nm | 18.0 | 15.0 | 12.0 | 10.5 | 8.0 | 8.0 |
| 金属层 LWR | 2.7 | 2.3 | 1.8 | 1.5 | 1.2 | 1.2 |

续 表

| 参　数 | 要　求 | | | | | |
|---|---|---|---|---|---|---|
| 金属层 CD 控制($3\sigma$)/nm | 2.7 | 2.3 | 1.8 | 1.5 | 1.2 | 1.2 |
| 栅极 LER | 0.8 | 0.7 | 0.6 | 0.5 | 0.5 | 0.5 |
| 高性能逻辑芯片栅极物理尺寸/nm | 20 | 18 | 16 | 14 | 12 | 12 |
| 栅极 CD 控制($3\sigma$)/nm | 1.1 | 1.0 | 0.9 | 0.7 | 0.6 | 0.6 |
| 套刻精度(平均值+$3\sigma$) | 3.6 | 3.0 | 2.4 | 2.1 | 1.6 | 1.6 |

## 7.1 套刻

对于套刻,所有与光学光刻相关的问题在 EUV 光刻中仍然适用,其中包括对准和套刻测量标记的质量、套刻建模以及掩模和晶圆热效应等问题。一些引起套刻误差的因素,例如像差,在光学光刻也存在,但对 EUV 光刻则更为显著。对于 EUV 光刻,还有一些在光学光刻中不存在、EUV 特有的原因引起的套刻误差,这些将在本节中讨论。

如第 4 章所讨论的,掩模的不平整会导致 EUV 光刻中的套刻误差。对于光学光刻掩模,受焦点控制精度的考虑以及更高平整度带来的成本增加,通常要求先进掩模的整体平整度在 100 nm。对于 EUV 掩模,由于掩模平整度对套刻的影响,其要求更加苛刻。例如,仅 50 nm 的不平整就会导致晶圆面上 1.3 nm 的套刻误差(参见习题 4.3)。这占据了 7 nm 及以下技术节点中整体套刻误差预算的很大一部分(表 7-1)。如果没有某些补偿方法,且假设在 5 nm 节点时掩模不平整度贡献的套刻误差占总套刻预算 10%,那么掩模的平整度要求小于 10 nm。这将导致极高的掩模成本,特别是因为获得这种平整度所需的额外抛光会增加缺陷。

即使被加持好的 EUV 掩模的正面是平整的(图 7-1),掩模背面不平整也会导致套刻误差。当掩模被卡住时,会出现与背面斜率 $\phi$ 成正比的面内畸变[2,3]:

$$\delta \approx \frac{1}{8}\phi T \tag{7-1}$$

式中,$T$ 为掩模厚度。如果在掩模背面 $x$ 处存在一大小为 $z(x)$ 的与平面的偏离,则:

$$\phi = \frac{\mathrm{d}z}{\mathrm{d}x} \tag{7-2}$$

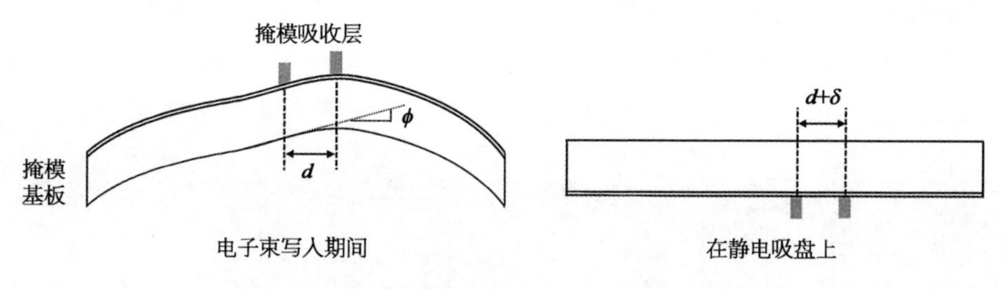


图7-1　掩模在电子束写入期间和在静电吸盘上时的形状

与掩模正面不平整一样，掩模背面即使有几十纳米的不平整，也会导致显著的图案放置误差（参见习题7.1）。

幸运的是，掩模不平整引起的大部分套刻误差可以通过光刻机上的套刻调整来补偿[4]。例如，若背面不平整完全由二阶（弓形）不平整构成，则最终的掩模放置误差则是一个整体的放大倍率误差。因此，补偿这种弓形不平整是相对直接的。下式是ASML通用的场内套刻模型，最高可达三阶：

$$\delta x = k_1 + k_3 \cdot x + k_5 \cdot y + k_7 \cdot x^2 + k_9 \cdot xy + k_{11} \cdot y^2 + k_{13} \cdot x^3 + k_{15} \cdot x^2 y + k_{17} \cdot xy^2 + k_{19} \cdot y^3 \tag{7-3}$$

$$\delta y = k_2 + k_4 \cdot y + k_6 \cdot x + k_8 \cdot y^2 + k_{10} \cdot xy + k_{12} \cdot x^2 + k_{14} \cdot y^3 + k_{16} \cdot y^2 x + k_{18} \cdot yx^2 + k_{20} \cdot x^3 \tag{7-4}$$

对于EUV曝光系统，$k_{13}$和$k_{20}$项是不能调整的，但仍具有相当大的调整能力来补偿掩模不平整引起的套刻误差[5]。例如，一项研究中显示[4]，如果通过应用三阶套刻模型，具有30 nm不平整度和80 nm厚度变化的掩模板的套刻误差可以降低到0.2 nm（$3\sigma$）。

一种用于掩模平整度矫正的实用方法要求将掩模反复夹持到掩模卡盘上，以使得这种不平整都能恒定发生。确保这一点的一种方法是，首先将基底夹紧在掩模卡盘中心，然后再夹紧外部[6]。在掩模的卡盘之间不要引入任何夹持特性会随时间改变的颗粒，这也同样重要。

为了充分受益于三阶（或更高阶）矫正模型，必须采用适当的套刻测量采样。如果在一个模型中有$N$个参数，则需要多于$N$份的采样数据去拟合模型。由于套刻测量通常会提供$x$和$y$两个方向的套刻误差，则测量点需要多于$N/2$。除了有足够的采样点，还需要这些点具有合理的分布，以获得各阶足够精确的系数。

这是一项通过蒙特卡罗方法仿真的研究，其抽样计划如图7-2所示[5]，仿真结果如图 7-3 所示,可以发现足量的、合理分布的测量点的重要性。当然,最好的结果来自套刻测量数据最多的情形,但其精度的差异将逐渐减少。该研究表明,当每个场的测量点数量超过 20 时,对性能提升的帮助将大大减小。

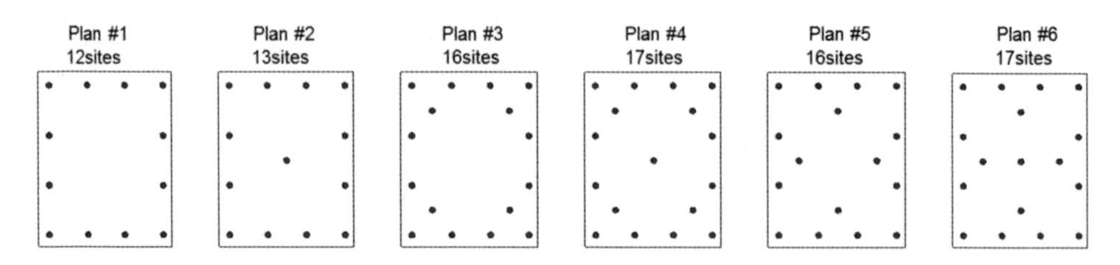


图 7-2 蒙特卡洛(Monte Carlo)模拟中用于产生图 7-3 所示结果的一些场内抽样计划

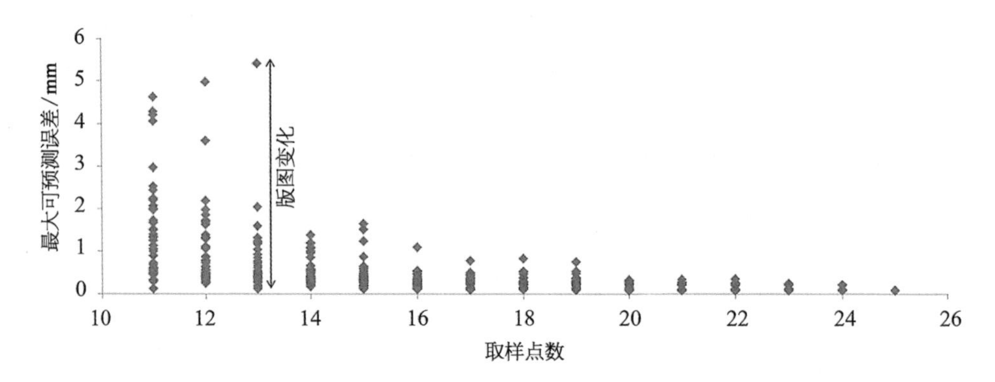


图 7-3 蒙特卡洛模拟的结果,表明每个场需要数量足够、分布正确的测量点

掩模倾斜照明的另一个结果是随焦面移动的图形放置误差(图 6-12)[7],这是由±1 级衍射级不平衡造成的结果(图 7-4),而这种不平衡源于掩模多层膜反射镜的反射率随入射角的变化。在 EUV 光刻典型的离焦范围内,图形放置误差随离焦的变化几乎可以近似为线性关系,因此这种效应(非远心度)可以用图形偏移量除以离焦值来度量。

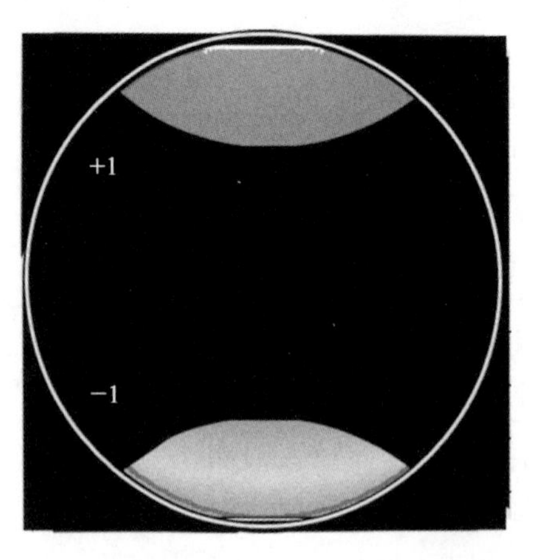


图 7-4 用于计算图 6-12 中空间像强度的双极照明强度分布(参见文末彩图)

非远心度对光学光刻中的套刻误差的贡献几乎可以忽略不计,而在 EUV 光刻中有更多的因素引入套刻误差,例如曝光系统的未对准、掩模板未对准等。由于很难减少更为典型的套刻误差,因为其补偿量比线性缩放所能提供的还要大,因此需要使非远心

度的影响降至最低。实现这一点需要极好的焦面控制。通常,短波长光的使用会放宽对焦面控制的要求,但这是基于离焦主要影响线宽尺寸控制的假设。因此,非远心性带来了更严格的焦面要求。

如第 3 章所述,真空中的温度控制是非常困难的。由于即使在未覆盖反射体的多层膜反射区,也依然存在 30%以上的光吸收,所以 EUV 掩模容易受热。幸运的是,虽然对掩模的温度控制是必须的,但使用 ULE™这种超低热膨胀材料做掩模基底让掩模的温度控制需求更加合理(参见习题 7.2)。

随着晶圆和掩模加热并膨胀,它们在卡盘上就存在滑动的风险,并且难以预测。已在掩模和晶圆卡盘的物理设计和控制软件中采取措施以最大程度地减少此问题[8]。卡盘和夹紧的基板之间的强大摩擦力也可以最大限度地减少这种滑移[9]。

由于温度控制对于良好的套刻至关重要,因此需要时间来确保进入 EUV 光刻系统的掩模和晶圆在曝光之前与光刻机环境温度达到热平衡,否则就会影响良率,但在大批量生产中通常不会成为主要问题,因为物料是源源不断地进出曝光系统的。如第 3 章所述,在任何可能导致温度失控的事件发生后,例如打开真空系统的维修,曝光系统也需要时间来稳定温度。

在第 3 章中提到,尽管反射镜的面形误差非常低,但是 EUV 光刻系统的像差比光学光刻系统的高。众所周知,像差会影响图形放置误差,因而像差也会对套刻精度产生影响。由于像差在整个曝光狭缝中是变化的,且机台与机台之间也有所差异,补偿较为困难。虽然可以修改掩模上的图案位置以补偿像差引起的图案偏移,但补偿量在整个狭缝中是变化的。此外,由于像差在机台与机台之间有变化,这便要求每一张掩模仅能被特定的光刻机专用。某些像差的补偿可以在 EUV 和浸没式光刻机之间进行校正,这将在稍后讨论。

对于 i-line 和 ArF 光刻,玻璃透镜吸收一小部分光,会导致加热并引起成像变化。自从首次发现这种影响以来[10],曝光系统已经改进了其内部控制系统。随着时间的推移,这种控制方法已经被拓展到对物镜像差的补偿,而不仅是焦面和场放大倍率的控制,这两个参数是最先被确认受物镜热效应直接影响的[11]。对于 EUV 物镜,因为 EUV 反射镜吸收大于 30%的入射光,这远大于光学系统中发生的量,所以发生热效应的可能性更大。幸运的是,还有一些方法可以抵消这种更大的光吸收。首先,EUV 反射镜可以由超低热膨胀材料制成,例如 ULE™和 Zerodur™,从而减少随着温度变化而导致的 EUV 反射镜形状变化。其次,镜子的整个背面都允许接触的,使得有较大区域可以用于将热从镜体导出。与光学光刻物镜一样,其机械部件可以采用低热膨胀材料制成,例如铟钢。此外,还有可能在镜体背面施加机械力去补偿,至少可以部分补偿由于热效应造成的反射镜形状变化,这种方法已经被用于折反射式浸没物镜中[11]。

如第5章所述,使用更高的曝光剂量来减少光子散粒噪声有显著的益处。然而,更高的剂量则会增加因掩模和晶圆受热造成的套刻问题,并且还会增加物镜的热效应。直到2019年,安装于晶圆代工厂的EUV光源能量才达到250 W水平[12],并且初始的量产EUV工艺的曝光剂量通常低于50 mJ/cm$^2$。在低剂量情况下,预期热效应可能并不十分明显,但是$CO_2$激光器的大量红外光有可能会传输到掩模板并通过物镜光学器件。因此,即使在低光源功率和低曝光剂量下,晶圆受热也是一个值得注意的问题。

在浸没式和EUV光刻机的混合搭配(mix-and-match)使用时,有几个重要因素值得关注(表7-2)。其中之一是掩模重力下垂,对于透射式掩模,曝光系统中的掩模仅沿着掩模的边缘被支撑在掩模台上。该机械构型中光学掩模的中心区域没有任何支撑,会因重力而下垂。掩模的面外畸变导致图形位置偏移,与图7-1所示非常相似。这种下垂对于掩模和掩模间,机台和机台间会趋于一致(会存在一些由吸收体薄膜应力水平以及吸收体刻蚀比例不同而引起的细微差异)[13]。因此,由光学光刻系统曝光的晶圆中,最终的图形放置误差是基本一致的,而不会造成这些层与层之间的套刻误差。但当其中一些层采用EUV光刻曝光时,情况就会变得不一样,因为EUV掩模的绝大部分宽度均被夹持。幸运的是,这种由于光学和EUV掩模夹持方式不同造成的不匹配,绝大多数是可以进行校正补偿的,因为光学掩模板的重力下垂具有相当的重复性。

表7-2 在浸没式和EUV光刻机的混合搭配使用时有关套刻误差的相关因素

| 序　号 | 相　关　因　素 |
| --- | --- |
| 1 | 掩模重力下垂 |
| 2 | 物镜畸变 |
| 3 | 光学掩模保护膜扫描时的面外畸变 |
| 4 | 套刻模型里的无法校正的高阶项 |

光学和EUV光刻机之间另一个可重现的特征与镜头畸变有关。多年来,晶圆步进光刻机上的透镜设计中具有典型的三阶和五阶畸变特征。随着镜头的改进,这些畸变逐步减小。此外,由于它们内置于镜头设计中,因此当两层都在

具有相同设计的物镜进行曝光时，这些畸变误差不会导致层间套刻误差。但是，在光学光刻和 EUV 光刻混合搭配情况下，畸变将导致套刻误差，其中很大一部分是不能采用如式(7-3)、式(7-4)的高阶套刻模型进行修正的。

可以通过在写入 EUV 掩模时调整图案位置，输入光学和 EUV 曝光之间的固定差异，来补偿由于掩模板下垂和镜头失真引起的套刻误差。这种校正需要在晶圆平面上达到埃级水平，在掩模级通常小于 2 nm，甚至亚纳米级。大多数情况下，这些精度的调整仍然处于先进掩模刻写设备的控制能力之内。

人们已经观察到光学掩模的保护薄膜在空气中高速扫描期间会发生变形。由于光的折射，这种变形会导致图形偏移 $\delta$：

$$\delta = t\left(1 - \frac{1}{n}\right)\sin\phi \tag{7-5}$$

式中，$t$、$n$ 分别为薄膜的厚度和折射率(图 4-28)。将保护膜紧绷于整个边框上并固定紧密，可以使这种变形最小化。由于 EUV 的掩模保护膜是在真空中扫描，因此这种变形对于 EUV 光刻并不是问题。此外，如第 4 章所述，EUV 保护膜比光学光刻保护膜要薄得多，而且 EUV 保护膜的折射率 $n \approx 1$，因此，EUV 掩模保护膜引起的图形放置误差较小[参见式(4-7)]。

在式(7-3)、式(7-4)的高阶套刻模型中，根据光刻机的厂家和型号，多项式展开中的某些项在某些光刻机中是无法调整的。对于 ASML 最先进的浸没式光刻机，除了 $k_{20}$ 以外的其他项都是可调的，而在 EUV 曝光系统中，$k_{13}$ 和 $k_{20}$ 均不可调。在一台某一项能够进行调整的光刻机上做调节，要注意接下来的套刻，是否因为使用了另一台无法调整对应特定项(如 $k_{13}$)的光刻机而不能得到校正。当然，这只有在分别采用光学光刻和 EUV 光刻曝光不同层，且层间的套刻在非常关键时此问题才会突显。

## 7.2　关键尺寸控制

与套刻一样，EUV 光刻中影响线宽关键尺寸变化的大多数原因在光学光刻中都能对应找到。有些因素，如像差和杂散光，在 EUV 光刻里比光学光刻更为显著，但是，大多数这类影响已经得到了很好的研究和表征。掩模的 3D 效应是 EUV 光刻所独有的，这在前一章中已讨论过。

对于任何类型的投影光刻系统，焦面变化都是关键尺寸变化的原因之一。但对于 EUV 光刻，焦面控制有几个方面是值得注意的。在 ASML 的曝光系统中，光学焦面传感器用于检测晶圆的顶面，但是此类光学系统会受到基底薄膜和光刻胶形貌的影响[14-18]。对于光学光刻机，ASML 引入气压传感器(AGILE)来校准光学聚焦传感器，从而解决了这个问题[19]。但是，气压传感器应用于真空系统就很困难了，为此，如 3.6 节中所述，ASML 通过改进他们的调平传感器，降低了其对基底膜层的敏感度，但仍会遗留一些敏感度[20]。

在 EUV 光刻中，光刻胶厚度占据的焦面控制预算比例要比光学光刻高。多年前人们便注意到，在空气-光刻胶界面折射将光刻胶所占的焦面控制预算从整个光刻胶厚度减少到光刻胶厚度除以光刻胶的折射率[21]。对于光学光刻，光刻胶的折射率约为 1.7，因此折射会有显著的影响。对于 EUV 光刻，$n$ 约为 1，因此基本上整个光刻胶厚度均将计入焦面控制预算。随着 NA 的增大，这变得愈发显著。

如第 2 章所述，LPP EUV 光源中的集光镜易受到锡污染，从而会影响到照明均匀性。同时，这不仅会影响到曝光狭缝中光强分布的均匀性，也会改变整个光瞳的照明，且这种瞳内照明的变化会导致晶圆上的尺寸变化。

在没有任何其他尺寸变化来源的情况下，线边缘粗糙度(LER)本身就会引起线宽变化。在假设功率谱密度(PSD)具有函数形式的情况下，使用 Monte Carlo 方法[22]进行量化模拟：

$$PSD(f) = \frac{2\sigma_{\mathrm{LER}}^2 L_{\mathrm{C}}}{1 + (2\pi f L_{\mathrm{C}})^{0.5+\alpha}} \tag{7-6}$$

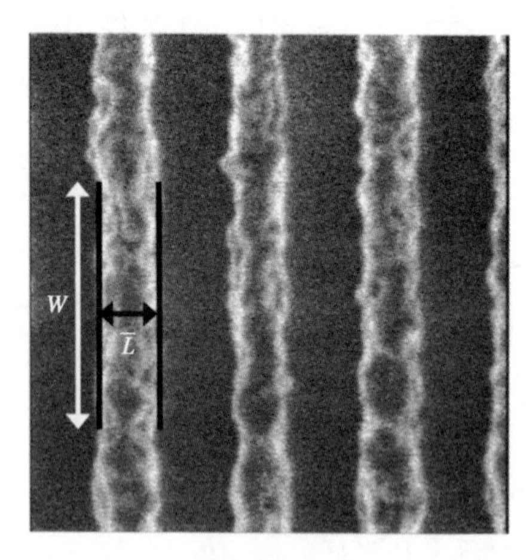


图 7-5　沿 $W$ 方向的平均的线宽尺寸 $L$ 会因 LER 不同而变化

式中，$\sigma_{\mathrm{LER}}$、$L_{\mathrm{C}}$分别为粗糙度的标准差和相关长度；$f$ 为空间频率。当 $\alpha = 0.5$ 时，对于一个特征图形，由 LER(图形两边的 LER 是非相关的)引起 $W$ 范围内(图 7-5)的尺寸变化可以由下式[23,24]给出：

$$\sigma_{\mathrm{L}}^2 = \frac{4L_{\mathrm{C}}\sigma_{\mathrm{LER}}^2}{W}\left[1 - \frac{L_{\mathrm{C}}}{W}\left(1 - \mathrm{e}^{-W/L_{\mathrm{C}}}\right)\right] \tag{7-7}$$

因此，LER 会引起 CD 的变化，进而影响如晶体管驱动、漏电流和电阻等特性。在化学放大光刻胶中，相关长度为 10.0～

12.5 nm；而在断链式光刻胶中[25]，相关长度约 6.5 nm[26]。由式(7－7)可以看出，相关长度越小，线宽变化越小。

如 5.2 节所述，导致 LER 的随机变化的来源也被发现是产品缺陷的来源[27]，这使得难以像多年来光学光刻中所做的那样，将边缘放置误差与产品良率分开来考虑[28]。下一节将描述 EUV 光刻中的良率问题，并做进一步讨论。

## 7.3 良率

传统的光刻良率损失的原因可能由随机缺陷、超出规格的线宽以及套刻等误差引起(特别是对那些工艺窗口较小的图形)。这些传统的良率问题会由于 EUV 光刻中显著的随机现象而变得更加严重。此外，由线宽尺寸变化或套刻误差引起的边缘位置变化的统计数据，与缺陷的统计数据有很大的不同。可以通过以下考量来理解这一点。套刻和线宽尺寸通常控制在 3σ 或 4σ 水平。一个工艺平均值达到目标值且误差控制在±4σ 水平时，其工艺约有 63 ppm 超出规格。在这个基础上，如果套刻误差或线宽尺寸变化发生随机超规，则不可能生产出合格的具有数十亿个晶体管的芯片。

幸运的是，套刻和线宽并不会随机变化。例如，考虑由于晶圆缩放误差引起的套刻误差情况，其平均套刻可能逐渐从晶圆的一侧变化到另一侧。那么晶圆上很大面积内，套刻误差均在合格范围内，而只有晶圆的另外一小部分面积内套刻误差超出范围(图 7－6)。类似地，对于由加热板温度不均匀性引起的线宽尺寸变化，变化通常会发生在毫米或几十毫米的长度范围内。因此，即使套

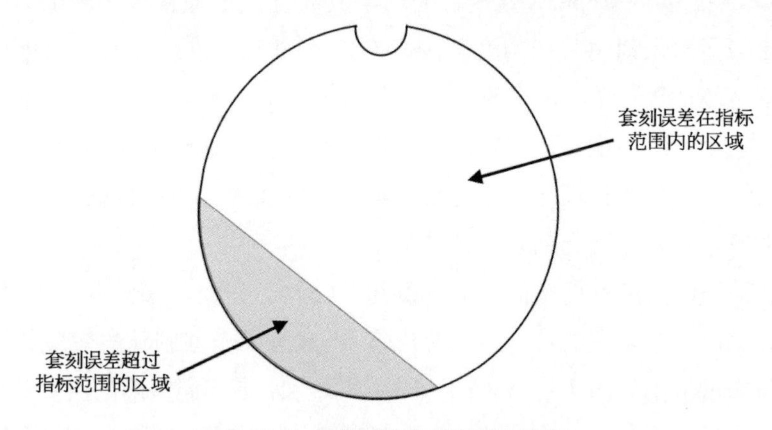


图 7－6　套刻误差的非随机变化示意图

刻和线宽尺寸的控制仅达到 3σ 或 4σ 水平，仍有可能产出合格的由数十亿晶体管构成的芯片。其原因是：只有部分器件参数超标，而对许多其他的器件，所有的参数都在规格范围内。

然而，由于随机性导致的缺陷发生在局部并且是随机的。对于这种随机缺陷的适当统计需求与那些系统性的缺陷有很大不同。为了生产出具有数十亿个晶体管组成的芯片，63 ppm（$\pm 4\sigma$）水平的缺陷要求是远远不够的，需要远优于 1 ppb。这可以认为是介于$\pm 6\sigma$ 和$\pm 7\sigma$ 之间的误差控制水平，比套刻和 CD 的要求严格得多（表 7－3）。

表 7－3　缺陷以正态分布的误差控制和缺陷率

| 误差控制 | 缺陷率 |
| --- | --- |
| $\pm 3\sigma$ | 2 700 ppm |
| $\pm 4\sigma$ | 63 ppm |
| $\pm 5\sigma$ | 0.57 ppm |
| $\pm 6\sigma$ | 2.0 ppb |
| $\pm 7\sigma$ | 0.002 6 ppb |

尽管到目前为止讨论重点一直放在随机缺陷上，因为这对 EUV 光刻特别重要，但在 EUV 光刻中依然存在与光学光刻中具有类似起因的缺陷类型，但通常 EUV 会有更严格的要求，因为 EUV 光刻面向的是具有更高集成度的先进节点，对应着更小的曝光特征尺寸。较小的图形尺寸通常对光刻胶的过滤和泵浦也有较高的要求，通常需要在使用点处本地过滤，这些已被证明是 EUV 光刻所必需的[29]。尽管基于 ArF 和 KrF 平台的化学放大抗蚀剂通常也用于 EUV 光刻，但其性质与光学光刻中采用的光刻胶会有所不同。即使在使用相同化学成分的情况下，针对 EUV 光刻优化的光致产酸剂和碱淬灭剂会具有更高的浓度。最终，EUV 光刻胶的表面特性与光学光刻中使用的表面特性不同，因此有必要对显影后的漂洗过程进行优化。通过改进滤芯已经实现了实质性的缺陷减少，另外最佳的滤芯有时会因光刻胶而异[30,31]。

了解缺陷的起因对良率提升很有帮助。因此区分缺陷来源非常重要，例如它是由光刻胶工艺较差的过滤造成的缺陷，还是源于光刻胶随机效应或光子散粒噪声带来的缺陷。图 7－7 总结了分析结果，显示了不同缺陷的巨大差异。由光刻胶显影后的残留物构成的缺陷可以延伸到多个特征图形上，一些由膜内颗粒引起的缺陷也会如此，而由随机因素引起的缺陷仅限于单个特征图形，并且用扫描电镜进行检查也没有发现有颗粒嵌入。这项研究表明，许多缺陷的来源是可以确定的。

| 缺陷类型 | | 残留 | 单个孔闭合 | 多个孔闭合 | 嵌入缺陷 | |
|---|---|---|---|---|---|---|
| 显影后 | | 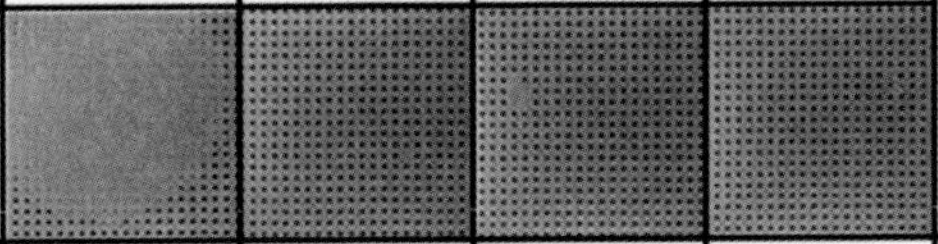 | | | | 涂胶和显影的解决方案 |
| 可能因素 | 显影和清洗后图形的光刻胶残留 | ✓ | | | | 优化冲洗工艺 |
| | 薄膜颗粒（光刻胶/SOG/SOC） | | ✓ | ✓ | ✓ | 优化材料供应系统 |
| | 随机缺陷 | | ✓ | | | 搜索 |

图 7－7　EUV 光刻成形的接触孔缺陷

对于大多数缺陷，可以区分为由光刻胶随机效应引起的缺陷和由其他原因引起的缺陷[29]；SOG 指旋涂二氧化硅膜（spin-on-glass），SOC 指旋涂碳膜（spin-on-carbon）

区分缺陷的另一种方法是将缺陷密度视为特征尺寸的函数（图 7－8）。当沟槽或接触孔尺寸小于某一阈值时，则会出现桥连或孔闭合的缺陷，其缺陷趋势和特征尺寸近乎呈指数关系。类似的，当线条变窄或接触孔增大时，则将会出现断线孔合并的趋势。在这两个随机失效边界（stochastic failure cliffs）之间存在一个窗口，其随机缺陷水平较低，因此位于该窗口中的缺陷来源通常不是光刻胶的随机效应。

随机引起的缺陷使得在建立工艺窗口中需要考虑另外一个因素。除了由关键尺寸确定的曝光剂量和离焦范围的限制外，还必须通过约束这些量的范围，以保证足够低的随机失效水平，最终达到良率目标[33,34]。

由于关键尺寸分布的非正态（非高斯）性质，EUV 光刻良率的分析变得更为复杂[35]。图 7－10 显示了一个例子，很明显，其分布形态偏离了正态分布，特别是对于小特征尺寸。

这种现象的原因可以理解为：很多引起 CD 变化的源头最终都可以等效为剂量的变化[37]。对于光子散粒噪声作为 CD 变化的重要来源的场景尤其适用。假

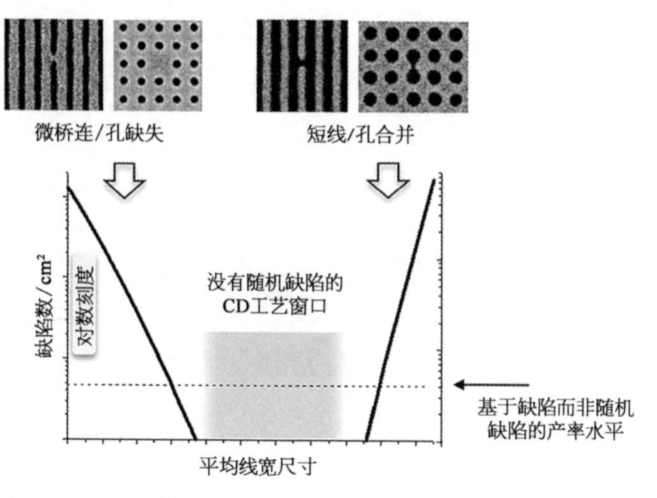


图 7-8 密集图形成形缺陷的示意图[32]（纵轴是对数刻度）

设有效曝光剂量以高斯分布，关键尺寸的最终分布也不会是高斯分布，因为关键尺寸是曝光剂量的非线性函数。关键尺寸和曝光剂量之间的函数关系入下式[38]：

$$CD = CD_0 + a\left(1 - \frac{E_0}{E}\right) \tag{7-8}$$

呈高斯分布的曝光剂量所对应的关键尺寸的分布如图 7-10 所示。可以看出，该分布朝更小的关键尺寸一侧偏斜，这与图 7-9 中的严格仿真结果类似。

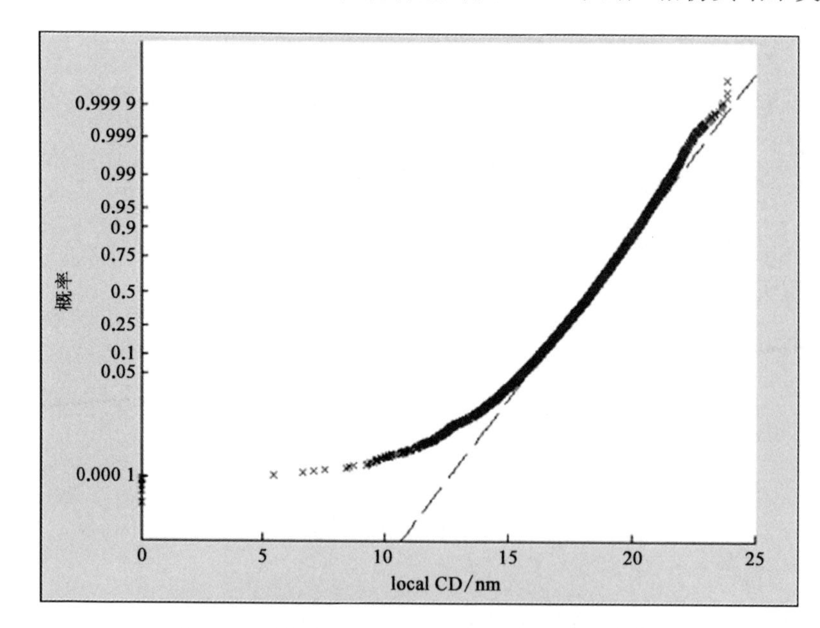


图 7-9 对标称为 17.5 nm 线进行仿真的 CD 分布[36]

光刻胶模型包括了随机效应，曝光用 0.33NA 和四极照明

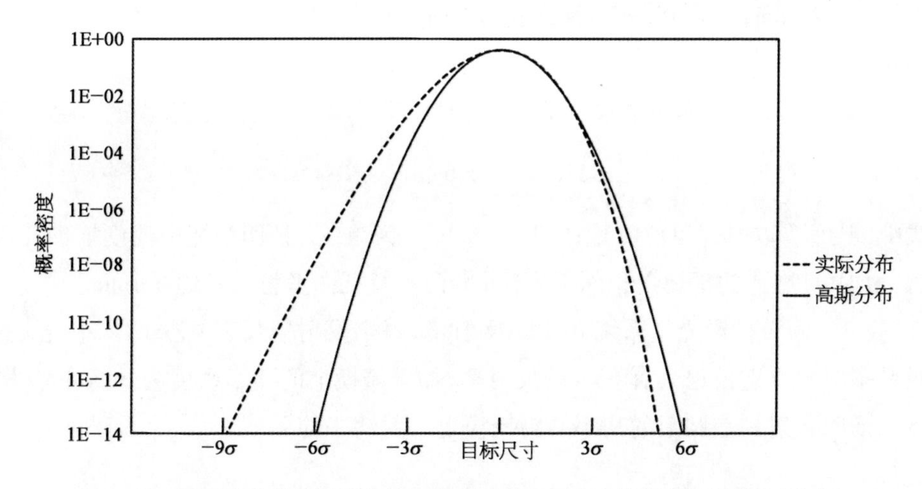


图 7-10　概率密度函数(说明了由曝光剂量和成形尺寸之间非线性关系导致的偏态分布)

为了最大限度地提高晶圆的价值,通常会采用工艺窗口非常紧的设计版图,以期在每一晶圆上获得最多的晶粒。这通常会导致被称为"热点"的特定设计版图面临非常大的失效风险,进而使得良率不在期望的水平。在技术开发的早期阶段,可能不会注意到这些热点故障,因为其他影响良率下降的因素可能更为显著。随着技术的成熟和整体良率的提升时,热点造成的良率损失就变得明显起来。由于这些失效通常是无规律地发生,因此有时称它们为"软"失效[39]。光刻胶的随机效应也会导致这种无规律的缺陷产生,如图 6-18 所示。

有几个措施可用于减少热点带来的良率损失。在计算工艺变化带宽(PVbands)时将随机变化量考虑进去,可以使得很多潜在的热点在版图验证过程中被识别出来,然后对其进行修改。如果版图的修改优化使得逻辑或存储单元尺寸增大到不可接受,则可能有必要选用另外一种具有更低随机效应水平的光刻胶,但其代价可能是更高的曝光剂量。前一章中讨论到的反演光刻技术通常也是增大工艺窗口有效的手段,从而降低在这些热点处产生缺陷的概率。

## 习题

7.1　假设掩模背面非平整度由下式给出:

$$z(x) = A\cos^2\frac{\pi x}{W} \tag{7-9}$$

式中，$A = 20\ \text{nm}$，$W = 10\ \text{mm}$。证明掩模放置到吸盘后的最大图形放置误差为 5 nm。

7.2 ULE 的热膨胀系数（CTE）在温度 20℃ 附近时与温度呈线性函数：

$$\text{CTE}(T) = 1.67T - 33.4 \tag{7-10}$$

式中，温度 $T$ 以℃为单位测量；CTE 以 ppb/℃为单位。证明当掩模温度增加 2℃时，由 ULE 制造的掩模上相隔 100 mm 的两个特征图形将分开约 0.4 nm。

7.3 假设投影光学系统有 6 个反射镜，每个反射镜反射 65%的入射光；还假设多层膜反射镜也具有 65%的反射率；如果掩模上的图案密度为 50%的吸收体。证明入射到晶圆上的功率约为掩模上入射功率的 2.5%。

## 参考文献


[1] A. H. Gabor, A. C. Brendler, T. A. Brunner, X. Chen, J. A. Culp, and H. J. Levinson. "Edge placement error fundamentals and impact of EUV: will traditional design-rule calculations work in the era of EUV?" *Journal of Micro/Nanolithography, MEMS, and MOEMS* **17**, no. 4 (2018): 041008.

[2] S. Raghunathan, O. Wood, P. Vukkadala, R. Engelstad, B. Lee, S. Bouten, T. Laursen, J. Zimmerman, J. Sohn, and J. Hartley. "A study of reticle nonflatness induced image placement error contributions in EUV lithography," *Proc. SPIE* Vol. **7636**, p. 76360W, 2010.

[3] M. Chandhok, S. Goyal, S. Carson, S. Park, G. Zhang, A. M. Myers, M. L. Leeson, et al. "Compensation of overlay errors due to mask bending and nonflatness for EUV masks," *Proc. SPIE* Vol. **7271**, p. 72710G, 2009.

[4] X. Chen, C. Turley, J. Rankin, T. Brunner, and A. Gabor. "Minimizing wafer overlay errors due to EUV mask nonflatness and thickness variations for N7 production," *Proc. SPIE* Vol. **10143**, p. 101431F, 2017.

[5] X. Chen, A. Gabor, P. Samudrala, S. Meyers, E. Hosler, R. Johnson, and N. Felix. "Mix-and-match considerations for EUV insertion in N7 HVM," *Proc. SPIE* Vol. **10143**, p. 101430F, 2017.

[6] H. Levinson and T. White. "Method and system for flattening a reticle within a lithography system." U.S. Patent 7, 199, 994, issued April 3, 2007.

[7] S. Raghunathan, O. R. Wood, P. Mangat, E. Verduijn, V. Philipsen, E. Hendrickx, R. Jonckheere, et al. "Experimental measurements of telecentricity errors in high-numerical-aperture extreme ultraviolet mask images," *J. Vac Sci. Technol.* Vol. **B32**(6), (2014): 06F801.

[8] P. Kochersperger, "Overlay correction by reducing wafer slipping after alignment." U.S. Patent 7, 542, 263, issued June 2, 2009.

[9] C. J. Martin, A. R. Mikkelson, R. O. Tejeda, R. L. Engelstad, E. G. Lovell, K. L. Blaedel, and A. A. Claudet. "Mechanical modeling of the reticle and chuck for EUV lithography," *Proc. SPIE* Vol. **4688**, pp. 194-204, 2002.

[10] T. A. Brunner, J. G. Lewis, and M. P. Manny. "Stepper self-metrology using automated techniques," *Proc. SPIE* Vol. **1261**, pp. 286-297, 1990.

[11] Y. Yoda, A. Hayakawa, S. Ishiyama, Y. Ohmura, I. Fujimoto, T. Hirayama, Y. Shiba, K. Masaki, and Y. Shibazaki, "Next-generation immersion scanner optimizing on-product performance for 7 nm node," *Proc. SPIE* Vol. **9780**, p. 978012, 2016.

[12] M. Mastenbroek, "Progress on 0.33 NA EUV systems for High-Volume Manufacturing," *Proc. SPIE* Vol. **11147**, p. 1114703, 2019.

[13] A. R. Mikkelson, R. L. Engelstad, E. G. Lovell, Theodore M. Bloomstein, and M. E. Mason, "Mechanical distortions in advanced optical reticles," *Proc. SPIE* **3676**, pp. 744 – 755, 1999.

[14] T. O. Herndon, C. E. Woodward, K. H. Konkle, and J. I. Raffel, "Photo-composition and DSW autofocus correction for wafer-scale lithography," *Proc. Kodak Microelectron. Sem.* pp. 118 – 123 (1983).

[15] B. La Fontaine, J. Hauschild, M. Dusa, A. Acheta, E. Apelgren, M. Boonman, J. Krist, A. Khathuria, H. Levinson, A. Fumar-Pici, and M. Pieters, "Study of the influence of substrate topography on the focusing performance of advanced lithography scanners," *Proc. SPIE* **5040**, pp. 570 – 581 (2003).

[16] J. E. van den Werf, "Optical focus and level sensor for wafer steppers," *J. Vac. Sci. Tech.* **10**(2), pp. 735 – 740 (1992).

[17] T. Tojo, M. Tabata, Y. Ishibashi, H. Suzuki, and S. Takahasi, "The effect of intensity distribution in the reflected beam on the detection error of monochromatic optical autofocus systems," *J. Vac. Sci. Tech. B* **8**(3), pp. 456 – 462 (1990).

[18] M. A. van den Brink, J. M. D. Stoeldraijer, and H. F. D. Linders, "Overlay and field-by-field leveling in wafer steppers using an advanced metrology system," *Proc. SPIE* **1673**, pp. 330 – 344 (1992).

[19] F. Kahlenberg, R. Seltmann, B. M. La Fontaine, R. Wirtz, A. Kisteman, R. N. M. Vanneer, and M. Pieters, "Best focus determination: bridging the gap between optical and physical topography," *Proc. SPIE* **6520**, p. 65200Z, 2007.

[20] W. P. de Boeij, R. Pieternella, I. Bouchoms, M. Leenders, M. Hoofman, R. de Graaf, H. Kok, P. Broman, J. Smits, J. J. Kuit, and M. McLaren, "Extending immersion lithography down to 1x nm production nodes." *Proc. SPIE* **8683**, p. 86831L, 2013.

[21] W. H. Arnold and H. J. Levinson. "Focus: the critical parameter for submicron optical lithography: part 2," *Proc. SPIE* Vol. **772**, pp. 21 – 34, 1987.

[22] Y. Ma, H. J. Levinson, and T. Wallow, "Line edge roughness impact on critical dimension variation," *Proc. SPIE* **6518**, 651824 (2007).

[23] G. F. Lorusso, P. Leunissen, M. Ercken, C. Delvaux, F. Van Roey, N. Vandenbroeck, H. Yang, A. Azordegan, and T. DiBiase, "Spectral analysis of line width roughness and its application to immersion lithography," *J. Microlith. Microfab. Microsyst.* **5**(3), 033003-1 – 03003-6 (2006).

[24] C. A. Mack, "Analytical expression for the impact of linewidth roughness on critical dimension uniformity," *J. Micro/Nanolith. MEMS MOEMS*, 020501-1 – 020501-3 (2014).

[25] R. Fallica, E. Buitrago, and Y. Ekinci, "Comparative study of line roughness metrics of chemically amplified and inorganic resists for extreme ultraviolet." *Journal of Micro/Nanolithography, MEMS, and MOEMS* **15**, no. 3 (2016): 034003.

[26] A. Shirotori, Y. Vesters, M. Hoshino, A. Rathore, D. De Simone, G. Vandenberghe, and H. Matsumoto, "Development of main chain scission type photoresists for EUV lithography," *Proc. SPIE* **11147**, p. 111470J, 2019.

[27] P. De Bisschop, "Stochastic effects in EUV lithography: random, local CD variability, and printing failures," *Journal of Micro/Nanolithography, MEMS, and MOEMS* **16**, no. 4 (2017): 041013.

[28] A. H. Gabor, A. C. Brendler, T. A. Brunner, X. Chen, J. A. Culp, and H. J. Levinson, "Edge placement error fundamentals and impact of EUV: will traditional design-rule

calculations work in the era of EUV?" *Journal of Micro/Nanolithography, MEMS, and MOEMS* **17**, no. 4 (2018): 041008.

[29] Y. Kamei, S. Kawakami, M. Tadokoro, Y. Hashimoto, T. Shimoaoki, M. Enomoto, K. Nafus, A. Sonoda, and P. Foubert, "Improvement of CD stability and defectivity in resist coating and developing process in EUV lithography process," *Proc. SPIE* Vol. **10809**, p. 1080924, 2018.

[30] A. Dauendorffer, T. Shiozawa, K. Yoshida, N. Nagamine, Y. Kamei, S. Kawakami, S. Shimura, K. Nafus, A. Sonoda, and P. Foubert. "CLEAN TRACK solutions for defectivity and CD control towards 5 nm and smaller nodes," *Proc. SPIE* **11323**, p. 113232A, 2020.

[31] L. D'Urzo, H. Bayana, J. Vandereyken, P. Foubert, A. Wu, J. Jaber, and J. Hamzik. "Continuous improvements of defectivity rates in immersion photolithography via functionalized membranes in point-of-use photo-chemical filtration," *Proc. SPIE* **10146**, p. 101462A (2017).

[32] P. De Bisschop, "Stochastic printing failures in extreme ultraviolet lithography." *Journal of Micro/Nanolithography, MEMS, and MOEMS* **17**, no. 4 (2018): 041011.

[33] P. De Bisschop and E. Hendrickx, "On the dependencies of the stochastic patterning-failure cliffs in EUVL lithography," *Proc. SPIE* **11323**, p. 113230J, 2020.

[34] P. De Bisschop and E. Hendrickx, "Stochastic printing failures in EUV lithography," *Proc. SPIE* **10957**, p. 109570E, 2019.

[35] R. L. Bristol and M. E. Krysak. "Lithographic stochastics: beyond 3σ." *Journal of Micro/Nanolithography, MEMS, and MOEMS* **16**, no. 2 (2017): 023505.

[36] T. A. Brunner, X. Chen, A. Gabor, C. Higgins, L. Sun, and C. A. Mack. "Line-edge roughness performance targets for EUV lithography," *Proc. SPIE* **10143**, p. 101430E, 2017.

[37] H. J. Levinson, Y. Ma, M. Koenig, B. La Fontaine, and R. Seltmann. "Proposal for determining exposure latitude requirements," *Proc. SPIE* **6924**, p. 69241J, 2008.

[38] C. P. Ausschnitt and T. A. Brunner, "Distinguishing dose, focus, and blur for lithography characterization and control," *Proc. SPIE* **6520**, p. 65200M, 2007.

[39] Yuansheng Ma, private communication.

# 第 8 章　EUV 光刻的量测

EUV 光刻里的大部分量测与光学光刻类似,但需要注意的是 EUV 光刻是在非常小的尺寸上进行的。量测套刻误差和关键尺寸,这些都与光学光刻情况相同,本书不再赘述。在此之外,EUV 光刻也有在光学光刻技术里没有对应的方面,主要与掩模和保护膜有关,相关的量测有其特殊的要求。重要的是,许多量测工具必须在 EUV 波长下进行测量,这需要使用专门的光源并在真空中操作。

开发和制造 EUV 的组件(如 EUV 掩模基板)就需要测量工具。这些工具也是光刻工程师感兴趣的,即使这些测量工具不一定在晶圆厂或掩模厂使用,但它们对帮助光刻工程师了解供应商的品控能力很重要。最早用于支持 EUV 技术开发的工具之一是 EUV 波长的反射计[1]。这种工具用于测量 EUV 掩模基板多层膜的反射率及其均匀性。与 0.33NA 光刻机的主光线角相同,这些反射计也提供 6°入射角的反射率测量,还可以测量 13.5 nm 波长范围内的绝对反射率。所得数据可用于确定峰值反射率的波长和掩模基板的反射率的均匀性。在 2002 年之前,尚未引入此类独立工具,EUV 波长的反射率测量通常在电子存储环上进行。独立工具对于 EUV 掩模基板的制造商来说更为方便。它们还可用于测量制备工艺对多层膜反射率的影响以及反射率随时间的变化。EUV Technology 公司[2]和 Research Instruments 公司[3]目前提供这种独立的量测工具。使用同步加速器光源的实验室可以继续提供重要的标定以及其他服务[4-6]。

## 8.1 掩模基板缺陷检测

EUV 掩模基板中相位缺陷的内容在第 4 章中已讨论过，其中指出，非常小的缺陷也可能在晶圆上成形。由于这些缺陷尺寸很小，而且在 EUV 波段有其相位特性，使用 DUV 检测工具检测这些缺陷极具挑战，因为 DUV 检测工具分辨率有限，特别是对相位缺陷的敏感性不高。DUV 光不会深入到 Mo/Si 多层膜中（图 8-1），这也进一步降低了这种非光化缺陷检测的有效性。然而，使用光学检测工具，特别是 Lasertec M1350 系列（$\lambda=488$ nm）和 M7360（$\lambda=266$ nm）系统，在减少 EUV 掩模基板缺陷方面取得了良好的进展。两者之间，尽管较短波长（$\lambda=266$ nm）的光进入 Mo/Si 多层膜的穿透力小于较长的波长（$\lambda=488$ nm），但较短的波长能提供更好的分辨率和更好的整体检测能力。

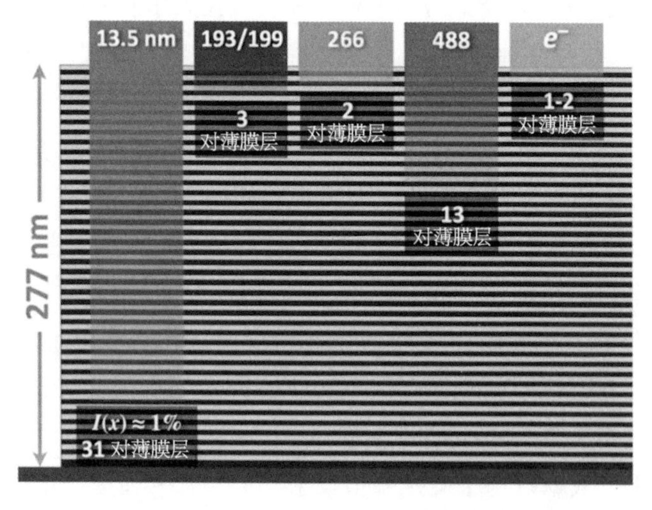


图 8-1　不同波长的光穿透 Mo/Si 多层膜[7-9]（参见文末彩图）

标出的数值表示该波长的光强在下降到初始值的 1%时穿过了多层膜里的几对

通过使用相位相衬成像进行检测，可以提高检测小凸块和小凹坑缺陷的光学检测灵敏度。这些小凸块和凹坑都是潜在的相位缺陷（图 8-2）。从凸块顶部（或凹坑底部）反射的光线与从基板平坦部分反射的光线之间的干涉强度与相位差 $\delta$ 的平方成正比。对于一个小的 $\delta$，干涉强度值也很小（参见习题 8.1）。此外，相位相衬方法产生与相位差成正比的信号，提高了检测效果。这表明使用 DUV 检测工具[10]，例如 KLA 公司的 Teron Phasur 掩模检测设备[11]，可以发现许多（但不是

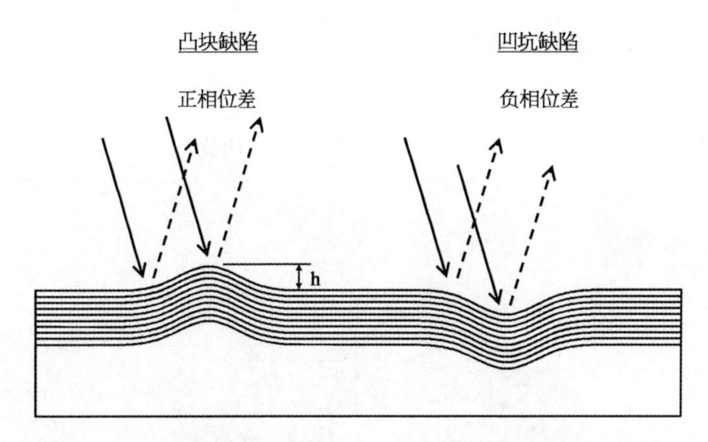


图 8-2　由于被测表面的凸块和凹坑导致的反射光线相位差的示意图[12]
可以通过所测量的相位差的正负来区分缺陷为凸块或凹坑

全部）相位缺陷，且这些缺陷在 DUV 波长上通过直接检测掩模基板是检测不到的。

量测的进步对于量产级别质量的 EUV 掩模基板至关重要。从 M1350 测量工具到更灵敏的 Teron Phasur 检测系统，发现缺陷的数量增长了近 3 个数量级[13]。测量能力是技术改进的基础，因此改进的 DUV 波长量测方法是极为重要的，它使得 EUV 掩模基板的缺陷数量显著改善。

尽管在光学缺陷测量方面取得了进步，但研究发现，并非所有可成形的缺陷都可以通过光学检测被发现[11,14]（图 8-3）。因此，人们开发了光化掩模基板

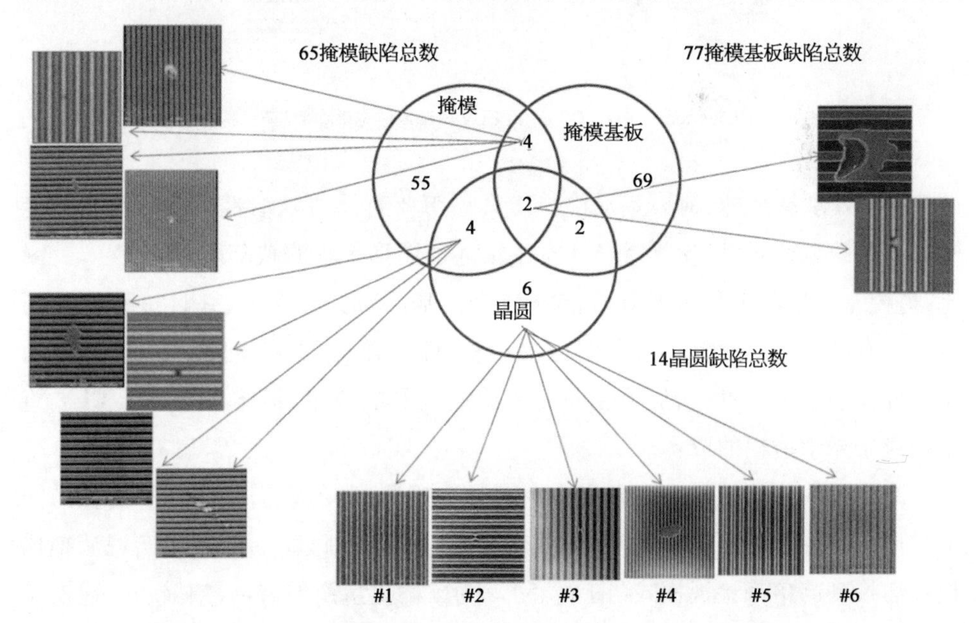


图 8-3　基板、掩模和晶圆缺陷的维恩图（Venn diagram）及其代表性的 SEM 图[11]

检测工具的研究。最初是通过研发联盟进行的，如 SEMATECH 和日本的 MIRAI-SELETE。最终，核心技术被转移到 Lasertec 公司[15]，产生了 ABICS E120 光化掩模基板检验工具(图 8-4)，现在市场已有在售。

图 8-4　Lasertec 公司 ABICS E120 EUV 掩模基板光化检测工具的图片[16]

除了发现缺陷外，掩模基板检验工具还需要有能力以纳米精度确定相对掩模基准的缺陷位置，以便支持第 4 章中描述的图形平移的缺陷缓解方案[17]。因此，掩模基板检测工具需要具有能够与掩模基准对齐的系统，并且这种工具还需要具有精确的工件台。对准能力、精确工件台并在 EUV 波长下工作，三种功能结合在一个工具里，增加了掩模基板检测工具的成本，最终也增加了 EUV 掩模相对于光学掩模的成本。

许多小缺陷虽然可以在光化检测工具上检测到，但它们可能并不会在晶圆上成形。为了区分可成形和不可成形的缺陷，ABICS E120 工具可以实现从扫描模式切换到高倍率检视模式(图 8-5)。为了满足量产的需求，扫描一个掩模基板的目标时间要求不超过 45 min。

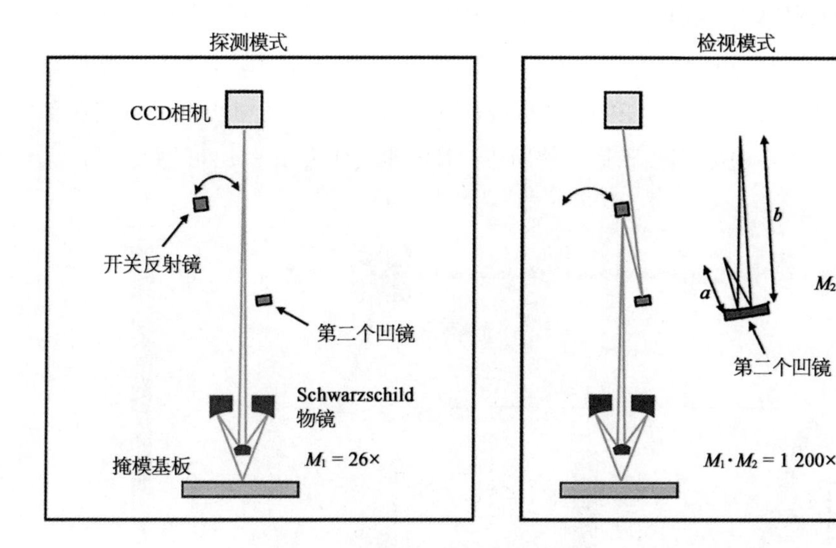


图 8-5　ABICS E120 EUV 掩模基板检测工具的两种操作模式

左图的模式用于探测缺陷,而右图的配置用于在高倍率下检视缺陷[18]

## 8.2　EUV 掩模测评工具

另一种用于检测缺陷的工具是空间像测量系统——AIMS™。这类工具完全模拟了光刻机的投影系统和照明系统,从而能够直接测量空间像。这种量测工具长期以来一直用于光学光刻,以确定是否需要修复掩模缺陷,若有需要,这些工具还可用于评估修复效果。这种能力对于 EUV 光刻也很有价值。从本质上讲,AIMS 工具需要在光化波长下运行。由蔡司公司开发的 AIMS 工具的检测图像如图 4-17 所示。其中的图像显示了掩模基板表面粗糙度的直接测量值,这些粗糙表面会影响成像的 LER。

EUV 光刻的情况比光学光刻要更复杂一些,例如第 3 章提到的,掩模上的入射角在照明狭缝上是变化的。对于蔡司制造的 EUV AIMS 工具,在掩模上任何位置,其照明入射角是固定的,所以还需要计算来评估方位角变化的影响[19]。

EUV AIMS 工具的前身是使用同步辐射加速器光源的掩模检查显微镜,如图 8-6 所示。这些工具为研究人员提供了空间像的量测能力,对 EUV 掩模技术的发展意义重大。有两种此类工具,即光化检测工具(actinic inspection tool, AIT)和 SEMATECH 高数值孔径光化检测项目(SEMATECH high-NA actinic review project, SHARP), 其受到了 SEMATECH 的支持,并在劳伦斯伯克利国家实验室先进光源(advanced light source, ALS)上得到了应用。SHARP 工具在 EUREKA 联盟[20]的支持下还在继续开展应用。日本也开发和研制了一些类似工具[21]。对于这些检测显微镜,通常使用菲涅耳波带板作为光学元件(图 8-7)[22]。

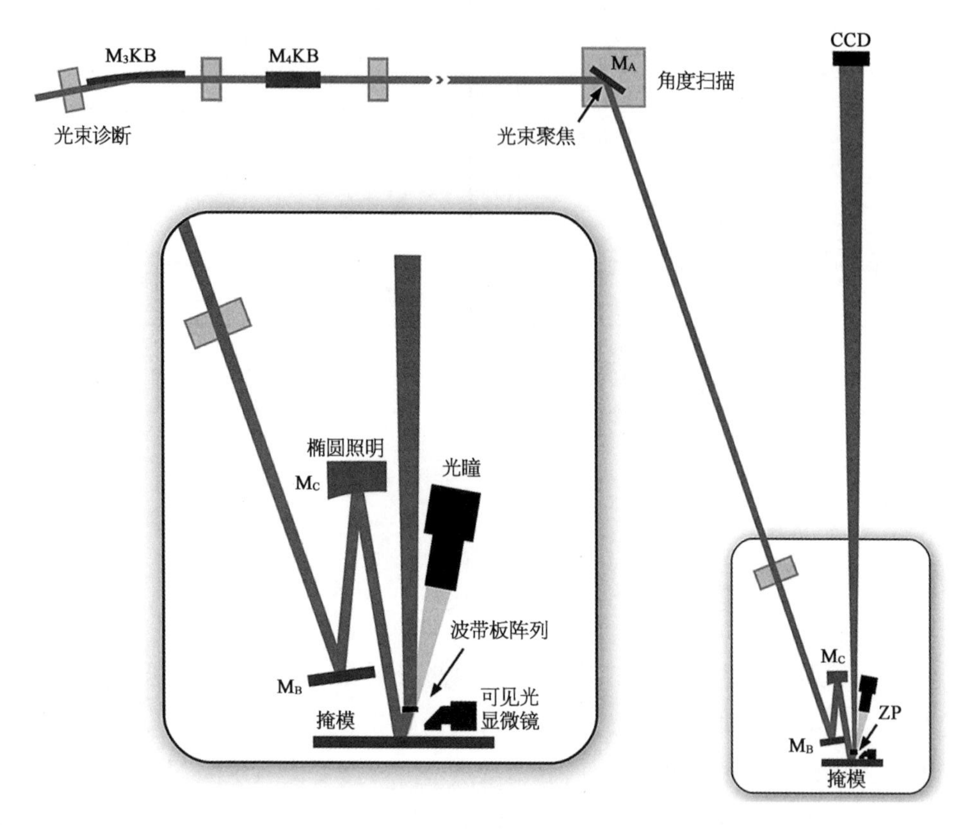


图 8-6 基于同步辐射光源的 EUV 菲涅耳波带板掩模成像显微镜示意图[22]

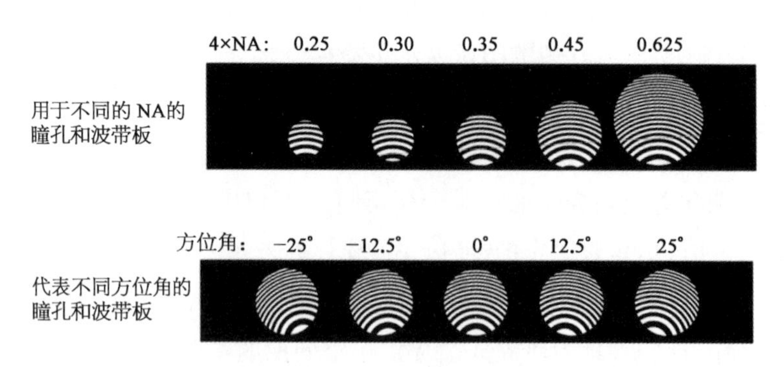


图 8-7 离轴波带板示意图

上部显示的波带板用于不同的 NA 和入射角。其中的黑色区域对 EUV 光不透明;下部显示的波带板用于模拟 EUV 光刻机曝光的弧形狭缝的变化[22]

虽然这种光学元件的成像与基于反射镜的投影光学元件的成像有所不同,但波带板的优点是可以相对容易地调整不同的数值孔径,这使得能够较早的进行对掩模缺陷的研究。可以通过使用可移动镜子以各种角度扫描来创建不同类型的照明形状。芯片制造商使用这些工具来探索掩模缺陷在光刻中的可成形性[23]。最近,采用波带板光学器件的掩模成像显微镜已被用于鉴定 EUV 掩模,这对于取代 AIMS 系统的功能非常有益[24]。虽然基于波带板的成像,与带反射光学元件的曝光系统以及 AIMS 工具不同,但它以相对低的成本提供了有用的功能。

## 8.3　量产掩模验收工具

EUV 光刻的另一个独特要求是掩模背面的缺陷检查。如第 4 章所述,掩模背面的缺陷会引起套刻误差,在掩模加载到光刻机之前,必须检测背面是否有颗粒或缺陷;否则,颗粒会转移到掩模吸盘上。如果出现这种情况,就需要对光刻机进行维护,这样光刻机中至少有一部分必须暴露在空气中。

过去有一些用于检测无图案掩模上颗粒的工具,也可以用来检查掩模背面。然而,对 EUV 掩模背面的检测来说,重要的是颗粒的高度,且比其横向尺寸更重要,但是并不是所有检测无图案掩模表面上颗粒的工具都具有测量颗粒高度的能力。Lasertec BASIC 系列工具可以测量颗粒高度,同时还具有掩模背面的清洁功能[25]。

可以容忍的颗粒大小是一个关键因素。如果背面颗粒的整个高度都反映到掩模正面的不平整,那么就需要对背面进行极其严格地清洁。幸运的是,将光罩夹在静电吸盘上会导致颗粒压缩和掩模基板变形,因此整个颗粒高度很难完全转移到掩模正面的不平整。图 8－8 展示了背面变形的仿真示例[26]。在夹持期间,比基底软的颗粒被压碎,而较硬的颗粒则被嵌入掩模基底中。即使在后一种情况下,也可以看到一定程度的颗粒压缩,以及掩模基材(ULE)的压缩,由于背部导电涂层非常薄,所以对机械变形影响不大。目前,EUV 掩模背面颗粒<10 μm 尚可接受[27]。

值得注意的是,ASML 公司提供了掩模板背面缺陷检测(RBI)选项可以无须从光刻机中移除掩模来进行背面缺陷的检测[27]。这种检测对于确定掩模背面是否在使用过程中受到了污染或损坏非常有效。而独立的掩模背面检测工具可以用来避免将污染的掩模加载到光刻机中。这种独立的背面缺陷检测工具在掩模厂和晶圆厂都是很有用的。

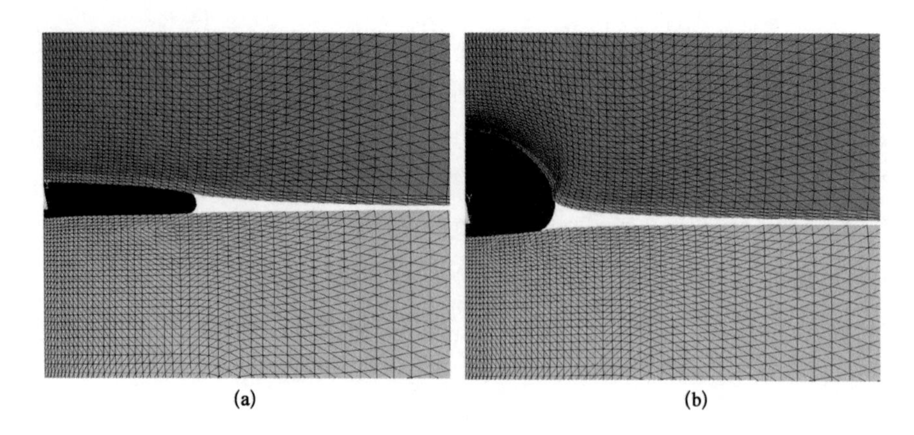


图 8-8 对 EUV 掩模背面带有 1.0 mm 球形颗粒的有限元计算结果

(a) 颗粒的屈服强度低于掩模基板;(b) 颗粒具有较高的屈服强度

在曝光波长或接近曝光波长下检查图案化掩模的缺陷,这是长期以来光学光刻中的做法。这样做有两个重要原因:一是较短的曝光波长本来就是用于成形较小的特征图形,因此检查掩模需要以更高的分辨率,而在较短波长下进行这样的检查有助于实现这一点;二是在曝光波长或接近曝光波长下进行检查还确保了检测图像更能代表实际的光刻成像过程。

这些问题与 EUV 光刻特别相关。正如本章前面提到的,在非光化波长下无法可靠地检测相位缺陷,因此在 EUV 波长下检查图案化后的掩模具有其优势,就像验证掩模基板一样。尽管在曝光波长或接近曝光波长下检查掩模具有明显的优势且是多年的实践经验,但对 EUV 图案化的掩模缺陷的检查工具成本极高,可靠性也有限,加上预期的市场规模不大,此类工具的开发被一再延迟,直到最近。第一款此类商用工具,来自 Lasertec 公司 EUV 掩模基板光化检测系统 ACTIS A150,才于 2019 年发布[28-30]。

除了相位缺陷之外,EUV 掩模上较小的图形特征尺寸对缺陷检测来说也是一个额外的挑战。EUV 光刻的引入是从晶圆级约 40 nm 间距的小尺寸开始的,这在掩模上相应的最小特征图形的尺寸约为 80 nm,而 SRAF 的尺寸约为 50 nm 或更小。

这种特征尺寸处于(或超过)DUV 检测工具分辨率的边缘。例如,使用 193 nm 波长的检测工具测量 24 nm(晶圆级)沟槽上的缺陷是非常吃力的。因此,对于第一代 EUV 光刻[30],光学检验工具的分辨率能力远远不够。而后续技术节点还需要更好的分辨率,以避免掩模上的缺陷被成形到晶圆上。用光化工具检测 EUV 掩模基板的能力减轻了对检测相位缺陷的担忧,因为在检测基板时已经可以发现多层膜中的缺陷,当然,还必须结合高效的图案偏移的方法来减少掩模基板缺陷的影响。

自从人们首次认识到掩模缺陷的可成形性取决于它们与主特征图形的接近程度以及自身的大小,掩模缺陷的成形问题对于每一种新的光刻技术的引入都是必须研究的[31]。缺陷的成形性的判断和用适当的分辨率检测缺陷,以及发现缺陷后的处置都有关联。图 8-9 展示了一个掩模基板缺陷可成形性的研究结果,显示的晶圆图形来自 16~22 nm 半间距的等距线空图形。对于信号较强的缺陷,其情况是明确的,并且成形的缺陷会横跨多条线。但是光化掩模基板检测工具也会检测出许多并不会在光刻中成形的小缺陷。这需要对特定工艺进行特征分析,以避免淘汰那些带有成形可能性不大的缺陷的掩模。

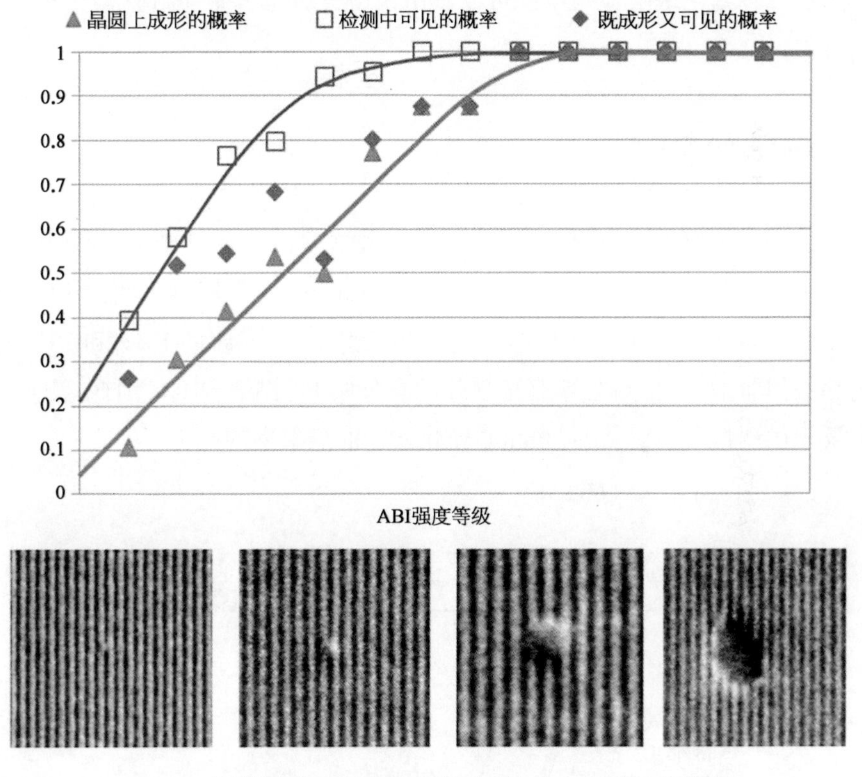


图 8-9　掩模缺陷在 0.33NA EUV 光刻机曝光后晶圆上的可成形性和 EUV 掩模基板光化检测信号强度可见性的函数关系[32]

为了满足图案化的 EUV 掩模缺陷检测工具的基本分辨率要求,具有较高分辨率的电子束系统正备受关注[33]。这对于晶圆缺陷检测更加重要,因为,晶圆上的图形尺寸比掩模上的图形小 4 倍,考虑到亚分辨率辅助图形的情况,则需要较高的分辨率。这并不是 EUV 光刻特有的要求,但无论如何晶圆上光刻后的图形,是用来确定 EUV 掩模上是否存在可成形的缺陷的最终标准。同多电子束掩模刻写系统一样,多电子束缺陷检测系统也正在开发中,以解决单电子束工具固有的速度问题[34]。

有一种非常创新的缺陷检查方法叫作显微成像计算法(ptychography),它仅测量杂散光的强度,这种方法目前还处于开发的早期阶段。重叠区域由 EUV 光的相干光束照射,并且使用重叠照射区域的信息冗余构建图像的相位信息[35,36]。由于对进行成像的图形设计的预先了解,因此对该图像的构建可用于掩模检查。显微成像计算法是一种无透镜技术;唯一的光学元件是用来将光束聚焦在掩模上的镜子。这种反射镜体积小,而且比高分辨率成像系统的光学元件的要求低得多。这意味着光化缺陷检测系统可以不用太昂贵的光学元件制造。

## 8.4 材料测试工具

用于 EUV 掩模的保护膜非常薄,它的一些关键参数需要测量,如透射系数。EUV Technology 公司[37,38]和 Research Instruments 公司[39]提供了测量 EUV 薄膜透射率和均匀性的工具。因为 EUV 光刻的反射本质,薄膜的 EUV 和 DUV 光的反射率必须非常小,否则会导致光刻胶的意外曝光(图 8-10),因此,测量工具也需要提供测量薄膜对 EUV 光和非光化波长的反射率的能力。

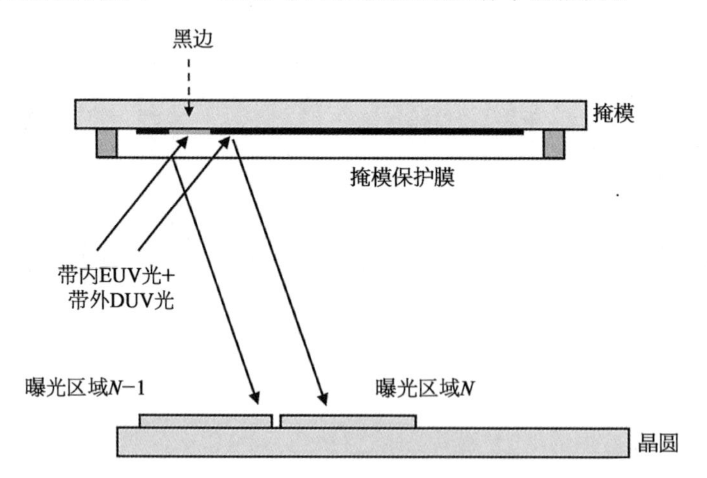


图 8-10 曝光 N 区域的带内和带外光可以影响曝光 N-1 的区域
即使是已经拥有黑边的 EUV 掩模,其保护膜也有一定的反射[40]

开发EUV光刻材料的工程师需要许多其他类型的专用测量设备，而这些设备对在晶圆厂工作的光刻工程师可能并不需要。例如，对于薄膜的开发，需要工具来测量薄膜机械强度或抗两侧压差的韧性。此类工具都是专门为特殊测试目的而开发的，以支持EUV薄膜的研发[41]，即使晶圆厂甚至掩模厂可能并不需要此类工具。

多年来，人们一直担心EUV光刻胶释出的材料会污染光刻机的光学器件。为此，也有开发了专门检测工具来测量光刻胶曝光后在见证板上沉积的材料（图8-11）[42-44]。因为光学器件上沉积的污染物质会受到EUV光的影响，所以在测试期间见证板上的材料沉积通常暴露于EUV光中，并且见证板表面由带有钌涂层的多层膜组成，这与EUV投影光学系统中使用的反射镜的表面相似。光刻胶可以用EUV光或电子束曝光。除了测量沉积在见证板上材料的总量之外，通常还要测量其成分，因为不同的沉积材料的影响程度有所不同，例如碳材料，在光学器件中可以很容易地被清洗掉，其他金属材料却无法被容易地清洗掉。研发中心拥有了这些工具装备，就可以很好地支持新的光刻胶平台的开发[45]。

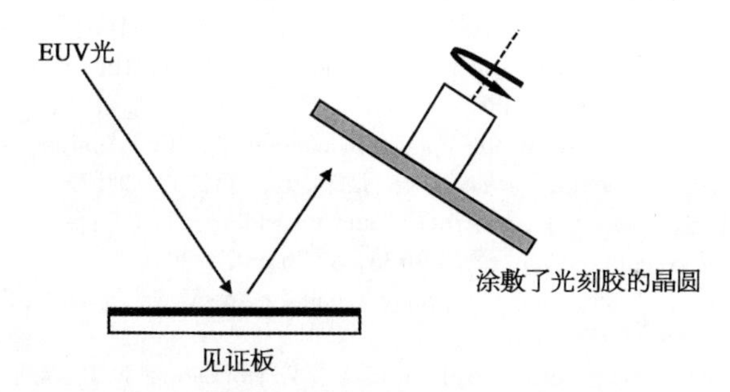


图8-11　测量光刻胶释气的系统示意图[44]（光刻胶和见证板也可以用电子束曝光）

## 习题

8.1　假设两个平面波$Ae^{ikx}$和$Ae^{i(kx+\delta)}$，相位差为$\delta$，发生相干干涉如下式：

$$Ae^{ikx}+Ae^{i(kx+\delta)} \tag{8-1}$$

证明其光强的变化和相位差平方$\delta^2$成正比。

# 参考文献

[1] D. C. Houser, F. Dong, C. N. Perera, and R. C. C. Perera. "Challenges in constructing EUV metrology tools to qualify the EUV masks for HVM implementation," *Proc. SPIE* **9661**, p. 96610K, 2015.

[2] https://www.euvtech.com/

[3] https://research-instruments. de

[4] C. Laubis, A. Babalik, A. Babuschkin, A. Barboutis, C. Buchholz, A. Fischer, S. Jaroslawzew, et al. "Photon detector calibration in the EUV spectral range at PTB," *Proc. SPIE* **10957**, p. 109571, 2019.

[5] K. Tsuda, T. Harada, and T. Watanabe, "Development of an EUV and OoB Reflectometer at NewSUBARU synchrotron light facility," *Proc. SPIE* **11148**, p. 111481N, 2019.

[6] R. Miyakawa and P. Naulleau, "Preparing for the Next Generation of EUV Lithography at the Center for X-ray Optics," *Synchrotron Radiation News* **32**, no. 4 (2019): 15-21.

[7] A. Barty, K. A. Goldberg, P. Kearney, S. B. Rekawa, B. LaFontaine, O. Wood II, J. S. Taylor, and H-S. Han, "Multilayer defects nucleated by substrate pits: a comparison of actinic inspection and non-actinic inspection techniques," *Proc. SPIE* **6349**, p. 63492M, 2006.

[8] K. A. Goldberg, A. Barty, P. Seidel, K. Edinger, R. Fettig, P. Kearney, H. Han, and O. R. Wood II, "EUV and non-EUV inspection of reticle defect repair sites," *Proc. SPIE* **6517**, p. 65170C, 2007.

[9] H. J. Kwon, J. Harris-Jones, R. Teki, A. Cordes, T. Nakajima, I. Mochi, K. A. Goldberg, Y. Yamaguchi, and H. Kinoshita, "Printability of native blank defects and programmed defects and their stack structures," *Proc. SPIE* **8166**, p. 81660H. 2011.

[10] J. W. Goodman, "Introduction to Fourier Optics," McGraw-Hill, San Francisco (1968).

[11] U. Okoroanyanwu, J. Heumann, X. Zhu, C. H. Clifford, F. Jiang, P. Mangat, R. Ghaskadavi, et al, "Towards the optical inspection sensitivity optimization of EUV masks and EUVL-exposed wafers," *Proc. SPIE* **8352**, p. 83520V, 2012.

[12] S. Stokowski, J. Glasser, G. Inderhees, and P. Sankuratri, "Inspecting EUV mask blanks with a 193 nm system," *Proc. SPIE* **7636**, p. 76360Z, 2010.

[13] S-S. Kim, "EUV Lithography — Progress and Perspective," *presented at SPIE Advanced Lithography Symposium* (2016).

[14] R. Jonckheere, D. Van den Heuvel, T. Bret, T. Hofmann, J. Magana, I. Aharonson, D. Meshulach, E. Hendrickx, and K. Ronse, "Evidence of printing blank-related defects on EUV masks missed by blank inspection," *Proc. SPIE* **7985**, p. 79850W, 2011.

[15] A. Tchikoulaeva, H. Miyai, T. Suzuki, K. Takehisa, H. Kusunose, T. Yamane, T. Terasawa, H. Watanabe, S. Inoue, and I. Mori, "EUV actinic blank inspection: from prototype to production," *Proc. SPIE* **8679**, p. 86790I, 2013.

[16] https://www.lasertec.co.jp/en/

[17] Z. J. Qi, J. Rankin, E. Narita, and M. Kagawa. "Viability of pattern shift for defect-free EUV photomasks at the 7 nm node," *Proc. SPIE* **9635**, p. 96350N, 2015.

[18] H. Miyai, T. Suzuki, K. Takehisa, H. Kusunose, T. Yamane, T. Terasawa, H. Watanabe, and I. Mori, "The capability of high magnification review function for EUV actinic blank inspection tool," *Proc. SPIE* **8701**, p. 870118, 2013.

[19] R. Capelli, A. Garetto, K. Magnusson, and T. Scherübl, "Scanner arc illumination and impact on EUV photomasks and scanner imaging," *Proc. SPIE* **9231**, p. 923109 (2014).

[20] R. H. Miyakawa, W. Zhu, G. Gaines, C. Anderson, and P. Naulleau, "Berkeley MET5 update: commissioning, interferometry, and first prints (Conference Presentation)," *Proc.*

*SPIE* **10809**, p. 1080911, 2018.

[21] T. Harada, M. Nakasuji, T. Kimura, Y. Nagata, T. Watanabe, and H. Kinoshita, "The coherent EUV scatterometry microscope for actinic mask inspection and metrology." *Proc. SPIE* **8081**, p. 80810K, 2011.

[22] K. A. Goldberg, I. Mochi, S. B. Rekawa, N. S. Smith, J. B. Macdougall, and P. P. Naulleau, "An EUV Fresnel zoneplate mask-imaging microscope for lithography generations reaching 8 nm," *Proc. SPIE* **7969**, p. 796910, 2011.

[23] P. Mangat, E. Verduijn, O. R. Wood II, M. P. Benk, A. Wojdyla, and K. A. Goldberg, "Mask blank defect printability comparison using optical and SEM mask and wafer inspection and bright field actinic mask imaging," *Proc. SPIE* **9658**, p. 96580E, 2015.

[24] J. Na, D. Lee, C. Do, H. Sim, J. Lee, J. Kim, H. Seo, H. Kim, and C. U. Jeon, "Application of actinic mask review system for the preparation of HVM EUV lithography with defect free mask," *Proc. SPIE* **10145**, p. 101450M, 2017.

[25] https://www.lasertec.co.jp/en/products/semiconductor/mask_semicon/basic.html

[26] V. Ramaswamy, K. T. Turner, R. L. Engelstad, and E. G. Lovell. "Predicting the influence of trapped particles on EUVL reticle distortion during exposure chucking," *Proc. SPIE* **6349**, p. 634938, 2006.

[27] T. Liang, J. Magana, K. Chakravorty, E. Panning, and G. Zhang, "EUV mask infrastructure readiness and gaps for TD and HVM," *Proc. SPIE* **9635**, p. 963509, 2015.

[28] H. Miyai, T. Kohyama, T. Suzuki, K. Takehisa, and H. Kusunose, "Actinic patterned mask defect inspection for EUV lithography," *Proc. SPIE* **11148**, p. 111480W, 2019.

[29] A. Tchikoulaeva, H. Miyai, T. Kohyama, K. Takehisa, and H. Kusunose, "Enabling EUVL high-volume manufacturing with actinic patterned mask inspection," *Proc. SPIE* **11323**, p. 113231K, 2020.

[30] T. Liang, Y. Tezuka, M. Jager, K. Chakravorty, S. Sayan, E. Frendberg, S. Satyanarayana, F. Ghadiali, G. Zhang, and F. Abboud. "EUV mask infrastructure and actinic pattern mask inspection," *Proc. SPIE* **11323**, p. 1132310, 2020.

[31] H. J. Levinson, "Impact of reticle imperfections on integrated circuit processing," *Proc. Third Annual Sym. Bay Area Chrome Users Soc.* (BACUS), September 14 and 15, 1983, Sunnyvale, California, as described in Semicond. Int., pp. 22–23 (December, 1983).

[32] R. Jonckheere, "Overcoming EUV mask blank defects: what we can, and what we should," *Proc. SPIE* **10454**, p. 104540M, 2017.

[33] T. Shimomura, S. Narukawa, T. Abe, T. Takikawa, N. Hayashi, F. Wang, L. Ma, et al., "Electron beam inspection of 16nm HP node EUV masks," *Proc. SPIE* **8522**, p. 85220, 2012.

[34] E. Ma, K. Chou, M. Ebert, X. Liu, W. Ren, X. Hu, M. Maassen, et al., "Multiple beam inspection (MBI) for 7 nm node and beyond: technologies and applications," *Proc. SPIE* **10959**, p. 109591R, 2019.

[35] I. Mochi, P. Helfenstein, I. Mohacsi, R. Rajendran, D. Kazazis, S. Yoshitake, and Y. Ekinci, "RESCAN: an actinic lensless microscope for defect inspection of EUV reticles," *Journal of Micro/Nanolithography, MEMS, and MOEMS* **16**, no. 4 (2017): 041003.

[36] I. Mochi, S. Fernandez, R. Nebling, U. Locans, R. Rajeev, A. Dejkameh, D. Kazazis, et al., "Quantitative characterization of absorber and phase defects on EUV reticles using coherent diffraction imaging," *Journal of Micro/Nanolithography, MEMS, and MOEMS* **19**, no. 1 (2020): 014002.

[37] C. Perera and R. Perera. "EUV mask and pellicle metrology for high-volume manufacturing (Conference Presentation)," *Proc. SPIE* **10810**, p. 1081019, 2018.

[38] https://www.euvtech.com/euv-pellicle-transmission-tool

[39] Research Instruments, EUVL Symposium (2019).

[40] D. Brouns, P. Broman, J. van der Horst, R. Lafarre, R. Maas, T. Modderman, R. Notermans,

and G. Salmaso, "ASML NXE pellicle update," *Proc. SPIE* **11178**, p. 1117806, 2019.

[41] M. Y. Timmermans, M. Mariano, I. Pollentier, O. Richard, C. Huyghebaert, and E. E. Gallagher, "Free-standing carbon nanotube films for extreme ultraviolet pellicle application." *Journal of Micro/Nanolithography, MEMS, and MOEMS* **17**, no. 4 (2018): 043504.

[42] R. Brainard, C. Higgins, E. Hassanein, R. Matyi, and A. Wüest, "Film quantum yields of ultrahigh PAG EUV photoresists." *Journal of Photopolymer Science and Technology* **21**, no. 3 (2008): 457-464.

[43] G. Denbeaux, Y. Kandel, G. Kane, D. Alvardo, M. Upadhyaya, Y. Khopkar, A. Friz, et al., "Resist outgassing contamination growth results using both photon and electron exposures," *Proc. SPIE* **8679**, p. 86790L, 2013.

[44] Y. Kikuchi, K. Katayama, I. Takagi, N. Sugie, T. Takahashi, E. Shiobara, H. Tanaka, et al., "Correlation study on resist outgassing between EUV and e-beam irradiation," *Proc. SPIE* **9048**, p. 90482W, 2014.

[45] T. Watanabe and T. Harada, "Research activities of extreme ultraviolet lithography at the university of Hyogo," *Synchrotron Radiation News* **32**, no. 4 (2019): 28-35.

# 第 9 章　EUV 光刻成本

半导体光刻的设备和材料价格昂贵,使得光刻的整体成本受到了广泛的关注。有许多要素会影响光刻成本(表 9-1),当然也与 EUV 光刻密切相关,所以本章将逐一进行详细讨论。掩模成本的影响高度依赖于每个掩模能够生产的晶圆数量,尽管 EUV 光刻的情况比光学光刻要复杂些,但至少在不使用掩模保护模的情形下,晶圆和掩模成本是可以被分开考虑的。

表 9-1　EUV 光刻成本分类

| 分　类 | 影　响　要　素 |
|---|---|
| 晶圆成本 | 资本成本:机器价格,产率,利用率 |
| | 维护成本 |
| | 量测成本:包括掩模鉴定 |
| | 运营成本:耗材,基础设施 |
| 掩模成本 | 掩模基板成本 |
| | 资本成本 |

## 9.1　晶圆成本

### 9.1.1　资本成本

EUV 光刻机的成本超过 1.2 亿美元[1,2]。为了在此类设备上实现正向的投资

回报[1,2]，每台机器必须有高水平的产率。每曝光一片晶圆的基本资本成本为

$$\text{基本资本成本 / 晶圆} = \frac{C_{\mathrm{ED}}}{T_{\mathrm{p}}U} \tag{9-1}$$

式中，$C_{\mathrm{ED}}$为每小时的资本折旧；$T_{\mathrm{p}}$为系统的原始吞吐量（以每小时晶圆为单位）；$U$为设备利用率。因为式(9-1)中的分子非常大，所以人们对吞吐量和利用率的分母给予了极大的关注。

首先要考虑的是吞吐量。产生EUV光子相当困难，但同时又需要避免低曝光剂量，因为其会导致线边缘粗糙度过大和随机效应从而引起缺陷，这就使得用于制造出每天可以曝光大量晶圆的光刻机变得极具挑战性。通过分析成本模型可以更好地理解这一经济问题。成本模型可能存在不同的复杂度，准确度越高，模型复杂度也越高。在本节中将使用简单的模型，因为它们具有合理的准确性，可以反映EUV光刻成本的驱动因素，并且足以帮助对基本问题的理解。如前所述，EUV光刻机非常昂贵，即使相对于浸没式光刻机也是如此。此前，浸没式光刻机长期以来一直被公认为是半导体制造最昂贵的设备。与光学光刻设备组合一样，EUV光刻机直接与光刻胶工艺设备连接，因此需要考虑的资本成本是光刻机加上光刻胶工艺设备的总和。

目前，EUV光刻机价格估计为1.2亿美元。与光刻机集成在一起的光刻胶工艺设备的资本成本也必须包括在成本计算中。在此，假设这种光刻胶加工设备的成本为1 500万美元。还有基建设施，估计每台光刻机需要1 500万美元，这也应包括在资本中。这使单个EUV集群的总资本成本达到约1.5亿美元。进一步假设5年折旧，那么每小时的资本折旧约为3 420美元。对于这样的资本成本，将吞吐量和利用率最大化显然是极为重要的。

在式(9-1)中，$T_{\mathrm{p}}$是EUV设备集群吞吐量。鉴于光刻机的成本非常高，光刻胶工艺设备配置通常总是以确保光刻机的吞吐量为准。由于存在可以与光学光刻机的吞吐量相匹配的光刻胶工艺设备，其吞吐量比EUV光刻机的要高得多，因此，确保EUV光刻设备集群的产量仅受限于光刻机的基本技术是存在的。光刻机原始吞吐量的基本模型（以晶圆/h为单位）是：

$$\text{原始吞吐量} = \frac{3\,600}{t_{\mathrm{OH}} + N(t_{\mathrm{exp}} + t_{\mathrm{step}})} \tag{9-2}$$

式中，$N$为每片晶圆上的曝光视场数量；$t_{\mathrm{exp}}$为曝光一个视场的曝光时长；$t_{\mathrm{step}}$为曝光视场之间的转换所需要时间，包含晶圆和掩模台加速到精确控制的、同步曝

光扫描速度的时间。还有一个额外的准备时间 $t_{OH}$ 是晶圆在双工件台系统中工件台交换所需要的时间。所有式(9－2)右侧的时间项以 s 为单位计,且该式假设每一晶圆仅使用一张掩模。

曝光时间 $t_{exp}$ 表示为

$$t_{exp} = \frac{H_F + \Delta}{v} \tag{9-3}$$

式中,$H_F$ 为扫描视场的高度;$\Delta$ 为弧形狭缝的总高度;$v$ 为扫描速度(图 9－1)。所有尺寸和速度都必须始终以晶圆或掩模为参考。启动扫描需要一定的时间,所以当曝光实际发生时,平台是以恒定且受控的速度移动,这个启动时间可以包含在 $t_{step}$ 里。为了要将光刻胶敏感性考虑进模型,需要建立光强度、扫描速度和曝光剂量 $S$ 之间的关系。如果 $I(y)$ 是狭缝中 $y$ 位置的光强,则扫描速度 $v$ 由下式给出:

$$v = \frac{\int_0^H I(y)\,\mathrm{d}y}{S} \tag{9-4}$$

式中,$H$ 为狭缝高度。平均强度 $\bar{I}$ 可用下式表达:

$$v = \frac{\bar{I}H}{S} \tag{9-5}$$

从式(9－5)可以清楚地看到高剂量和低光强度会导致低的扫描速度,从而导致低的吞吐量。

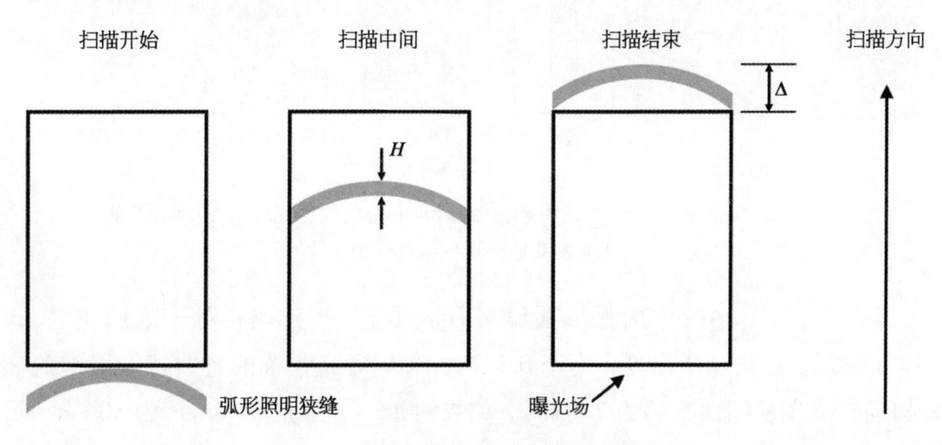


图 9－1　EUV 光刻的弧形照明狭缝上进行扫描

光强随狭缝高度变化有所变化，$\bar{I}H$ 乘积主要取决于光源产生的光子总数。就光刻胶敏感度而言，曝光时间由下式给出：

$$t_{\text{exp}} = \frac{S}{\bar{I}H}(H_{\text{F}} + \Delta) \tag{9-6}$$

该方程(9－6)表明曝光时间与光刻胶灵敏度成正比，与光源强度成反比。如第 4 章所述，如果想减少因光子散粒噪声带来的线边缘粗糙度和缺陷，$S$ 不能太低，因此需要高功率光源来保持工艺控制和具有成本效益的吞吐量。

晶圆上的曝光视场区数量 $N$ 取决于产品。设备供应商通常假设是全场(26 mm×33 mm)曝光，即所有视场都曝光，这样 300 mm 直径的晶圆上可以进行 $N=96$ 次曝光。实际数字通常要比这个数高得多。图 9－2 所示为一家先进代工厂对 160 件产品的晶圆曝光视场数量进行抽样的结果[3]。可以看出，曝光数量远大于 96，有时甚至超过 1 倍。请注意，较大的 $N$ 值因为较小面积的曝光视场，相应的扫描长度也会更短。因此，伴随更大的 $N$ 带来的吞吐量减小会被较短的曝光时间有所补偿。这对于具有半曝光视场的高数值孔径(high NA)EUV 系统尤其重要，这将在第 10 章做进一步讨论。

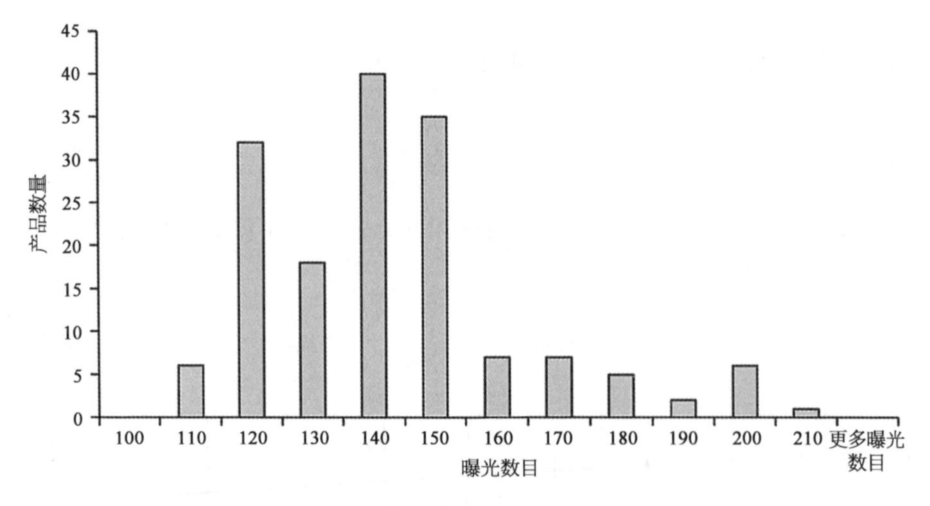


图 9－2　某个代工厂不同的产品数量对应的 300 mm 晶圆的曝光数目(shot)分布实例
曝光使用了全场(26 mm×33 mm)

请注意，EUV 系统中的弧形狭缝对吞吐量有一定影响，对于矩形狭缝，式(9－3)中的 $\Delta$ 应与 $H$ 相等。由于 0.33NA EUV 曝光系统的弯曲视场引起的额外扫描距离在晶圆面上约为 2.1 mm。如果对于一矩形视场 $H_{\text{F}}+H$ 为 30 mm 时，则该弯曲会造成 7%的 $t_{\text{exp}}$ 增加。

除了吞吐量，式(9-1)中的分母的另一关键参数为利用率 $U$，一个介于 0.0~1.0 的无量纲数字。总时间被划分到如图 9-3 所示一系列状态中。系统处于特定状态下的总时间通常各不相同，对用于大规模生成制造中的机器，绝大多数时间处于生产状态。为了计算每片晶圆的资本成本，$U$ 可以用下式表示：

$$U = \frac{\text{生产时间}}{\text{总时间}} \tag{9-7}$$

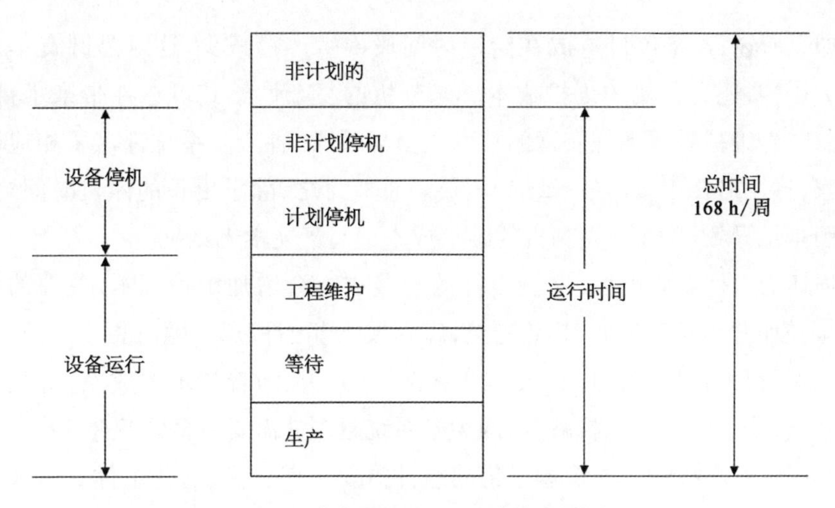


图 9-3 符合 SEMI E-10 标准的设备状态

对于 EUV 光刻，生产时间中最不利的情况就是计划内和计划外的停机（宕机）。由于系统的复杂性和 EUV 技术的不成熟，EUV 的停机时间比光学光刻的更显著，尽管随着时间的推移以及工程的进步，利用率正在逐步提高。

所有光刻机都需要一定的计划内停机时间。以光源为例，准分子激光器需要定期维护以更换随时间退化的组件，例如窗口、棱镜和整个放电腔。EUV 光源也需要定期维护，EUV 光源的正常运行时间尚未达到光学光刻的准分子激光器所达到的水平。事实上，尽管 EUV 光源已经取得了相当大的进展，但 EUV 光刻机的光源占总停机时间的主要部分。

在第 3 章中指出，曝光系统内部要求具有优良真空性能，这会增加系统从完成维护到恢复量产状态的时间。恢复良好的真空度也需要时间，而且 EUV 光刻机需要比光学工具更多的时间才能达到热稳定性。这导致 EUV 光刻机的平均维修时间更长，进而减少了生产时间。

$U$=0.8 的基准通常被认为是合理的最低量产水平。在这种利用率下，如果假设吞吐量为 100WPH（晶圆/h），则每次晶圆曝光的资本成本约为 42.80 美元。

虽然这比使用浸没式光刻曝光晶圆的成本要高得多，但是，EUV 光刻的单次曝光实际上取代了先前一个工艺层用三重和四重光学光刻曝光，至少对于初始引入 EUV 光刻的技术节点是如此。此外，EUV 节省的生产周期时间的价值，并没有被直接考虑到晶圆成本中。

### 9.1.2 维护成本

如上所述，设备停机造成在给定时间段内生产量减少，这对晶圆资本成本有很大影响，还有直接的维护成本。光刻机的复杂性给其可靠性带来了挑战，这也意味着维护需要训练有素的技术人员。通常，各个子系统都需要相应的技术专家，这便需要更多的技术维护人员。总而言之，除了更长的停机时间之外，这些因素也导致了 EUV 光刻机的维护成本远高于光学光刻机。

损坏的组件需要更换，这些零件的直接成本会增加维护成本，备件的库存成本也是如此。对于早期 EUV 光刻，库存成本相当可观。随着更多 EUV 光刻机投入运行，每台机器的库存成本会逐渐下降。且随着技术的成熟，此类成本也会降低，子系统设计也将减少，因为子系统越多就需要更多的备件库存。

某些具有高故障率或快速退化的组件需要定期更换，这些组件有时被归类为耗材。但它们与其他耗材（例如气体和光化学物质）的性质非常不同，因为它们需要维修技术人员进行更换，因此在本书中仍将其归类为维护成本。对于 EUV 光刻机，光源中的组件，尤其是集光镜和液滴发生器，是寿命最短的组件之一。这些部件需要精密制造，因此成本高昂。幸运的是，大多数集光镜和液滴发生器都可以翻新，从而显著降低更换成本。

机器的维护通常是通过与设备供应商签订服务合同来完成的，尤其是对于那些具有许多专用部件的系统和非常复杂的设备。如果此类服务合同按年支付，则每片晶圆的成本取决于系统的产出。例如，假设每年维护合同的成本为每台机器 300 万美元，其中包括向芯片制造商收取的更换组件费用。每台机器的净吞吐量为 100WPH，利用率为 80%，则对应的每片晶圆的维护成本为 4.28 美元，约占资本成本的 10%。

### 9.1.3 运营成本

与所有先进光刻机一样，EUV 光刻机对耗材和基础设施有相当高的要求，本节将讨论其中几个最重要的需求。电力是 EUV 光刻耗材中备受关注的一个。如第 1 章所述,EUV 光刻工作波长的选择是基于具有良好反射率的多层膜的考量,而不是基于能效最高的 EUV 光源。因此,相比于光学光刻机的准分子激光器或汞弧灯,EUV 光源供电需要更多的电力。

产生 EUV 光所需的电力是可以进行预估的。对于早期阶段的 EUV 光刻,在中间焦点需要收集超过 250 W 的带内 EUV 功率才能实现有效益的产出,而对于后续工艺节点,则需要更高的 EUV 光源功率。为了达到这一目标,需要采用 20kW 甚至更高功率的 $CO_2$ 激光器。若激光转换效率为 2%,则需要约 1 MW 的电能才能支撑 250 W 带内 EUV 光能的输出。这种量级的电能消耗虽然很高,但与先进晶圆厂的电力需求水平并不矛盾。

然而,驱动 $CO_2$ 激光器的电力并不是 EUV 光源所需的唯一电力。大量氢气流经 EUV 腔室,所涉及的泵也消耗相当多的电力。除光源外,光刻机还需要电力用于驱动工件台,维持温度控制,晶圆和掩模的机械传输,以及相关的电子设备。据估计,为单台 EUV 光刻机供电需要约 1.5 MW 的电力。美国目前的平均电价为 0.13 美元/千瓦时[2],因此 EUV 光刻机的电费约为 195 美元/小时。同样,假设每个工具的净吞吐量为 100 WPH,利用率为 80%,这将导致 2.44 美元/晶圆。这个成本是不可忽略的,但仍然大大低于资本和维护成本。

如前所述,氢气是 EUV 光刻机中所需要的非光学的耗材,且需要很高的流量[100 s SLM(标况下 L/min)]。杂质会污染光学系统,因此需要高纯氢气,而纯度则会影响成本。供应大量氢气需要进行特殊考虑,不仅是因为它的易燃性。大量气体通常采用压缩至液体的形式进行运输,但氢气的沸点很低(约 21 K)。因此,通常会采用现场生成的方式进行供气[4]。氢气的成本约为每片晶圆 1 美元。

与光学光刻机一样,EUV 光刻机需要冷却水和纯净、干燥的空气,光刻胶工艺需要去离子水。这些成本也需要考虑在内,但它们通常与光学光刻机的成本相当。

光化学制品也是一大类重要的耗材,通常是以单晶圆进行计量的。其中最贵的化学品为光刻胶,每升 EUV 光刻胶的价格约为 5 000 美元甚至更高。每片晶圆(300 mm)会使用 1~2 ml 光刻胶,还有额外的消耗用于虚拟涂布以保持低水平的缺陷。因此,即便假设光刻胶是在较低水平下使用,在制造过程中,每个晶圆的光刻胶成本也可以达到 6.00 美元或更多。显影液则会让每一晶圆额外增加 0.20~0.50 美元的成本。如果采用了衬底,那它们的成本也需要计算在内。

### 9.1.4 量测成本

EUV 光刻中的大部分量测与光学光刻中的需要类似,例如对 CD 和套刻的测量,只是需要更好的测量能力去匹配 EUV 光刻面向更精细的特征图形。虽然晶圆厂中的掩模缺陷检测通常是定期进行的,而对 EUV 掩模来说有额外的需求。例如,EUV 掩模需要进行背面缺陷检测,而光学掩模不需要。值得注意的是,掩模制造厂和晶圆厂均须配备背面缺陷检查能力,更重要的是后者须对掩模背面污染进行定期检测,以避免前面章节中提到的套刻问题。

在撰写本书时还没有实现高透过率(≥90%)掩模保护膜,因此在大批量生产中可以使用无保护膜的 EUV 光刻技术[5]。在这种情况下,必须防止掩模被污染,因此与光学光刻相比,检查频率要高得多。由于在将掩模移入、移出光刻机和检查工具时存在引入缺陷的风险,因此通常通过重复检测晶圆缺陷来提供最高的缺陷探测灵敏度,而用于这种检测的晶圆通常是专门设计的。图 9-4 展示了检测流程。这些检测除了直接的量测成本外,这也对工艺周期时间有影响。

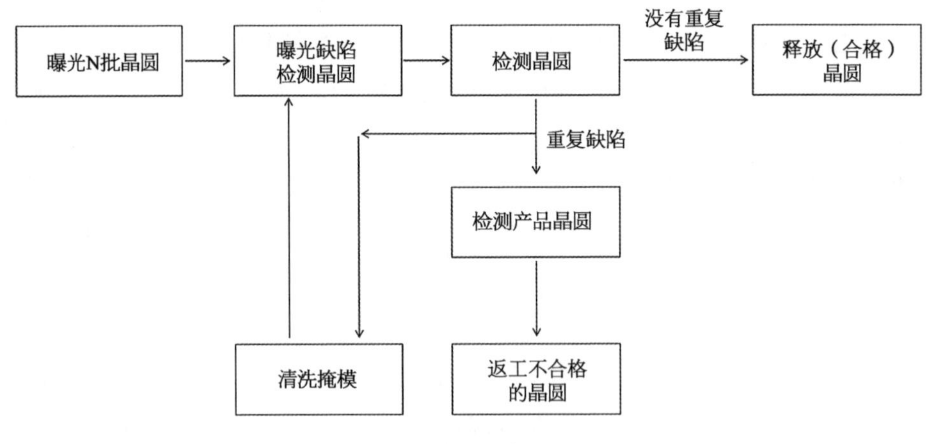


图 9-4 鉴定掩模为无缺陷的工艺流程

### 9.1.5 晶圆成本汇总

图 9-5 总结了 EUV 光刻(NA=0.33)对晶圆成本的贡献。投资成本明显地主导着晶圆成本。EUV 光学元件、曝光系统和光源的开发和制造需要相当大的投资,而曝光系统本身也极其复杂,所以 EUV 光刻系统的成本比光学光刻的更

昂贵也就不足为奇了。因此,必须最大限度地提高 EUV 光刻机的可靠性和吞吐量,以抵消其高昂的成本。下一章将讨论未来 EUV 光刻的成本,如高数值孔径(NA)和多重成形技术。

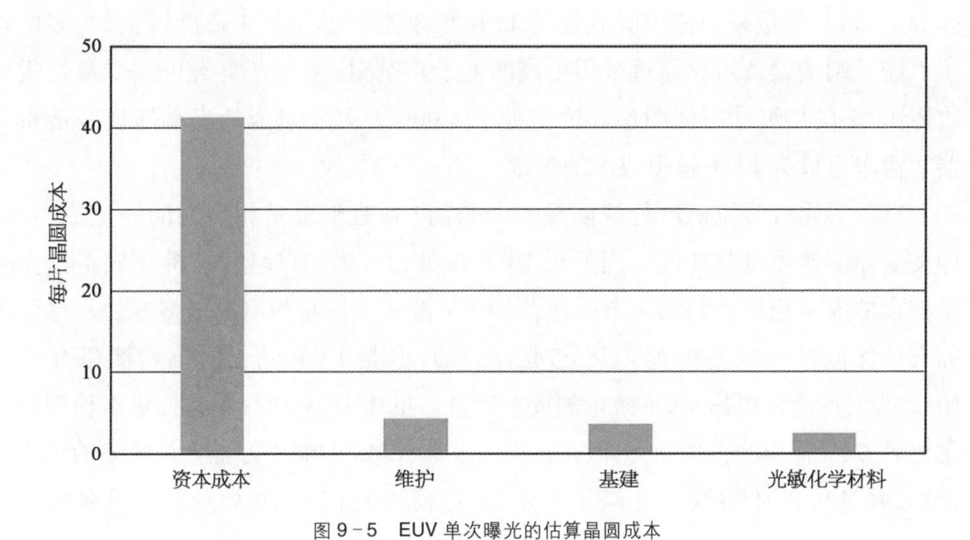


图 9-5　EUV 单次曝光的估算晶圆成本

量测成本不包括在内,因为它在很大程度上取决于具有量产(HVM)质量的掩模保护膜的有效性

## 9.2　掩模成本

长期以来,掩模的成本一直是光刻的重要考虑因素,每个新的技术节点,其成本都会增加。EUV 掩模也很昂贵,约 25 万美元甚至更高。这个成本是由许多因素贡献的。EUV 掩模基板的成本比光学掩模板的高得多,通过光化检测合格的低缺陷的基板的成本为 10 万美元或更高。随着良率的提高[6],这一成本有望降低,但 EUV 掩模坯料很可能由于需要昂贵的 ULE 玻璃基板和非常严格的平整度要求,成本继续高于光学毛坯。同时,复杂的多层膜需要沉积在 EUV 掩模的正面,本身就会增加成本,即使不考虑多层膜反射镜的严苛的低缺陷的要求。此外,不同于光学光刻,EUV 掩模还需要特有的背面薄膜。

第 8 章所讲到的量测也是掩模基板成本的一部分。多层膜的反射率需要在 EUV 波长进行测量,因此必须使用专门的设备。事实也证明,在 EUV 波长下检测多层膜中的缺陷也是非常必要的[7,8]。此外,如第 4 章所述,为了使图形偏移方法能够覆盖剩余的多层膜缺陷,EUV 基板的缺陷检测工具还需要具有与掩模基准点对准的能力和精密的工件台。这便导致 EUV 掩模基板缺陷检测相比于光学光刻具有更高的量测成本，尽管光学掩模基板的缺陷检测成本也已经显著增加了。

EUV 光刻机的分辨率更高，所以在 EUV 光刻中，LER 更容易从掩模转移至晶圆上，因此尽量减小掩模吸收体的 LER 很重要。正如第 4 章所讨论的，多电子束掩模制造设备可以通过采用更高的电子束剂量，来生产具有可接受掩模吸收体 LER 的小尺寸特征图形。价格处于 5 000 万美元量级的尖端掩模制造机器的需求也成为 EUV 掩模成本的一部分。

对图案化后的掩模进行缺陷检查，对掩模制造来说是相当大的一笔成本，即使是光学掩模也是如此。当使用 DUV 工具检查 EUV 掩模时，检查成本与光学掩模的成本相当。如第 4 章所述，在 EUV 波长下进行检测有诸多好处。尽管拥有确保掩模无缺陷的能力肯定是有益的，但是 EUV 光化缺陷检测工具比 DUV 的工具造价更昂贵，导致量测成本攀升。虽然 DUV 检测工具提供了检测图案化后 EUV 掩模的合理能力，但光化检测工具 AIMS 能够更好地确认缺陷的可成形性，并且可以评估缺陷可修复的效果，这使得它们比 DUV 对应的设备更为昂贵。

掩模成本的贡献高度依赖于每个掩模曝光的晶圆数量。AMD 公司在对掩模使用情况的研究中发现，平均一个掩模板仅用于曝光 1 800 ~ 2 400 个晶圆[9,10]。从对 SEMATECH 协会成员公司的后续调查中发现，这种掩模的使用水平并非个例，尽管根据所生产产品的类型掩模板使用的范围较宽。因为每个掩模只生产几千片晶圆，掩模对芯片成本的贡献是相当可观的。因此，EUV 光刻技术最适合于批量较大的芯片生产，特别是当单次 EUV 曝光替代三个或更多重光学光刻曝光时，EUV 光刻的优势就突显出来。

## 习题

9.1 设每张掩模价格为 25 万美元，证明每张掩模需要曝光 6 000 晶圆，才能使掩模对晶圆成本贡献小于掩模对光刻机资本成本的贡献。

## 参考文献

[ 1 ] https://www.eetimes.com/euv-tool-costs-hit-120-million/#

[ 2 ] https://www.laserfocusworld.com/blogs/article/14039015/how-does-the-laser-technology-in-euv-lithography-work

[ 3 ] E. R. Hosler, "Next-generation EUV lithography productivity (Conference Presentation)," *SPIE Vol.* **10450**, p. 104500X, 2017.

[ 4 ] P. Stockman, "EUV lithography adds to increasing hydrogen demand at leading-edge fabs," *Solid State Technology*, pp. 12 – 16 (March, 2018)

[ 5 ] M. Lercel, C. Smeets, M. van der Kerkhof, A. Chen, T. van Empel, and V. Banine. "EUV reticle defectivity protection options," *Proc. SPIE* **11148**, p. 111480Y, 2019.

[ 6 ] https://semiengineering.com/euv-mask-blank-biz-heats-up/

[ 7 ] D. C. Houser, F. Dong, C. N. Perera, and R. C. C. Perera. "Challenges in constructing EUV metrology tools to qualify the EUV masks for HVM implementation," *Proc. SPIE* **9661**, p. 96610K, 2015.

[ 8 ] A. Biermanns-Föth, C. Phiesel, T. Missalla, J. Arps, C. Piel, and R. Lebert, "Actinic inband EUV reflectometry AIMER compared to ALS blank qualification and applied to structured masks," *Proc. SPIE* **10957**, p. 109571G, 2019.

[ 9 ] K. Early and W. H. Arnold, "*Cost of ownership for soft x-ray lithography*," OSA Topical Meeting on EUV Lithography, Monterey, CA (May, 1993).

[10] K. Early and W. H. Arnold, "Cost of ownership for 1× proximity x-ray lithography," *Proc. SPIE* **2087**, pp. 340 – 349 (1993).

# 第 10 章　未来的 EUV 光刻

通过减小 $k_1$ 值、增加数值孔径、缩短波长和使用多重成形等技术的组合，光刻技术的发展已经延续了几十年。所有这些技术选项对于 EUV 光刻都是可能的，这也是本章的主题。由于本章涉及仍在开发中的未来技术，因此大部分内容是对工程师们需要解决的已知问题的描述，而不是对解决方案的解释。

## 10.1　$k_1$ 能走多低

在 20 世纪 80 年代，公认的观点是 $k_1$ 需要大于或等于 0.8，才能保证工艺的可制造性。随着时间的推移，在光刻胶、光学元件和工艺控制等方面进行了改进，并引入了波前工程，使得光学光刻的可用 $k_1$ 值低于 0.3，并接近物理极限的 0.25。为了充分发挥 EUV 光刻的潜力，人们也希望能够达到如此低的 $k_1$ 值。EUV 光刻首先应用于大批量制造生产，图形间距约 40 nm，相应的 $k_1$ 值为 0.49，这表明仍然存在进一步降低 $k_1$ 值的机会，尽管存在很多挑战。

制造具有极低像差的透镜是光学光刻可以降低 $k_1$ 的一个重要原因。EUV 光刻机的像差低于 0.2 nm(rms)[1]。尽管在绝对值上令人赞叹，但它的相对像差水平约为 15 mλ，远高于光学光刻机(<4 mλ)能实现的水平[2]。因此，使用 EUV 光刻很难达到与光学光刻同样低的 $k_1$ 值。不过，基于目前 EUV 物镜的像差水平，大幅降低 $k_1$ 至 0.49 以下仍然是可以期待的。即使没有达到最先进的浸没透镜相当的像差水平，但 EUV 光学元件的像差会进一步降低是可以预期的。那么，$k_1$ 值究竟具体能够达到多低呢？这取决于本章所讨论问题能被解决成功的程度。

可能比像差更限制光学对比度的一个因素是第 6 章所述的掩模 3D 效应引起的图像模糊。这种效应对于逻辑芯片尤其显著，因为它需要成形多个不同间距的图形，并且很难找到能消除所有图形的图像模糊的共同解决方案。对 EUV 光刻来说，这个极限有多大尚有待观察，因为许多新的技术方案，例如新型的掩模吸收体，仍处于开发的早期阶段。

长期以来，光刻胶的性能一直限制着 EUV 光刻性能。如第 5 章所述，在 2000 年前期 EUV 光刻的开发过程中，光酸扩散是 0.3NA 微视场曝光系统的分辨率的主要限制[3]。随着这一特定问题的解决和分辨率的提高，线边缘粗糙度和随机引起的缺陷成了 EUV 光刻胶的主要问题。由于要求曝光剂量不能太高，这也限制了支持低 $k_1$ 值的光刻胶的开发进度。随着这一要求的放松，EUV 光刻胶的研发重新恢复了进展，在 0.33NA 光刻机上实现了接近 28 nm 间距图形的曝光，等效 $k_1 = 0.34$。

随着特征图形的尺寸不断缩小，材料的基本问题逐步变成为主要限制。以通常用于光刻胶配方中提升抗刻蚀性的分子金刚烷为例，如图 10－1 所示。图 10－1 中还给出了 2020 年 IRDS 提出的 2025 年工艺控制的尺寸要求，其中逻辑芯片的最小半间距预计为 10.5 nm。可以看出，金刚烷的单个分子尺寸已经达到与工艺控制要求尺寸相当的程度。此外，其他分子，如光酸，通常大于金刚烷，而光刻胶聚合物的直径为 2～3 nm。这表明，制备 EUV 光刻胶的分子单元的尺寸需要小于现有化学放大光刻胶中的分子单元，才能满足未来节点的工艺控制要求。其他可选的光刻胶平台，例如金属氧化物和断链式光刻胶，在这方面具有优势，另外 EUV 光刻的进一步发展可能需要使用非化学放大光刻胶。

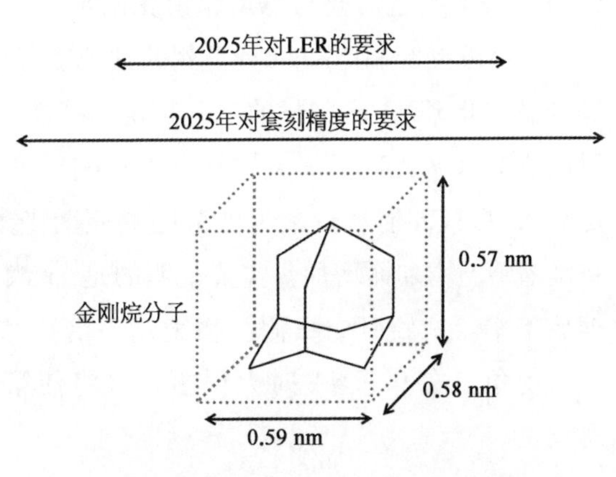

图 10－1　用金刚烷分子比拟 2020 年国际器件和系统路线图（IRDS）中工艺控制要求的示意图

在全视场高数值孔径 EUV 光刻机可用之前，目前已有可用的设备来测试光刻胶[4]。在 EUREKA 联盟的支持下，劳伦斯伯克利实验室的高级光源正在运行一个具有 0.5NA 的微视场曝光系统[5]。瑞士 Paul Scherrer 研究所（PSI）也有 EUV 干涉光刻的能力，可用于测试曝光非常小间距线空图形的光刻胶的性能[6]。

## 10.2 更高的数值孔径

由于 ASML 已经宣布他们打算生产 0.55NA 的 EUV 光刻机，本节的将集中讨论与该特定 NA 相关的光刻问题[7]。许多与 NA 增大相关的光刻问题，都在类似的光刻技术演进过程中遇到过。例如，众所周知的关于焦深（depth of focus，DOF）随着数值孔径的增大而减小的关系：

$$DOF = k_2(\lambda/NA^2) \tag{10-1}$$

如果假设 $k_2=1.0$，那么对于 $NA=0.55$，焦深仅为 45 nm。如第 7 章所述，光刻胶厚度对焦深的影响基本上是光刻胶膜的整个厚度，这与光学光刻中发生的情况不同，也增加了高 NA EUV 光刻焦深相关的困难，需要在焦深控制方面付出巨大的努力。而且这些努力并非只和光刻有关，晶圆平整度和化学机械抛光（CMP）等能力也需要与总焦深预算相匹配。

在继续探究高 NA EUV 光刻的其他工程挑战之前，先讨论 ASML 和 Zeiss 已经分享的 0.55NA 光刻机的一些特定的特性。第 6 章的主题是掩模 3D 效应，它对高 NA EUV 光刻机的架构有重大影响。第 3 章里提到 EUV 主光线角度需要足够大，掩模才能被整个角度范围的照明光束照射到，这个角度范围在掩模处将随着 NA 增加而增加。需要说明的是，掩模处的 NA 是晶圆处的 NA 除以物镜缩放倍率。见表 10－1，假设物镜缩小倍数都是 4×，在 0.55NA 时，掩模处的最大入射角比在 0.33NA 时大得多。这将使第 6 章中描述的掩模 3D 效应更加恶化。

表 10－1　不同 NA 和缩放倍率组合的主光线角和掩模最大入射角[8]

| NA | 缩放倍率 | 主光线角 | 掩模最大入射角 |
|---|---|---|---|
| 0.33 | 4× | 6° | 10.8° |
| 0.55 | 4× | 9° | 17.3° |
| 0.55 | 8× | 5.3° | 9.5° |

减轻掩模 3D 效应的一种方法是增加物镜的缩放倍率，ASML 和 Zeiss 采取了将物镜的缩放倍率提高到 8 倍的方法。然而，如果物镜的缩放倍率改为 8 倍，

掩模板的尺寸又保持不变(目前没有增大掩模板的尺寸的计划),那晶圆上的曝光视场大小就必须减小。为了避免晶圆视场面积减少 4 倍,已经提出了变形物镜头(anamorphic lens)的设计。变形物镜在 $x$ 方向和 $y$ 方向上的缩放倍率不同:$y$ 方向上缩小 8 倍,$x$ 方向上缩小 4 倍。4 倍的同形系统的像方(晶圆)视场尺寸为 26 mm×33 mm,8 倍的变形系统晶圆视场尺寸将变为 26 mm×16.5 mm。这使得利用更高微缩倍率能够显著地降低掩模 3D 效应,同时仅将视场大小仅减小了 2 倍。

视场大小的变化有很多影响。尺寸大于 26 mm×16.5 mm 的芯片需要对曝光场进行拼接。拼接时,每层都需要两个掩模和两次曝光。对于接触孔层和通孔层,将图形特征分配给一个或另一个掩模还比较容易,但是对于金属互连结构,特征图形可能必须跨越两次曝光之间的边界。当必须采用拼接时,如何控制好跨边界图形的尺寸将是光刻技术的一个挑战。晶粒尺寸大于单个曝光场的问题在平板显示和其他器件制造中也存在,因而拼接也是很多光刻人员正在攻关的问题[9]。

无论晶粒的尺寸如何,EUV 光刻机视场的缩小就会面临与光学光刻混配(mix-and-match)的问题,因为在光学光刻机上减小非关键层图形的曝光尺寸无疑是不可取的,这会降低光刻机的生产率。视场混配造成了 EUV 和光学光刻的曝光视场不同心的问题(图 10-2),并导致一些有趣的套刻误差的控制问题[10]。例如,假设在 EUV 曝光场中有一个小的放大倍率(缩放)误差,这将导致在场中间的套刻在 $y$ 方向上的不连续,很难使用三阶场内套刻模型拟合(图 10-3)。这一问题对于需要拼接的大晶粒尤为重要,因为几种类型的套刻误差将导致拼接边界处产生图形错位。

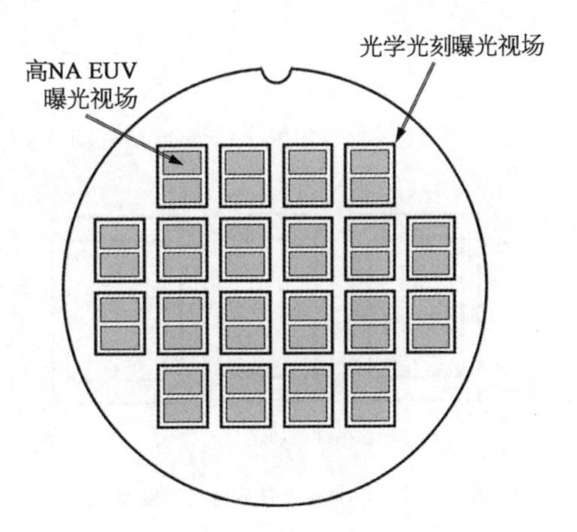


图 10-2　小视场、高 NA EUV 曝光和全视场光刻的混配示意图

在拼接边界需要严格控制图案放置误差,如图 10-4 所示,特别是当存在跨越边界的电路图形时。对于图 10-4a,子视场 1 相对于子视场 2 的图案位置的测量只能在外部划线区域进行,而当两个子域重叠时,可以跨越重叠边界进行此类测量;对于图 10-4b,场内套刻测量结构将是必需的。分析对来自重叠视场的套刻数据,需要使用不同于第 7 章中描述的模型,图 10-5 给出了示例。

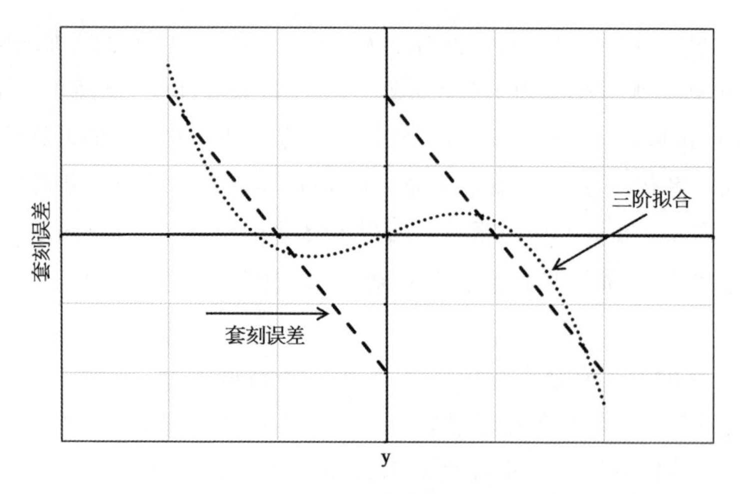


图 10-3 小视场 EUV 曝光的缩放误差造成的 $y$ 方向的套刻误差

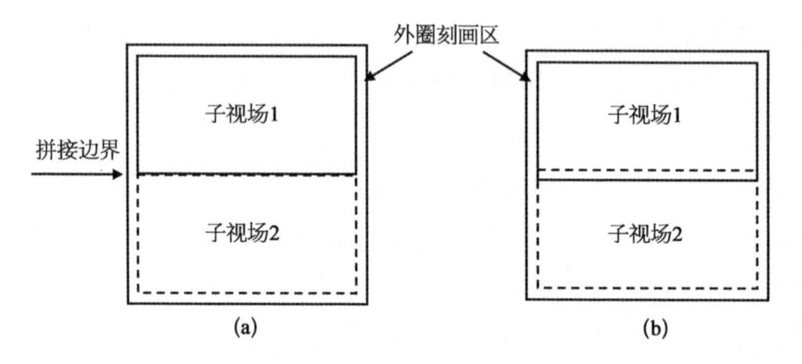


图 10-4 曝光场拼接示例:(a) 相邻曝光场和(b) 重叠曝光场

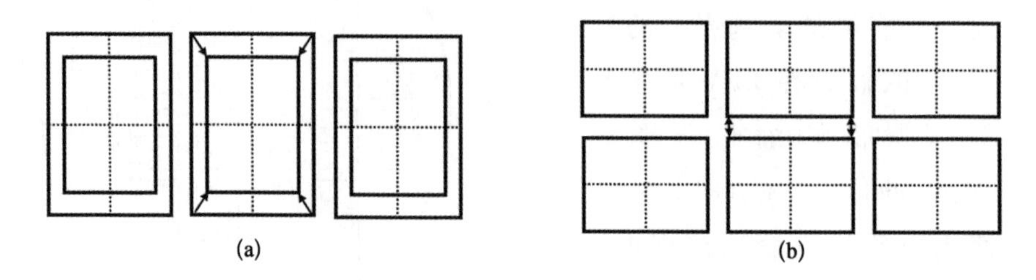


图 10-5 (a) 缩放误差对层间叠加造成的套刻误差;(b) 缩放误差在区域拼接时带来的套刻误差

重叠曝光在光学光刻中是常规进行的[11,12],但对 EUV 光刻来说,情况稍微复杂一些。如第 4 章所述,EUV 掩模需要添加一个"黑边"以解决掩模上吸收体的残余反射问题。由于多层膜中的应力,刻蚀多层膜来制作黑边会导致边界附近的掩模发生机械变形[13],在拼接视场时需要考虑到这一点。这种变形的影响在拼接和非拼接的情况下是不同的。例如,考虑由多层膜刻蚀引起的二阶畸变。这种畸变在掩模和掩模之间实际上是重复的,因此在非拼接的情况下,EUV 光刻的两次曝光之间是不会造成明显的套刻误差。然而,如果掩模板的顶部和底部二阶变形具有相反的曲率,则这种畸变将在拼接的情况下将带来重叠误差。

从掩模吸收体反射产生的残余光也将产生一些影响。通常重叠区域中的地方都希望只被一个掩模曝光,但两个子场的残留反射光均将曝光重叠区域。对这一影响的补偿需要在 OPC 时考虑。

通常,较大的 NA 光学系统的制备需要尺寸更大的光学元件,高 NA EUV 光刻机当然也是如此。表 10－2 中给出了 Zeiss 生产的 EUV 投影光学系统中最大反射镜的 0.33NA 和 0.55NA 的比较。由于大反射镜子的重量相当大,手动操作已经不可行。图 10－6 显示了一个用于操作高 NA 大反射镜的机器臂。对于 EUV,量测必须在真空中进行,并且需要非常大的真空容器来测试用于 0.55NA 光学系统的反射镜(图 10－6)。

表 10－2　EUV 投影光学系统中最大反射镜参数[14]

| 数值孔径 | 最大反射镜直径/m | 最重反射镜重量/kg |
|---|---|---|
| 0.33 | 0.65 | 40 |
| 0.55 | 1.2 | 360 |

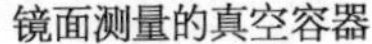

镜面测量的真空容器

操作大反射镜的机器臂

图 10－6　Zeiss(蔡司)0.55NA 投影光学系统的镜面测量装置示意图

在扫描方向缩小 8 倍的情况下,如果晶圆工件台扫描速度不变,那 8 倍缩小系统中的掩模工件台的扫描就必须以比 4 倍系统的扫描速度快两倍。尽管 EUV 光刻机的扫描速度通常比光学光刻机慢,这主要是由于 EUV 光源强度弱,但仍然需要提高扫描能力以确保高 NA EUV 光刻机良好的吞吐量,因为透镜缩放倍率的增加要求掩模台必须提高扫描速度。特别是提高工件台的加速度更重要，这有助于式(9-2)总的 $t_{step}$。由于视场尺寸缩小，导致曝光场数实际上翻了一番，最小化 $t_{step}$对于保持良好的吞吐量极为重要。

在 0.55NA 开发过程中，整个光学系统的透过率得到了改进，这有助于减少成形小特征图形所需的较高曝光剂量对吞吐量的影响[参见式(9.5)]。由于物镜的收集角范围扩大，更多的光也被传送到晶圆，这也增加了使额外的光被收集到投影光学系统中的风险。此外，照明和投影物镜的设计也有重大创新。

对光刻工程人员而言，高 NA 光学系统中引入中心遮挡是一个重要的光学设计上的改变。如第 1 章所述和图 6-16 所示，多层膜反射镜的反射率取决于入射角，在大角度的情况下反射率急剧下降。将 0.33NA 中使用的镜头构型直接扩展到高 NA 将导致较大的入射角度，以致物镜具有更低的透射率和更大的切趾(图 10-7)。

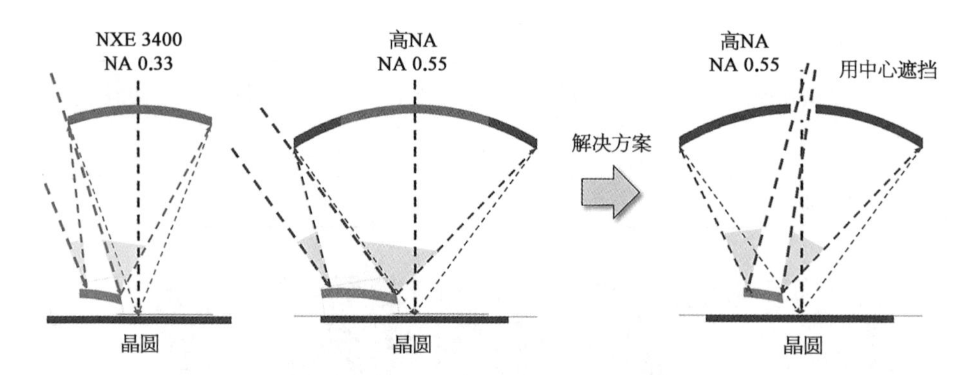


图 10-7　EUV 投影光学系统的最后两个反射镜(它说明了如何通过使用中心遮挡来减小偏转角范围[14])

中心遮挡会对成像产生影响。从图 10-8 中可以看出，在离轴照明的情况下，中心遮挡不会对小间距图形产生影响，但对较宽松的间距会有影响。这和这是逻辑芯片有关系，因为逻辑芯片的典型特征图形具有比较宽的间距范围。这种中心遮挡并不是一定会导致成像质量下降，但它会成为高 NA EUV 光刻 OPC 计算中需要考虑的一个因素。

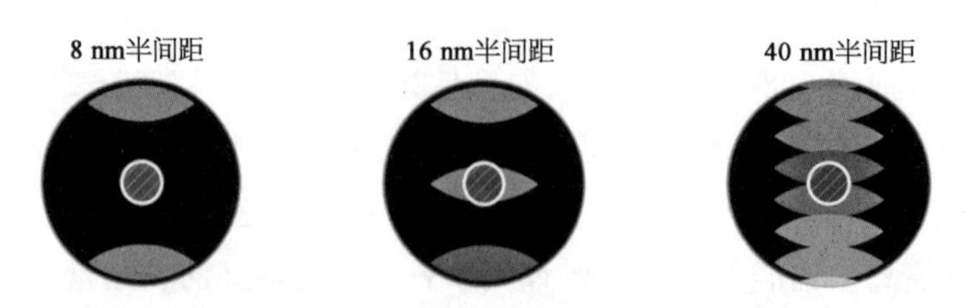


图 10-8　单极照明对多个间距的线空形图形在投影光瞳内的衍射级示意图[15](参见文末彩图)

ASML 为 0.55NA 工具预测的吞吐量如图 10－9 所示，它是光源功率与光刻胶灵敏度比值的函数，该图可以根据等式(9－5)来理解。由于因子 $\bar{I}H$ 与光源功率成正比，在最高光源功率和最低曝光剂量的情况下，0.55NA 系统的吞吐量的限制取决于扫描工件台的最快速度。根据 IRDS，对于使用高 NA 系统的技术节点，曝光剂量约为 100 mJ/cm$^2$[16]，意味着光源功率需要达到 1 kW 以上，高 NA 光刻机的吞吐量才会受到工件台的限制。

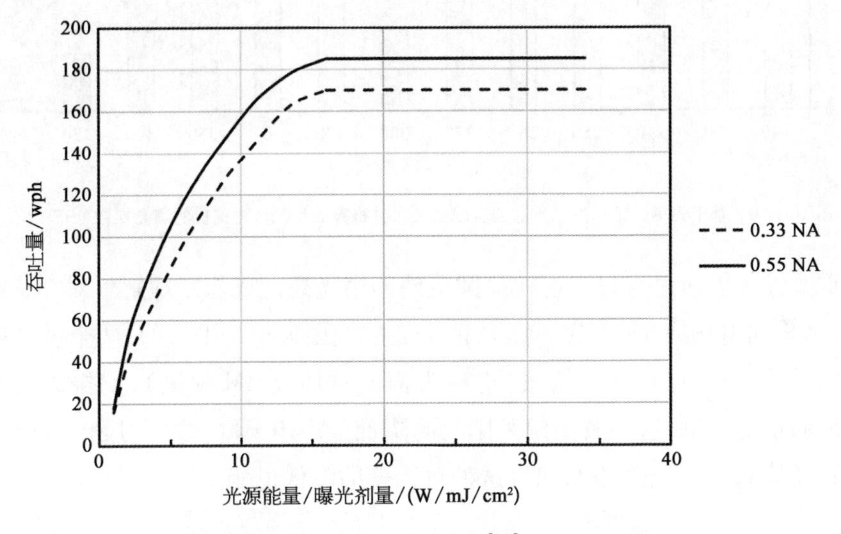


图 10－9　EUV 光刻机的预测产量[17]（单位：晶圆/h）

图 10－9 中的吞吐量基于 0.55NA 光刻机的曝光视场数为 188（大约是 0.33NA 光刻机每片晶圆 96 个曝光场数的两倍）的假设。但是，对于使用 26 mm×33 mm 尺寸的视场的实际产品，平均曝光场数约为 150。这是因为在保证总晶粒个数的情况下，通常不可能 100%地利用可用曝光场（图 9－2）。光刻工程师长期以来习惯于晶圆厂的实际吞吐量低于设备供应商所提供的参考吞吐量，这在很大程度上正是由于低于 100%的有效视场利用率。0.55NA 工具的半视场也会出现类似的情况。

基于芯片代工厂制造的产品的实际晶粒尺寸，有人对使用半视场曝光设备时每个晶圆可预期的实际曝光数进行了研究[18]。假设该掩模只包含整数个晶粒（即不涉及拼接），图 10－10 显示了曝光数目的分布。可以看出，有许多晶粒尺寸将会有比图 10－9 假设的 188 次更多的曝光次数。

在光学光刻中，随着数值孔径不断增加，人们逐渐认识到偏振对图像质量的影响[19]，最终偏振控制成为浸没光刻机照明系统的一种有效的能力[20]。偏

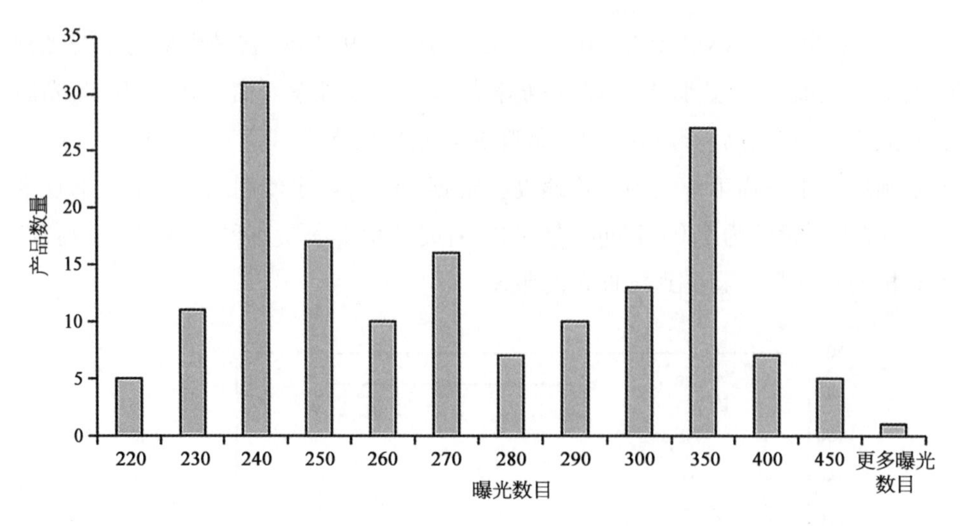


图 10 - 10　基于先进代工厂生产产品的实际晶粒尺寸推算的半视场光刻机的曝光次数分布[18]

振的重要性可以通过考虑入射在晶圆上的两束光线的成像来理解。对 S 偏振光(也称为横向电场或 TE 偏振)而言,两个波的偏振矢量是平行的,两个波之间发生完全干涉。然而,对于 P 偏振(也称为横向磁场或 TM 偏振),偏振矢量具有不干涉的正交分量,这导致图像对比度的降低(图 10 - 11,参见习题 10.1)。当数值孔径从 0.33 增加到 0.55 时,这种对比度的降低也变得更加明显。

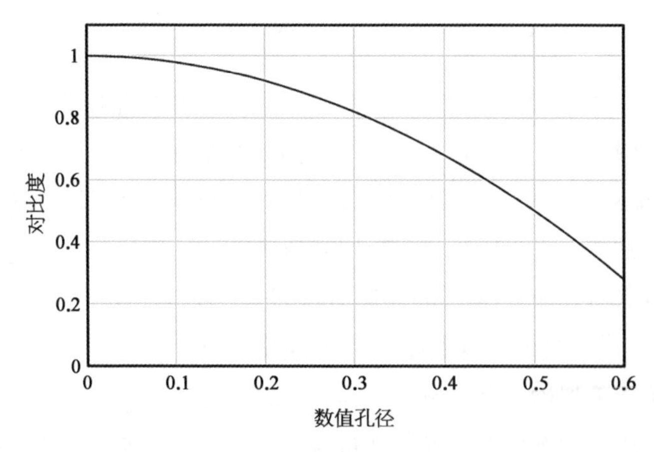


图 10 - 11　在数值孔径内的最大角度时 P 偏振光的平面波干涉图像对比度[19]

第 5 章讨论的光刻胶问题与高 NA EUV 光刻密切相关。高分辨率物镜保持了图像对数斜率水平,这使随机效应问题在一定程度上得到了缓解,但仍与光子散粒噪声、二次电子范围和分子级效应等相关。在某些方面,它们甚至更相关,因为高 NA EUV 光刻将应用于非常小的特征图形。然而,如果有更高的 NA 来进一步突破 0.33NA 光刻机分辨率的极限,晶体管成本可能会继续下降。如果高 NA 仅用来减小光刻胶随机效应那将是一个非常昂贵的解决方案。高 NA 系统的价格目前尚不是公开信息,但可以做出估算。从历史上看,曝光设备的价格每年增长约 20%[21]。假设高 NA EUV 系统在 2024 年将批量生产,而 0.33NA EUV 系统在 2020 年的价格约为 1.2 亿美元;那么,高 NA 系统的估计价格约为 2.5 亿美元。请注意,高 NA 工具需要大量的投资(图 10－6),需要持续提高吞吐量,以抵消高 NA 系统的成本。

## 10.3　更短的波长

更短的波长是以前将光刻技术扩展到更高分辨率的另一条途径,因此很自然地对于 EUV 光刻也可以考虑利用这条途径。如第 1 章所述,人们曾考虑使用 Mo/Be 多层膜反射镜实现波长约 11 nm 的 EUV 光刻。然而,由于担心铍金属的毒性,因此没有将铍作为多层膜材料使用,但其他多层膜已被研究作为波长小于 13.5 nm 的潜在反射器。特别地,人们发现由镧(La)、硼(B)以及两者的多种化合物组成的多层膜在波长约 6.7 nm 处具有 70%～80%的反射率[22,23]。

在 $\lambda=6.7$ nm 处,使用 La/B 多层膜在近正入射时可以获得了良好的反射率,但高数值孔径透镜需要在较宽的角度范围内具有良好的反射率(图 10－7)。图 10－12 中显示了在 $\lambda=13.5$ nm 处 Mo/Si 多层膜和在 $\lambda=6.7$ nm 处 La/B 多层膜的设计反射率。可以看到,利用 La/B 多层膜反射镜仅可以在较小的角度范围内保持高反射率。这将限制用于光刻的物镜在 $\lambda=6.7$ nm 的数值孔径,除非发明了高度创新的物镜设计。

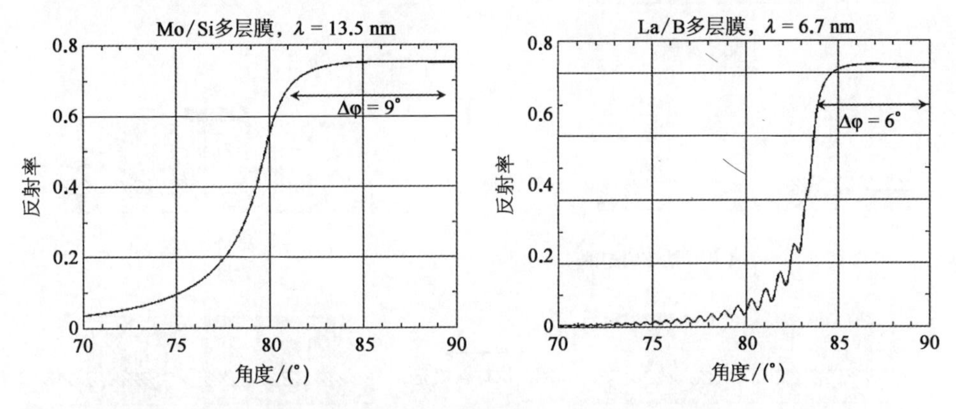


图 10－12　Mo/Si 多层膜在 $\lambda=13.5$ nm 和 La/B 多层膜在 $\lambda=6.7$ nm 时计算的反射率与角度的关系[22](正入射指 90°)

此外,还必须在 $\lambda = 6.7$ nm 处开发出能够提供良好功率的光源。已经证明,钆(Gd)在激光等离子体光源中作为燃料,产生所需波长的光子的效率很高[24],但它具有较高的熔点(1 312℃),因此其靶材形式与用于产生 $\lambda = 13.5$ nm 光子的锡液滴肯定不同。自由电子激光器也可以设计成工作在 $\lambda = 6.7$ nm 的光源。

## 10.4 EUV 多重成形技术

与光学光刻一样,基于相同原理,EUV 光刻可以通过多重成形技术进一步扩展。许多相关技术已经成熟可用,例如多重成形的布局分拆方法,可以重新被应用在较小的图形尺寸上(尽管需要改进工艺控制)。不过 EUV 多重成形是一种成本昂贵的解决方案。由于 EUV 单次成形的成本大约等于光学光刻三重成形的成本,因此每增加一次 EUV 曝光都是一笔相当大的费用,这使得用于光学多重曝光的解决方案对于 EUV 光刻并不十分划算,实例之一就是在金属互连层上使用 EUV 多重成形[25]。侧墙(spacer)工艺通常用于形成间距非常紧密的线空图形,而且对套刻精度的要求也不苛刻。但是,其阻挡层和遮挡层对套刻精度的要求很高。阻挡层用于形成金属线端对端(tip-to-tip),遮挡层用于消除不需要的金属线。这可以通过考虑图 10-13 所示工艺流程来理解。线空图形通过 spacer 工艺形成,随后使用阻挡层掩模来保留不需要填充金属的空间。然

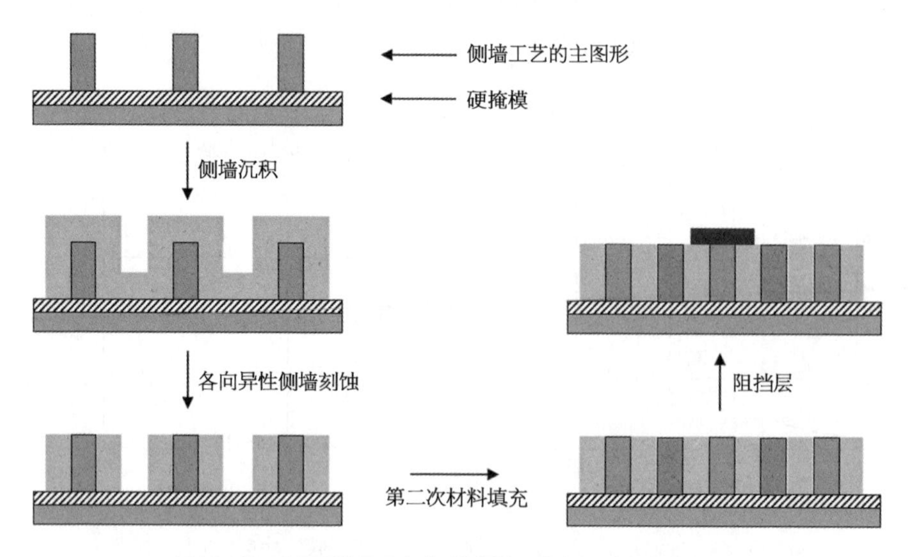


图 10-13 金属互连层图案成形的侧墙工艺流程(参见文末彩图)

而,阻挡层掩模的工艺窗口非常紧。如果考虑周期为 20 nm 的等间距线空图形,则阻挡层掩模与相邻特征之间间隙的控制要求为±5 nm,这包括阻挡层本身的图形和金属线的尺寸控制,以及套刻误差。在光学光刻中,采用自对准工艺避免了严格的工艺控制要求。例如,如图 10－13 所示红色材料的刻蚀工艺中,蓝色材料的刻蚀速率较为缓慢,而红色材料恰恰相反,则可以大幅度地加宽工艺窗口。然而,这个工艺至少需要两块阻挡层掩模才能工作。因此,使用这种自对准工艺方法至少需要三块掩模(即三重成形)。如果采用 EUV 光刻完成类似的工艺,就意味着是三重或四重 EUV 曝光,而不是双重曝光[25],这将非常昂贵。然而,鉴于高 NA 光刻系统的高昂价格,使用成本较低、可能已经折旧的 0.33NA 进行多重成形也许是合理的。

## 10.5　EUV 光刻的未来

正如本章所讨论的,EUV 光刻技术的扩展有多种方法。这些包括更高的数值孔径、更短的波长和多重成形技术等。更高数值孔径的光学器件和光刻机的开发已经进行了几年,EUV 多重成形是众所周知的方法的延伸。由于这些原因,可以合理预期 EUV 光刻可以扩展以满足 IRDS 提出的要求。尽管有多种技术选项,但技术方案的选择将在很大程度上受经济因素的驱动。

虽然前景乐观,但要扩展 EUV 光刻,仍存在许多问题需要解决。光刻胶随机性控制需要改进,以满足生产超高集成度芯片所需的低水平;仍然需要进一步研究由于光电子和二次电子的范围而导致的分辨率限制;有必要在分子水平上解决分辨率问题;工艺控制,尤其是焦面和边缘放置,将非常具有挑战性。尽管如此,仍值得期待的是,工程师们将继续寻找使技术进步的解决方案,并且 EUV 光刻能力至少在未来十年内还会继续提高。

## 习题

10.1　证明 0.33NA 的 EUV($\lambda = 13.5$ nm)光刻系统的瑞利分辨率是 25 nm,Rayleigh 焦深为 124 nm。证明 0.55NA 的 EUV 光刻系统的瑞利分辨率和焦深分别是 15 nm 和 45 nm。

10.2 在图 10－14 所示情形下,两个平面波发生干涉,证明 P 偏振光对比 S 偏振光(偏振方向垂直于纸面)的对比度下降了 $1/[1+\cos(2\theta)]$ 倍。

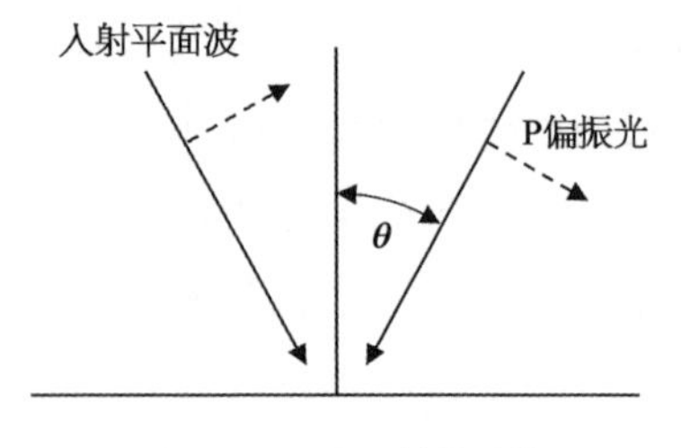


图 10－14 平面波的干涉

## 参考文献

[1] M. van de Kerkhof, H. Jasper, L. Levasier, R. Peeters, R. van Es, J. Bosker, A. Zdravkov, et al., "Enabling sub-10nm node lithography: presenting the NXE:3400B EUV scanner," *Proc. SPIE* **10143**, p. 101430D, 2017.

[2] B. Geh, "EUVL: the natural evolution of optical microlithography," *Proc. SPIE* **10957**, p. 1095705, 2019.

[3] T. I. Wallow, R. Kim, B. La Fontaine, P. P. Naulleau, C. N. Anderson, and R. L. Sandberg, "Progress in EUV photoresist technology." In *23rd European Mask and Lithography Conference*, pp. 1－9. VDE, 2007.

[4] P. Naulleau, P., C. Anderson, M. Benk, W. Chao, K. Goldberg, E. Gullikson, M. Miyakawa, and A. Wojdyla. "EUV extendibility research at Berkeley Lab." In *2017 International Symposium on VLSI Technology, Systems and Application (VLSI-TSA)*, pp. 1－2. IEEE, 2017.

[5] R. Miyakawa, C. Anderson, W. Zhu, G. Gaines, J. Gamsby, C. Cork, G. Jones, et al., "Achieving diffraction-limited performance on the Berkeley MET5," *Proc. SPIE* **10957**, p. 109571X, 2019.

[6] X. Wang, L-T. Tseng, T. Allenet, I. Mochi, M. Vockenhuber, C.-K. Yeh, L. van Lent-Protasova, J. G. Santaclara, R. Custers, and Y. Ekinci, "Progress in EUV resists status towards high-NA EUV lithography," *Proc. SPIE* **11323**, p. 113230C, 2020.

[7] S. Kim, R. Chalykh, H. Kim, S. Lee, C. Park, M. Hwang, J. Park, et al., "Progress in EUV lithography toward manufacturing," *Proc. SPIE* **10143**, p. 1014306, 2017.

[8] C. Zahlten, P. Gräupner, J. van Schoot, P. Kürz, J. Stoeldraijer, Bernhard Kneer, and W. Kaiser, "High-NA EUV lithography: pushing the limits." *Proc. SPIE* **11177**, p. 111770B, 2019.

[9] M. May, B. Minghetti, J. Dépré, Y. Blancquaert, P. Lam, C. Lapeyre, and J. Lee, "Stitched overlay evaluation and improvement for large field applications," *Proc. SPIE* **11325**, p. 113251L, 2020.

[10] M. E. Preil, T. M. Manchester, A. M. Minvielle, and R. J. Chung, "Minimization of total overlay errors when matching nonconcentric exposure fields," *Proc. SPIE* **2197**, pp. 753－769, 1994.

[11] S. Owa, H. Nagasaka, Y. Ishii, K. Shiraishi, and S. Hirukawa, "Full-field exposure tools for immersion lithography," *Proc. SPIE* **5754**, pp. 655－668, 2005.

[12] C. P. Auschnitt, J. D. Morillo, and R. J. Yerdon, "Combined level-to-level and within-level overlay control," *Proc. SPIE* **4689**, pp. 248－260, 2002.

[13] N. Davydova, R. de Kruif, N. Fukugami, S. Kondo, V. Philipsen, E. van Setten, B. Connolly, et al., "Impact of an etched EUV mask black border on imaging and overlay," *Proc. SPIE* **8522**, p. 852206, 2012.

[14] C. Zahlten, P. Gräupner, J. van Schoot, P. Kürz, J. Stoeldraijer, Bernhard Kneer, and W.

Kaiser, "High-NA EUV lithography: pushing the limits." *Proc. SPIE* **11177**, p. 111770B, 2019.

[15] A. Erdmann, P. Evanschitzky, G. Bottiglieri, E. van Setten, and T. Fliervoet, "3D mask effects in high NA EUV imaging," *Proc. SPIE* **10957**, p. 109570Z, 2019.

[16] https://irds.ieee.org/

[17] J. van Schoot, E. van Setten, K. Troost, F. Bornebroek, R. van Ballegoij, S. Lok, J. Stoeldraijer, et al., "High-NA EUV lithography exposure tool progress," *Proc. SPIE* **10957**, p. 1095707, 2019.

[18] E. R. Hosler, "Next-generation EUV lithography productivity (Conference Presentation)," *Proc. SPIE* **10450**, p. 104500X, 2017.

[19] D. G. Flagello and A. E. Rosenbluth, "Vector diffraction analysis of phase-mask imaging in photoresist films," *Proc. SPIE* **1927**, pp. 395 - 412 (1993).

[20] H. Jasper, T. Modderman, M. van de Kerkhof, C. Wagner, J. Mulkens, W. de Boeij, E. van Setten, and B. Kneer. "Immersion lithography with an ultrahigh-NA in-line catadioptric lens and a high-transmission flexible polarization illumination system," *Proc. SPIE* **6154**, p. 61541W (2006).

[21] H. J. Levinson, *Principles of Lithography*, SPIE Press, 2019.

[22] V. Banine, A. Yakunin, D. Tuerke, and U. Dinger. "Opportunity to extend EUV lithography to a shorter wavelength," *2013 International Symposium on Extreme Ultraviolet Lithography (Brussel)*, 2012, with permission of the authors; http://euvlsymposium. lbl. gov/pdf/2012/pres/V.%20Banine.pdf

[23] I. A Makhotkin, E. Zoethout, E. Louis, A. M. Yakunin, S. Müllender, and F. Bijkerk, "Spectral properties of La/B-based multilayer mirrors near the boron K absorption edge." *Optics Express* **20**, no. 11 (2012): 11778 - 11786.

[24] A. von Wezyk, K. Andrianov, T. Wilhein, and K. Bergmann. "Target materials for efficient plasma-based extreme ultraviolet sources in the range of 6 to 8 nm," *Journal of Physics D: Applied Physics* **52**, no. 50 (2019): 505202.

[25] S. Decoster, F. Lazzarino, D. Vangoidsenhoven, V. M. B. Carballo, A-H. Tamaddon, E. Kesters, and C. Lorant. "Exploration of EUV-based self-aligned multipatterning options targeting pitches below 20 nm," *Proc. SPIE* **10960**, p. 109600L, 2019.

# 索　引

**Z**

# 彩　图

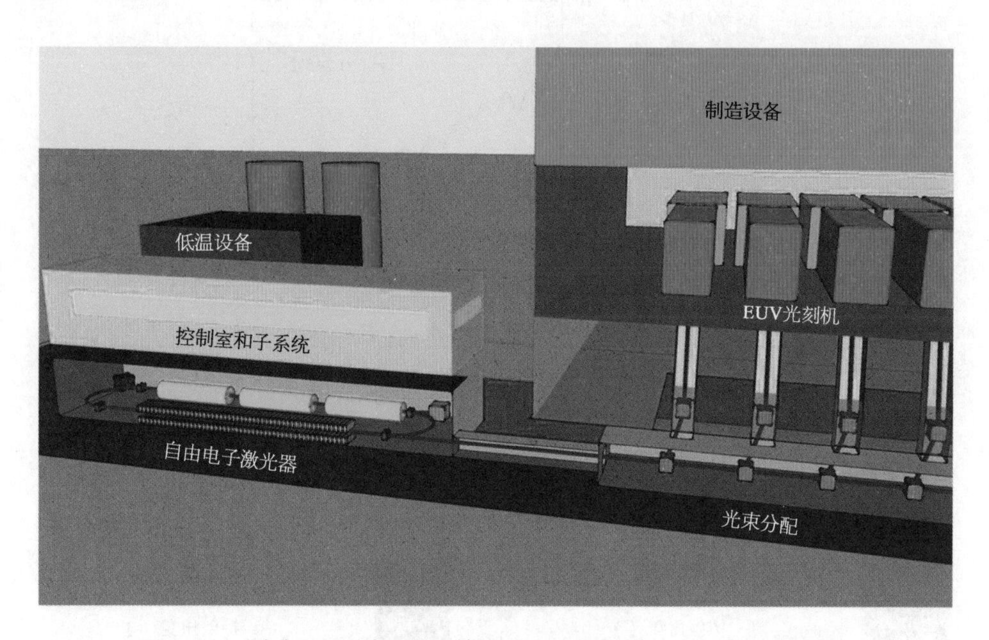


图 2－28　为多个 EUV 曝光工具同时提供 EUV 光的高功率自由电子激光器示意图

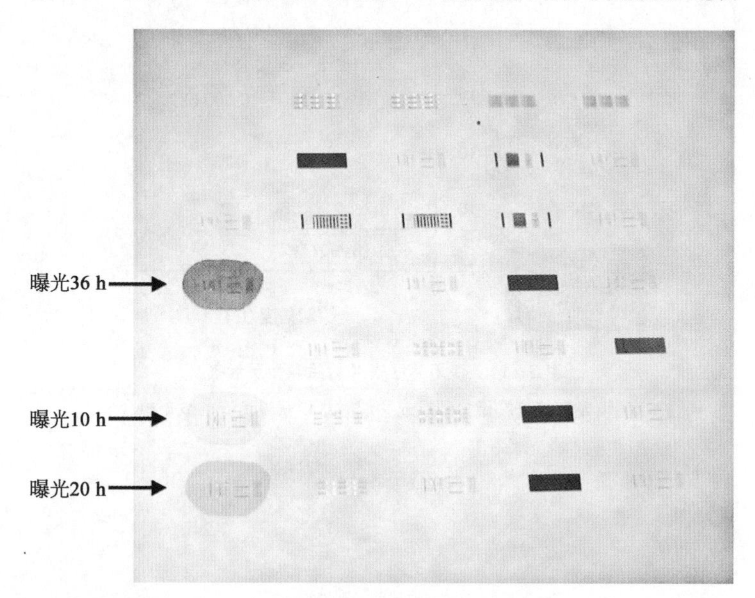


图 4－22　在 $10^{-4}$ Torr 气压下被甲基丙烯酸甲酯(MMA)污染并采用 EUV 曝光不同时间后的掩模照片(碳污染在曝光区域清晰可见)

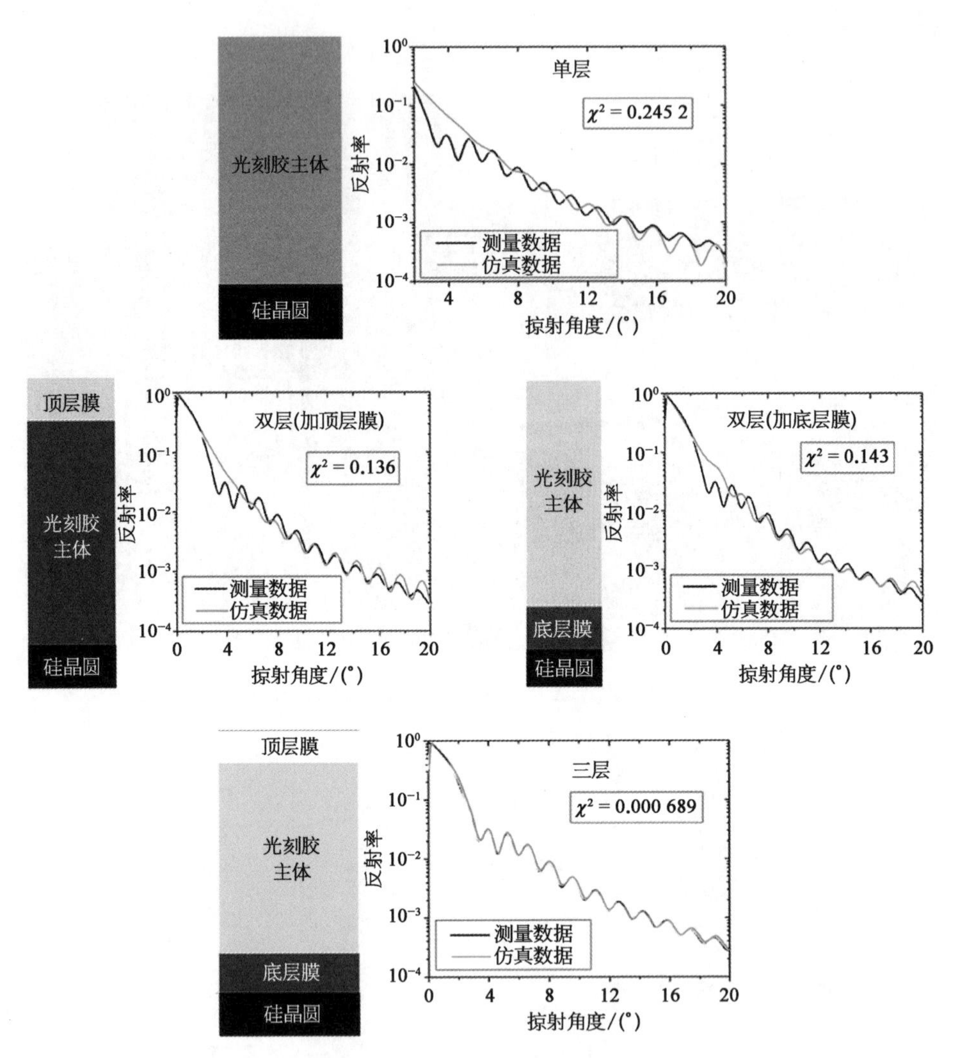


图 5-11 使用共振软 X 射线测量反射率

当假设光刻胶膜层仅含一层或两层时难以获得良好的数据拟合